Barfuß auf Asphalt

Vilma Sturm

Barfuß auf Asphalt

Kiepenheuer & Witsch

Schutzumschlag Klaus Detjen, München
Satz-Studio Hülskötter, Burscheid
Druck und Bindearbeiten Bercker Graphischer Betrieb, Kevelaer
ISBN 3 462 01440 4

Inhalt

Für Caspar und Kilian

Hilde und Heinrich

Die früheste Fotografie, die wir von meiner Mutter besitzen, zeigt sie, allerliebst, in steifgestärkter Spitze und Knöpfstiefelchen, helläugig unter hellen Locken: offensichtlich aus gutem Hause, aus einer Tuchgroßhandlung nämlich auf der Königstraße in Mönchengladbach; der schöne, geräumige Bau aus der Gründerzeit steht noch an seinem Platz.

Das Kind spielte, behütet in Haus und Garten von einer treuen Anna, oder unten im Kontor, unter den Augen des Handlungsgehilfen, der die Schere durch die schweren Tuchballen führte, mit kratzender Feder Aufträge notierte und Fakturen ausfertigte. Da thronte das Püppchen hoch auf dem Pult und ließ die Beine baumeln und die Füße in den feinen Schuhen und atmete das ein ins feine Näschen: Geschäft, Ware, Kauf und Verkauf, und behielt dafür auf immer eine Vorliebe und bekam es in die Fingerspitzen, wenn es die Stücke englischen Tuches betastete, was gut ist und von bester Beschaffenheit, nie mußte es später über dergleichen belehrt werden.

Nachmittags saß das Kind zu Füßen der Großmutter auf einem Schemel, immer mit demselben Bilderbuch. »War das nie langweilig?« fragten wir später. Keineswegs, es sei auf jedem Bild immer wieder etwas Neues, noch nie Gesehenes zu erblicken gewesen, und wenn sie zum Blättern und Betrachten unlustig gewesen sei, dann habe sie vor sich hin geträumt im Dämmern, den Kopf gegen die raschelnde Seide über der Großmutter Knie gelehnt. Die Welt wollte dem Püppchen wohl, nur der nichtsnutzige Bruder nicht, der es zwickte und stieß, wenn es kein gefügiger Meßdiener sein mochte beim Spiel mit dem blechernen Sakralgerät, mit dem er herrisch hantierte, opferte, wandelte und segnete.

Auf dem nächsten Bild ist aus den kurzen Locken ein Zopf geworden, so schön und lang wie der von Rapunzel im Märchen. Auch für damalige Zeiten muß er außerordentlich in seiner Art gewesen sein. »Aber bis ich heiratete«, erzählte sie uns später, »ist mein Haar nie gewaschen worden. Samstagsabends nahm mich Mama zwischen ihre Knie, zog mit dem Kamm einen Scheitel neben dem anderen durch das Haar und rieb es mit Birkenwasser ein.« Der Vater war inzwischen gestorben, die Tuchhandlung führte die Witwe mit dem Gehilfen, der den Sohn anlernte. Man mußte sich einschränken. Geheizt wurde nur die Stube hinter der Küche, geheizt mit den Kartons und Pappen aus dem Kontor. Dort saßen sie abends, die Witwe mit der Tochter, beim Karten- und Brettspiel, aßen dazu Keks aus unerschöpflichen Dosen und warteten auf die Rückkehr von Paul, dem Tunichtgut, der sich in den umliegenden Kneipen amüsierte. Und nicht selten machte die Witwe sich auf, ihn zu suchen und peinlich abzuholen, das gab Streit und Geschrei — was der Tochter ein für allemal einen Schrecken vor jeder Art von Szenen beigebracht haben mag und die Unfähigkeit, jemals die Stimme zu einem lauten, einem bösen Wort zu erheben.

Auf diesem Bild mit dem Zopf ist sie nicht allein, sondern inmitten anderer Zöpfe, in der Schulklasse, der Selekta, wie sie das damals nannten. So wie ich mir's heute vorstelle, müssen sie doch wohl Corneille und Shakespeare gelesen haben, auch Schiller und die »Iphigenie«, müssen Päpste und Philosophen gekannt haben, wenn auch vielleicht nicht so gut wie die Feldherrn; Wurzeln, so darf man vermuten, lernten sie ziehen, wenn sie auch nicht bis zu den Logarithmen vordrangen, und das Wesen von Kalk und Chlor, von Elektrizität und Schwerkraft dürfte ihnen nicht verborgen geblieben sein. Des Karl Marx' revolutionäre Ideen müssen auch bis auf ihr Weltbild ihre Schatten geworfen haben. Aber war da ein Weltbild? Wie wenig von all der herbeigetragenen Bildung scheint Fuß gefaßt zu haben hinter der schönen Stirn mit den birkenwassergepflegten Haaren! Denn die Rede auf jene Jahre gebracht, erfuhren wir niemals etwas anderes als von eben jenem abendlichen

Kartenspiel, von den Sonntagnachmittagen mit der Verwandtschaft, bei Onkel und Tante und dem Vetter, der brav war und ein Musterknabe im Unterschied zum besorgniserregenden Paul.

Ein schönes, ein kluges Mädchen, lauter gute Noten auf dem Zeugnis und die Herstellerin der Hausaufsätze für die halbe Klasse — aber was machte es aus seiner Klugheit? Es dämmerte dahin in dem nahezu unbeheizten und -beleuchteten Haus und begnügte sich zum Zeitvertreib mit Mühle und Dame und Sechsundsechzig-auf-tausend, trug auch, ohne zu murren, die stets zu kleinen Schuhe, die nicht erneuert wurden nach dem Bedürfnis der wachsenden Füße, und tagaus, tagein dasselbe Kleid, freilich von der besten Schneiderin nach Maß angefertigt.

Die Einkäufe für die Herstellung eines solchen Kleides waren wichtige Erlebnisse im Dasein des Püppchens. Die Auswahl der Stoffe, die Suche nach den dazugehörigen Spitzen, Bändern, Schleifen und Knöpfen beschäftigten Mutter und Tochter tagelang; noch der Enkelin wußte sie das Glück zu beschreiben, das sie an solchen Tagen erfüllt hatte. Sie begehrte nicht auf und war nicht unzufrieden, sondern fühlte sich wohl inmitten der schwarzen Röcke von Großmutter, Mutter und Tante. Was die Schule lehrte, drang nicht unter die Haut, blieb draußen, es sei denn, man bezeichne das bißchen Parlieren in Englisch und Französisch als angeeignetes und verfügbares Gut.

Ich greife das nächste Bild, von jeher das Entzücken ihrer Kinder. Da steht sie schlank und groß, bis zu den Knöcheln hinunter von weißem Batist umflossen, auf dem Kopf einen großen geschwungenen Hut, der mit einem Schleier unterm Kinn festgebunden ist. Ein Ende des Schleiers weht im Wind, denn wir befinden uns an der See, Ostende 1909 steht auf der Rückseite dieser Fotografie. Ostende, Bad Ems und Neuenahr sind die Schauplätze der Jahre zwischen Schule und Hochzeit, Jahre, in denen Mutter und Tochter zu Hause darbten und froren, um während der Sommermonate unterwegs sein zu können, Ausschau zu halten, wer weiß, nach einem Ehemann für beide. Denn nicht minder schön und begehrenswert als die Tochter muß die Mutter noch immer gewesen sein. So summte denn auch allerhand Freiersvolk in Ostende, in Bad Ems und Neuenahr um die beiden Damen und brachte sich, noch auf Reisen in fernste Länder, mit Geschenken in Erinnerung: ein weißes Bolerojäckchen, Atlasseide, goldgestickt, aus Kairo, eine Gürtelschnalle, bemaltes Porzellan aus Peking, ein Armreif aus Tula sind auf Kinder und Enkel gekommen. Herren in gehobenen Positionen und Herren mit gutgehenden Geschäften bewarben sich um die Tochter aus der mittlerweile durchaus nicht mehr florierenden Tuchhandlung. So klug wie schön, verdarb es diese mit keinem, sagte nicht ja und nicht nein, stellte in weiter Ferne ein Jawort allenfalls in Aussicht, wollte eine spätere Verbindung nicht ganz und gar ausschließen — aber band sich nicht, ließ sich nicht festlegen, nicht festhalten, tändelnd von Flirt zu Flirt hinter dem vorgehaltenen Fächer, den Fransen des Sonnenschirms, im Schatten des Hutes — bis sie, eben zwanzig geworden, im Ballgetümmel des Karnevals einem noch nie Gesehenen begegnete, in seine Arme fiel und sich festhalten ließ und, als er sie fragte, sofort und auf der Stelle »ja« sagte — so daß wir sie, wenig später, fotografiert sehen mit dem Ring am Ringfinger der Linken, sehr gerade und stolz in einem weißen Kleid mit pelzbesetzter Tunika an der Seite eines dunklen, lebhaft blickenden, schnurrbärtigen Herrn mit wunderschönen Händen, der mein Vater wurde.

Geboren und getauft wurde Heinrich in Elten am Niederrhein. Die Kirche, St. Martin, finden wir noch vor, den Taufstein nicht mehr, er wurde inzwischen erneuert. Es wäre auch noch, in einem verfallenen Gebäudekomplex, die Eisenbahn-Assistenten-Dienstwohnung zu vermuten, sein Zuhause, Stube und Kammer neben den Gleisen von und nach Holland in dieser letzten Stadt vor der Grenze. Mehr als hundert Jahre sind seitdem vergangen — und noch immer sieht es hier armselig aus. Der Bahnhof verfällt, kein Zug hält mehr in Elten. Das Städtchen ist wieder in Schlaf gesunken, seitdem es, nach dem Krieg vorübergehend den Niederlanden zugesprochen, in die Bundesrepublik zurückkehrte. Aber lassen wir Elten! Ohnehin war es ohne Belang und Bedeutung für den Vater; als er zwei Jahre alt war, übersiedelte die Familie nach Bonn, an den Geburtsort hatte er keine Erinnerungen mehr.

Aus seiner Bonner Kinderzeit weiß ich nur wenig, vermute aber, daß man sie sich pflichtenbeladen (mit sieben nachfolgenden Geschwistern), armselig und bedrängt von den Eltern vorstellen muß. Bedrängt von der aus einem Kindbett ins andere fallenden Mutter (zwischen den lebendgeborenen Kindern gab es auch noch einige Fehlgeburten) und wortkarg gehalten vom Vater, der allerdings den Jungen gelegentlich auf einen Streckengang ins Vorgebirge mitnahm, jene Uferterrasse des Rheins zwischen Köln und Bonn, die aus fruchtbaren Niederungen sanft ansteigt wie eine Welle aus der Flut. Baumblüte, Kirschen in Alfter, Spargel in Waldorf, Maiglöckchen im Kottenforst — das mögen frühe Signale aus der Natur gewesen sein, die mit wachen Sinnen empfangen wurden. Doch war Heinrichs Verhältnis zur heimatlichen Umgebung eher von romantisch-träumerischer als von exakt beobachtender Art. Auf den Höhen der Ville zu schweifen, das zog ihn weniger an, als sich in den Laubschluchten des Melbtales zu verkriechen, das vom Venusberg bis nach Poppelsdorf hinunter seine mäandrischen Spiele treibt. Noch heute ist dieses Tal ein dunkler Schlurf und Schlupf mit steilen Wänden, deren geologische Beschaffenheit das Höhlenwesen begünstigt. Wenn er davon erzählte, begann er immer mit denselben Worten: »Im Melbtal, da hatte ich eine Höhle!« Was es weiterhin mit der Höhle auf sich hatte, weiß ich nicht mehr: wie er sie etwa ausstattete zu längerem Aufenthalt und welche Waffen er mit sich führte, um sie gegen Eindringlinge zu verteidigen, womit er die Stunden verbrachte unter der überhängenden Lößwand, verborgen hinter Efeu, Brombeere und Schachtelhalm. Heinrich, der Jäger und Sammler, suchte sich wahrscheinlich von hier aus seine Nahrung aus Beeren, Nüssen und Pilzen, vielleicht wagte er auch ein Feuerchen unten am Bach. Gewiß ist, daß die Einsamkeit ihn zu gewaltigen Lebensträumen verführte. Einen davon hat er uns mitgeteilt: daß er zum Niederländischen Hof hätte ziehen und um die Hand der Prinzessin, nachmaligen Königin Wilhelmina, hätte anhalten wollen. Er war sicher, daß er erhört werden würde. Nichts dergleichen wird den Urenkeln vergönnt sein. Man mußte die Höhlen versperren nach einem gräßlichen Unglück, bei dem drei Kinder, verschüttet, den Tod fanden. Aber der Zauber dieses Tales mit seinem dryadischen Laubgewirr, wo unter den Kronen von Eichen, Buchen, Kiefern und Birken, den efeuumschlungenen Stämmen, Gebüsch und Gesträuch sich vielfältig ineinanderwirkt über einem Teppich aus Immergrün, rührt uns immer noch an.

Auf einem Foto sehe ich den Dreizehnjährigen in langen Röhrenhosen und Zugstiefeln, in Weste und Uhrkette, in einer fast knielangen Jacke, von der nur der oberste Knopf geschlossen ist, weiße Manschetten gucken aus den Ärmeln, ein gestärkter Kragen mit Plastron füllt den engen Ausschnitt — es dürfte sich um den Kommunionanzug handeln. Heinrich lehnt, halb sitzend, an einem Geländer, vor einer verschwommenen Landschaft aus Pappe, hält in der Linken die Geige, in der Rechten den Bogen, »Hermann« steht auf der Komposition, die er neben sich aufgestellt hat. Ernst und versonnen sieht er an uns vorbei, träumend abermals, jetzt in eine virtuose Zukunft womöglich als Geiger oder Sänger — denn er sang auch im Bonner Münsterchor, tat sich hervor mit Stimme und Instrument, ebenso musikalisch wie die klavierspielenden Schwestern. Aber die Künstlerlaufbahn war ihm nicht bestimmt. Er sollte, so verfügten es die Eltern, Lehrer werden.

Der Weg ging über die Bonner Präparanden-Anstalt und das Lehrerseminar in Brühl, das man sich als eine Art Gefängnis vorzustellen hat. Jedenfalls unterlagen die Insassen einer strengen Hausordnung. So war es auch verboten, sich am Karneval zu beteiligen, wenigstens an seinen nächtlichen Amüsements. Mein Vater übertrat das Verbot, stürzte sich ins Vergnügen und wurde erwischt bei der Heimkehr über die Mauer. Man verwies ihn von der Schule — da half es auch nichts, daß die Mutter sich mit allen Registern der schweren Heldin vor dem Rektor produzierte.

Heinrich gab sein Interesse für das Baugewerbe kund. Er absolvierte daraufhin die Baugewerkschule in Idstein, was der heutigen Ingenieurschule entsprechen dürfte, und wurde nach seiner Militärzeit Lehrer in Rhoda in Sachsen, später in Frankenthal. In seinen Freistunden beteiligte er sich an Architektenwettbewerben. Er gewann einen angesehenen Preis, der ihn ermutigte, sich um den ausgeschriebenen Posten eines Fortbildungsschuldirektors in Mönchengladbach zu bewerben. Der Oberbürgermeister der Stadt ließ ihn kommen und examinierte ihn. Am Schluß der Unterredung fragte das Stadtoberhaupt, ob der Aspirant auch schwimmen könne. Jener mußte dann gleich mit ins Hallen- und Luftbad, um seine Sportlichkeit zu Wasser und zu Lande unter Beweis zu stellen. Der Oberbürgermeister zeigte sich beeindruckt von meines Vaters Muskeln und sprach ihm daraufhin das erbetene Amt zu.

Die beiden Sportler aber verfügten nicht nur über rege Muskeln — ebenso über ein reges Hirn und den Ehrgeiz, aus der herkömmlichen Handwerkerschule alten Genres etwas Modernes, Fortschrittliches, Vorbildliches zu machen. Das Modernste und Fortschrittlichste auf diesem Gebiet war damals der Stadtschulrat Georg Kerschensteiner in München. Bevor er seinen Posten antrat, durfte mein Vater zu ihm reisen und vierzehn Tage lang die dortigen Einrichtungen besichtigen und am Unterricht teilnehmen. Kerschensteiners außergewöhnliche Persönlichkeit war von nachhaltigem Einfluß auf die pädagogische Entwicklung meines Vaters, einer der »Sterne«, die er zeitlebens und bis in sein hohes Alter verehrte.

In Mönchengladbach zu Amt und Würden gekommen, tat

Heinrich etwas sehr Kluges: trotz seiner kleinbürgerlichen Herkunft und dem, was sich damals Gesellschaft nannte, durchaus nicht zugehörig, trat er in eine »Gesellschaft« ein und glich sich dem, was man dort tat, dachte und sagte, mit chamäleonhafter Gewandtheit an — vollendet ein Herr in Kleidung und Benehmen, so daß sich selbst seine zukünftige Schwiegermutter, der ein begüterter Kaufmann im Ehebett der Tochter wohl lieber gewesen wäre, davon einnehmen ließ. Nur ab und zu brach die ungestüme Gemütsart seiner Vorfahren durch: so, als er, im Vollzug einer Wette, nach nächtlichem Kegeln nackt ins Goldfischbassin des Parks sprang und dort einige Runden schwamm. Und noch einmal, als er nach einem Ausflug in der Kutsche, wo es zu Streitigkeiten zwischen ihm und der Brautfamilie kam, aus dem Wagen setzte und einem nahen Weiher zurannte, als wolle er sich ertränken. Die bleiche Braut konnte nur mit Mühe davon überzeugt werden, daß hier Schabernack und nicht Lebensüberdruß im Spiel war.

Die Eltern des Vaters waren zu der Hochzeit nicht erschienen, hatten aber als Abgesandte der Familie deren respektabelste Vertreter, die Lehrerin Alwina und den Studienrat Jakob delegiert. Als nämlich die Bahnmeistersgattin die Braut ihres Sohnes zum erstenmal erblickte, ihrer Brillantringe, Pelze und Schleier ansichtig wurde, da bekam sie es mit der Angst zu tun vor einer Verbindung, der sie sich nicht gewachsen fühlte. Die Scheu vor der glänzenden Schwiegertochter hat sie nie verloren, ebensowenig legte meine Mutter den nadelfeinen Hochmut ab, der ihr aus den Poren drang, wenn wir bei den Großeltern zu Gast waren und uns dort bedienen ließen.

Wie es um das Haupt mit dem langen goldenen Zopf und seine Glieder in der Hochzeitsnacht bestellt gewesen sein möchte — dies mir vorzustellen, ist mir natürlicherweise peinlich erschienen. Es ist auch nie ein Wort über die Lippen dieses Hauptes gekommen, woraus man sich einen entsprechenden Vers hätte machen können. Freimütiger war da der Vater. Er ließ uns, als wir in das gehörige Alter gekommen waren, nicht im Zweifel darüber, daß er im vorehelichen Leben mancher Versuchung erlegen sei, daß er auch Versuchungen herbeizuführen nicht unterlassen habe. Er war ja auch schon 35, als er heiratete, ein erfahrener Mann, der wahrscheinlich auf große Scheu und ein nicht gerade flammendes Temperament stieß. Es dürfte die Vermutung erlaubt sein, daß das eheliche Leben der beiden nicht glücklich gewesen ist. Das lothringisch-moselanische Erbe des einen und das niederrheinisch-westfälische der anderen mögen in diesem Ehebett kein sonderlich gutes Auskommen gefunden haben.

Lieder in der Küche

Die ersten Erlebnisse, an die ich mich erinnere, sind zwei Sinneseindrücke: Ich sehe eine bläulich-violette Dämmerung, die mich einschließt — eine überaus angenehme, ruhevolle Farbe, in der ich mich wohl fühle. Es muß, so erzählte man mir, ein Sitzplatz unter Glyzinienspalieren gewesen sein; sie wuchsen an der Mauer, die Haus und Garten zur Straße abschloß. Dort soll ich mit Agnes, der Wärterin, manchen Nachmittag verbracht haben, während die Eltern beim Tennisspiel waren.

Der zweite Eindruck war ein akustischer: es war die Hupe eines Automobils, die dem Kind Angst machte — ja, bestätigte die Mutter später, das Baby habe während der Fahrt, die allerdings nur kurz war, geschrien, den Ton des metallenen Horns, damals noch außen angebracht am Fahrzeug und durch Druck auf einen Gummiball zu betätigen, habe es nicht ertragen wollen.

Dann sehe ich ein Bild: das Schlafzimmer mit den Ehebetten, vor einem der Betten ein Stuhl, darauf sitzt die Mutter und hat den Kopf mit der schweren, blonden, kunstvoll aufgesteckten Haarpracht in den Händen. Sie weint, denn soeben hat der Vater in feldgrauer Uniform, mit Wickelgamaschen und Stiefeln, die Wohnung verlassen nach kurzem Urlaub. Verlegen stand ich neben der weinenden Mutter. Vielleicht empfand ich in diesem Augenblick zum erstenmal, bei aller Ratlosigkeit, ein wärmeres Gefühl, eine innigere Neigung für meine Mutter — Empfindungen, mit denen es sonst nicht zum besten stand.

Denn ich hing nicht an ihr. Aus dieser frühen Zeit bin ich mir keines Zeichens von Anhänglichkeit bewußt. Sie schickte mich in den Kindergarten, wo ich nicht sein wollte. Ich fürchtete mich vor dieser strengen Frau Schröder, deren Hals in einem mit Fischbeinstäbchen versteiften Stehbord stak. »Sie ist eine kleine Eigenbrötlerin«, scherzte sie heuchlerisch bei einer zufälligen Begegnung auf der Straße auf die Frage der Mutter nach meinem Betragen. Das Wort rumorte in mir. Konnte man sich darauf etwas zugute tun, oder hatte man sich dessen zu schämen? Die Mutter gab keine Auskunft, sie war nur ärgerlich.

Sie zwang mich auch, gräßliche graue Nudeln zu essen, die mir hochkamen. Ich versteckte sie, mit dem Teller allein gelassen, unter dem Teppich und in der Butterbrotdose, wo sie am anderen Morgen sich raupenähnlich wieder hervorwanden zu meinem Entsetzen. Die Mutter verließ abends das Haus, ungerührt davon, mit welchen Nöten ich gelegentlich wieder erwachte und nach ihr rief. Einmal soll ich im Nachthemd, weiß, mit roten Käntchen, vom ersten Stock bis vor die Haustür auf die Straße gelaufen sein, um nach ihr zu suchen. Wahrscheinlich ist sie damals nur zu ihrer Mutter gegangen, um den Tageslauf mit ihr zu bereden. Doch hielt der Vater es später für möglich, daß sie in der Zeit seiner Abwesenheit amouröse Verabredungen getroffen habe. »Mittags in der Suppenküche dem Vaterland dienen, abends einem Liebhaber gefällig« — zu solcher Äußerung hat er sich tatsächlich einmal verstiegen. Eine Vermutung, die nun ebenso begraben ist wie die Reste der schönen Ehebrecherin, sollte sie denn eine gewesen sein.

Es war kalt bei der Mutter ohne den Vater. Sie hatte Freundinnen, die ich nicht mochte, und auch ihrer Verwandtschaft war ich nicht zugetan, nicht dem Onkel, nicht der Tante, noch weniger deren schrecklichem Bruder, der trank. Jedesmal wenn ich, um den Kaffeetisch streichend, bei der Tante vorbeikam, kniff ich sie hinterrücks in den Arm, der in einer kostbaren Bluse steckte; ich hatte eine Abneigung gegen dicke Damen.

Der Erinnerung von den vier ersten Jahren meines Lebens hat die Mutter keinerlei freundliche Spuren eingedrückt. Ich fürchte, sie wußte mit mir nichts anzufangen und auch mit sich selber nichts. Keine Reisen, keine Käufe, keine Amüsements, kein Verehrer, kein Ehemann — nur Cilly und Zissy und Hetty und Emmy und der Nachmittagskaffee bei der lamentierenden Großmutter mit Zichorienbrühe und Rübenkraut auf Kommißbrot und das widerwillige Kind, das fremden Damen die Hand nicht geben, mittags nicht essen und abends nicht schlafen wollte. Schlaffe, lustlose Jahre müssen das gewesen sein, nur erhellt durch die reichliche Feldpost in des Vaters steiler, spitziger Schrift — ich täusche mich wohl nicht, wenn ich meine, daß da fast täglich Brief oder Karte eintraf, die Karten an mich gerichtet, die Briefe an sie, voll der ausführlichsten Anweisungen, wie sie mit mir umzugehen habe. Er schickte auch pädagogischen Zeitvertreib, den er selber hergestellt haben muß, Farbsinn, Formgefühl und Handfertigkeit sollten damit gefördert werden. Es waren Tafeln, die bunt zu bekleben waren mit geometrischen Figuren, auch ein Mäppchen mit Reimen, die auf Zahlenspiele hinausliefen, darauf, daß ich zählen und ein wenig auch schon Zusammenzählen lernen sollte.

Nicht nur für sein kleines Mädchen bastelte der Vater in den Quartieren von Colroy-la-Roche, von Sulzbach und Liental, in den Unterständen am Hilsenfirst und am Hartmannsweilerkopf — er bastelte auch ein Buch: die »Erlebnisse eines Kriegsfreiwilligen«, die bei Teubner, Berlin und Leipzig, 1915, veröffentlicht wurden. Es handelte sich dabei um erfundene Briefe »aus dem Feld«, wie man es damals nannte, mit »Nutzanwendungen für die deutsche Jugend«. Die Briefe schildern den Weg an die Front, Marscherlebnisse, Erlebnisse »in der Schützenlinie«, Feuertaufe, Gefecht, Patrouillengang. An jeden Brief knüpfen sich Belehrungen, wie Jugend zu ertüchtigen, »hoher Mut in sturmerprobten Körpern« heranzubilden sei. Sie beschreiben Marschübungen, Horchübungen, lehren Orientierung im Gelände, Entfernungen schätzen, Spuren und Karten lesen und Erste Hilfe.

Das pädagogische Ziel ist einleuchtend: Selbstzucht, Entschlossenheit, Willenskraft, straffe Muskeln, gesunde Organe — der Vater hatte das alles und wurde damit zweiundneunzig Jahre alt, war gesund und beweglich und ohne Defekte, bis auf den desolaten Zustand der Blutgefäße. Aber darüber hinaus lese ich Sätze wie: »Die heilige Sache des Vaterlandes muß über aller Person stehen« — »Ein ungeheurer Ruf grimmen Zornes erhebt sich aus der Gesamtheit unseres Volkes« — »Wir waren entschlossen, freudig zu sterben«, lese, daß er »jubelnd« in den Kampf gezogen sei, mit einem »Nun aber wollen wir sie dreschen!« auf den Lippen. Merkwürdig nimmt sie sich aus, diese martialische Großsprecherei: »Jeder Schuß ein Russ', jeder Stoß ein Franzos, jeder Tritt ein Brit!« im Mund eines Mannes, der nie zu irgendeiner Gewalttat fähig gewesen wäre. Nun gut, er hatte es geschrieben — niemand weiß, wie ernst es ihm damit war. Gesprochen wurde dergleichen nicht. Vom Krieg kam nach 1918 kein Wort mehr über seine Lippen, vorbei, abgetan, rührt nicht mehr daran, er war glimpflich davongekommen.

Eines Tages fiel der Krieger in den Vogesen von der Drahtseilbahn und erlitt Verletzungen des inneren Ohres, denen zufolge er frontuntauglich geschrieben und zur Leitung eines »Feldgeräts« nach Berlin versetzt wurde. Dorthin holte er Frau und Kind, und hier bekam das Eintönige unseres bisherigen Daseins eine Melodie, viele Melodien. Es waren die Melodien, die jeden Morgen aus der Küche unserer möblierten Zweizimmerwohnung im Stadtteil Südende, Steglitzer Straße 16, zu mir in die Wohnstube drangen, wo ich, aufs Sofa gebettet, ungewaschen und unangezogen, wartete, bis die Mutter mit ihrer Küchenarbeit fertig war. Während dieser Zeit sang sie. Sie sang sowohl »Strömt herbei, ihr Völkerscharen!« wie das »Heideröslein«, sang den »Gott, der Eisen wachsen ließ« und »Am Brunnen vor dem Tore«, sang »Sie sollen ihn nicht haben, den freien deutschen Rhein!«, sang auch »Und der Hans schleicht umher«, sang Tongers Liederschatz von vorn bis hinten, sang angenehm, ohne Kunst, mit wohllautender Stimme und mit hörbarem Vergnügen. Und es dauerte nicht lange, dann sangen wir zu zweit, Tonger vor- und rückwärts, und dies war die erste zwischen uns hergestellte Einigkeit, die uns beide glücklich machte. Nie hat sie an meinen Spielen teilgenommen: mit dem Kaufladen, der Puppe, dem grüngläsernen Hündchen, den Bauklötzen, den Ausschneidebogen. Allenfalls mag sie hier und da etwas vorgelesen haben. Aber sie sang. Ich vermute daher, daß es ihr gutging in dieser Berliner Zeit, daß sie den häufigen Besuch von Wertheim und dem Kaufhaus des Westens genoß, auch wenn es dort 1917/18 nicht viel zu kaufen gab, das Theater abends und das Kino, das Kino vor allem.

Ich lebte zu dieser Zeit in Einbildungen und Träumen. Wenn ich morgens im nahen Laden die Milch holen ging, dann war ich mit meinen Gedanken bei dem schönen Fräulein Flora, einer Traumgestalt, mit der ich besonders gerne umging. Manchmal war ich auch Flora selbst und besaß all den kostbaren Hausrat, all die wunderschönen Kleider, die ich ihr in meiner Vorstellung zuschrieb. Ich hatte Diener und Zofen, einen ganzen Hofstaat, keineswegs lief ich barfuß auf dem staubigen Asphalt, sondern fuhr in einer prächtigen Karosse unter aufgespanntem Sonnenschirm, und die Leute blieben stehen und sahen mir nach. Ich holte auch gar keine Milch, bewahre, sondern war unterwegs, um eine goldene Kette zu kaufen, die ich zu dem teerosengelben Samtkleid mit dem violetten Pelzbesatz tragen wollte . . .

So konnte es passieren, daß ich, ganz woanders in meinen Träumen, mit der Milchkanne heftig am Pfeiler der Gartenpforte anstieß. Die Mutter hatte es vom Fenster aus gesehen und wies mir in der Küche vorwurfsvoll die Stelle, wo der blauweiße Emaillebelag des Gefäßes gesplittert war. Ich sah sie mit tiefem Erstaunen an, fassungslos darüber, daß man das schöne und vornehme Fräulein Flora wegen einer solchen Lappalie zur Rede stellen konnte.

Nach dem Mittagessen wurde ich in den Garten geschickt. Meist hielt ich mich gern dort auf, denn es gab allerhand lustige Gewächse: Pfaffenhütchen am Tor, Begonien vor dem Haus, Geißblatt um die baufällige dunkle Lattenlaube herum, besonders aber Fuchsien, die in Kübeln aller Größe entlang den Wegen aufgestellt waren. Ich sammelte die heruntergefallenen Blüten und spielte damit Theater; dabei waren von den Fuchsien die mit den blauen Unterröcken die armen, die mit den weißen Unterröcken die reichen Kinder.

Jedoch erinnere ich mich einiger heißer Sommermittage, an denen mich beim Betreten des Gartens lähmende Furcht befiel. Die Luft stand unbeweglich. Die Sonne glitzerte tückisch in den Fenstern des Geräteschuppens. Kein Vogellaut drang aus der Gartentiefe, die Hühner des Nachbarn regten sich nicht, der Hund lag in der Hütte und schlief. Ich stieg auf den Misthaufen, im Rücken die Gartenmauer und rechterhand die Wand des Schuppens, das war mir ein Schutz. Lange verharrte ich so in der brütenden Stille, in einem Gefühl schlimmer und unaufhebbarer Verlassenheit. Ein Regenwurm kroch über meinen Fuß, eine Schmeißfliege stieß sich den Schädel an meiner Stirn — ich rührte mich nicht. Fritz war es, der den Zauberbann brach. Sein kahlgeschorener Kopf guckte um die Hausecke. Träge lud er mich zum Murmelspiel ein.

Fritz war der Neffe des Hausbesitzers, eine Waise womöglich, widerwillig aufgenommen und grausam behandelt. Nicht nur, daß man ihm selten erlaubte, mit mir im Garten zu spielen; er bekam wohl auch kein gutes Wort zu hören, nur Kommandos, Beschimpfungen und Prügel. Die Prügel wurden auf barbarische Weise vollzogen: im Keller, mit einem Lederriemen aufs nackte Gesäß. Ich sehe mich vor dem schmalen Kellerfenster knien und in das Verlies spähen, wo der Geprügelte winselnd auf dem Boden kroch mit heruntergelassener Hose, und sie, die alte, dicke Quälerin, den Riemen schwingend, hinter ihm her, immer wieder zuschlagend auf das sich rötende Fleisch ... Und ich genoß es, ich konnte nicht genug davon kriegen, am liebsten hätte ich sie angefeuert, nicht nachzulassen — ohne Mitleid mit dem Spielgefährten, bösartige Sadistin das liebe, sanfte, kleine Mädchen, das jedermann für brav und wohlerzogen hielt!

Dasselbe angenehme Gruseln wie am Kellerfenster empfand ich, wenn die Kinder in meiner Straße, nachdem sie gelangweilt herumgelungert hatten bei den Gartenzäunen, sich plötzlich entschlossen, bei der Rosa Luxemburg, die in der Nähe wohnte, zu klingeln und ihr, wenn sie öffnete, mit der Peitsche eins überzuziehen. Wie gern hätte ich das miterlebt! Aber es war mir unbedingt verboten, bei Rosa Luxemburg, und gar noch unter Mitnahme einer Reitpeitsche, zu klingeln. Meine Eltern mochten es auch nicht, daß ich von der Straße den Vers »Licht aus, Messer raus, Spartakist kommt angesaust!« mitbrachte.

Für sich selbst heischte das unbarmherzige kleine Mädchen Mitleid im Übermaß. Bei Spaziergängen erbat es regelmäßig das Spiel, das wir »das arme Kind« nannten. Es lief voraus, hockte sich an den Wegrand und schluchzte, den Kopf in den Händen, zum Steinerweichen. Wenn die Eltern dann bei ihm ankamen, mußten sie stehenbleiben und in genauer Befolgung der ausgegebenen Regie-Anweisung ausrufen: »Da sitzt ja ein armes Kind am Wege! Ach, wie sieht es so schlecht aus. Was mag ihm nur fehlen? Sicher hat es keine Eltern mehr. Komm, wir wollen es mitnehmen nach Hause, es soll es gut bei uns haben!« Und dann hoben sie das weinende Kind auf ihre Arme und konnten sich nicht genug tun mit Bedauern und Bemitleiden. Wollüstig verschlang ich ihre Zärtlichkeit, verlangte nach Wiederholung und immer neuer Inszenierung — der Bedarf muß enorm gewesen sein.

Den Vater besuchten wir im Sommer nachmittags im Feldgerät, wo dann die Mutter im eleganten Schneiderkostüm auf schmalem Holzbänkchen in einer rohgezimmerten Laube in Ullstein-Romane vertieft war, während Heinrich hackend und zupfend auf den Gemüsebeeten wirkte, die er zum eigenen Gebrauch unterm Bahndamm angelegt hatte. Dort war auch ein Zelt für mich aufgestellt, in dessen Dunkelheit ich mich zurückziehen konnte, wenn es mir auf dem Acker zu heiß wurde; da lag ich dann, das Püppchen im Arm, und atmete voller Wohlbehagen den betäubenden Duft der Kamille, in dem, wie in nichts anderem, jene Nachmittage am Bahndamm aufgehoben sind.

Lilienduft löste das wilde Aroma der Kamillen ab. Er kam aus dem Garten der Nonnen in Großlichterfelde, mit deren Hilfe mein Bruder in die Welt geholt wurde, als ich fünf Jahre alt war.

Die Klosterfrauen führten mich, während der Vater bei der Wöchnerin saß, in ihren Garten, schnitten mir ein paar dieser Stengel ab, die mir nach Duft, Farbe, Gestalt und Name als etwas ganz und gar Vollkommenes erschienen, Abglanz des Himmels.

Kam das Söhnchen erwünscht oder unversehens? Ich tappe im dunkeln. War es Heinrichs Drängen nach dem Stammhalter, war es Hildes Verlangen nach einem männlichen Nachkommen, da sie doch mit Männern so viel lieber umging als mit ihresgleichen? War es Planung, war es ein Malheur? Jedenfalls war die Geburt so schwer — ob tatsächlich oder nur ihrer empfindlichen Verfassung wegen —, daß sie sich von da an gegen jedes weitere Kind gewehrt haben muß. Selbstverständlich erfuhr ich keine Details. Als Bild ist mir vom Tag des ersten Besuchs gegenwärtig das Bett mit dem hochgestellten Kopfteil, das vor Schmerz, Anstrengung und Aufregung verwüstete Gesicht meiner Mutter, ihr gequälter Mund, aus dem ich es mehrmals hörte: »Das will ich nie wieder mitmachen, nie wieder!« Aber sie sagte mir nicht, was ihr angetan worden sei, und ich fragte nicht danach, empfand auch wohl kein sonderliches Mitgefühl, sondern schlang gierig das kostbare und mir völlig unbekannte Reineclaudenkompott herunter, das auf ihrem Nachttisch stand und das sie für mich aufgehoben hatte.

Ich freundete mich an mit dem Neugeborenen, obwohl ich sein Aussehen scheußlich fand. Aber die morgendliche Badezeremonie machte mir Spaß, eine neue, zärtliche Mutter erschien hier auf dem Plan, die Gesänge erfand zu Ehren des strampelnden Säuglings; Kinderverse traten nun an die Stelle der Völkerscharen- und Eisenlieder. Das war auch höchste Zeit, denn mit dem Vaterland ging es zu Ende in jenen Monaten, als wir singend das Baby badeten.

Das Vaterland, so viel besungen beim Abwasch in der Küche — bis dahin war es mir gegenwärtig gewesen in der Gestalt des Kaisers, den ich bei irgendeiner Gelegenheit zu Gesicht bekommen hatte, »Unter den Linden« wahrscheinlich, auf den

Schultern des Vaters, hochgehoben über die Menge. Der Kaiser: das war eine Equipage, vierspännig, ein wehender Federbusch und eine grüßende Hand, im übrigen ein Inbegriff von Erhabenheit, etwas vom Höchsten. »Ich habe den Kaiser gesehen!«, erzählte ich am nächsten Tag auf der Straße und im Laden; es war wie eine Auszeichnung, wenn man den Kaiser gesehen hatte.

Aber dann kam der November des Jahres 1918. Die Spannung der Schicksalstage teilte sich dem Kind mit, das nichts von allem verstand. Die großen Worte: Ende des Krieges, Waffenstillstand, Ultimatum, Abdankung, Revolution — und die neuen Namen: Erzberger, Scheidemann, Liebknecht, Ebert flogen wie Fetzen eines zerrissenen Tuches an seinen Ohren vorbei, bewirkten einen aufgeregten Gemütszustand, Ängste, Ungewißheiten, auch Neugier. Am Samstag, dem neunten November, waren wir alle auf der Straße, zwischen Haustür und dem nahe gelegenen Stadtbahnhof, wo die Extrablätter fast stündlich ausgerufen wurden. Daß sie vom Generalstreik, von marschierenden Arbeitermassen berichteten, ist gewiß — aber uns interessierte mehr als alles andere die Frage nach der Abdankung des Kaisers; diese wurde gegen Mittag bekanntgegeben. Obwohl ich sicher bin, daß meine Eltern Abschied und Flucht des Hohenzollern mit Erleichterung begrüßten, fühlte ich selbst von irgendwoher mich mit der Vorstellung durchtränkt, es sei feige, treulos und eine Schande, daß der Kaiser uns »im Stich« gelassen hatte. Seit diesem Tag war ich gefeit gegen alle monarchistischen, schwarz-weiß-roten Träume und Sehnsüchte, die später bei meinen Altersgenossen hoch im Schwange waren.

Hinter den Glasscheiben des Café Vaterland guckten meine unternehmungslustigen Eltern der Revolution zu und gewannen aus jenen turbulenten Tagen, in denen sie manchmal vor den hier und da aufflackernden Schießereien in Hauseingängen Deckung suchen mußten, das Zugucken aber nicht lassen konnten, eine unbürgerliche Abneigung gegen das Bestehende und eine Vorliebe für Veränderung; sie äußerten sich nie in abfälligem Ton über die Namen der neuen Machthaber — eher im Sinne erwartungsvoller Spannung auf die angekündigte neue Zeit.

Zu Hause

Der Ortswechsel von Berlin nach Mönchengladbach vollzog sich während einer Nachtfahrt im überfüllten Abteil, das nach strategischer Planung vom Vater gestürmt worden war. Heimkehrende Soldaten versperrten die Gänge und hockten drinnen zu unseren Füßen. Das Baby schlummerte in der Hängematte, die die findigen Eltern zwischen den Gepäcknetzen ausgespannt hatten.

Mit glücklichem Staunen nahm ich Besitz von der großen Wohnung in der Bismarckstraße, die uns erwartete. Zwar wies das düstere, unfreundliche und immer schmutzige Treppenhaus zunächst die Ankömmlinge ab; ein Kolonialwarenladen und ein Café im Parterre ließen überdies den Anschein herrschaftlichen Wohnens nicht aufkommen. Aber hinter der Etagentür gab es drei prächtige Wohnräume, Eßzimmer, Musikzimmer und Herrenzimmer, eine Küche mit »Vorküche« und am Ende eines langen Korridors die Schlafzimmer für Eltern und Kinder.

An die so dürftige Ausstattung der beiden möblierten Zimmer in Berlin gewöhnt, fand ich unsere Wohnung verschwenderisch eingerichtet. Im Eßzimmer sechs lederbezogene Stühle um den schweren dunklen Eichentisch; ein Kronleuchter hing darüber, den der Vater nach eigenem Entwurf hatte anfertigen lassen: an vier Ketten aufgehängt ein breiter, geschmiedeter Kranz, in den ein Mäandermuster eingeschnitten war, geziert mit sechs erkerartigen Vorsprüngen, von denen Glasröhrchen herunterhingen; sie gaben ein ganz zartes Geklingel von sich, wenn unten die Straßenbahn vorbeifuhr. Grüne Seide milderte das aus der Mitte strahlende Licht.

An der Längswand des Raumes stand ein Buffet, auf dem kristallene Schüsseln, Karaffen und Kannen blitzten, auf Spitzendeckchen gestellt. Das Dach dieses mausoleumartigen Möbels war von Säulen getragen, zwischen denen ein Bänkchen zu Hüpf- und Springspielen einlud. Üppig geschnitzte Blütenknospen zierten den Unterbau, geschliffene Scheiben den oberen Schrank, in dem die Gläser standen, nach Herkommen und Brauch dem jeweiligen Getränk von Rhein oder Mosel zugeordnet, dem Rotwein, dem »Morgen«wein; es gab Kelche für den Suppensekt, Schalen für den Nachtischsekt, Gläser für Likör und Kognak, Wasser und Bier. Alle diese Gläser waren von hervorragender Schönheit, ebenso das handgemalte Service, auf dem Schmetterlinge, Libellen und Käfer sich zwischen Gräsern und Blumen bewegten.

An der Querwand stand die Truhe von 1740, daneben ein Spinnrad, ein Häubchen von echter Wolle stak auf dem Rocken. Im Erker dann ein geräumiger lederner Sessel für des Vaters Mittagsschlaf, der »Rauchtisch« mit einer Platte aus gestanztem Messing, darauf Zigarrenkästchen und -abschneider, Kerzenleuchter und Räuchergefäß.

Im Musikzimmer, das durch eine Falttür mit geschliffenen Scheiben vom Eßzimmer zu trennen, durch eine schrägliegende Perserbrücke aber mit ihm verbunden war, fanden sich neben dem Klavier ein ovaler Ebenholztisch, Sofa und Sessel. Vor dem Fenster ein kupfernes Blumenbecken auf hohen Füßen, sowie eine Marmorsäule, auf der ein Walfischfänger die Harpune zu werfen im Begriff stand. Über dem Klavier hingen Kohlezeichnungen, Wagner und Beethoven, ebenso Schattenrisse, Liszt und Humperdinck darstellend, alle von des Vaters Hand. Eine kleine Alabasterbüste Beethovens entzückte mich lange; später, als ich zum Staubwischen herangezogen wurde, war mir der Gegenstand eher lästig.

Vom Musikzimmer gelangte man durch eine Portiere ins Herrenzimmer. Da war die »Bibliothek«, geschliffene Scheiben abermals, vor einer grünen, stark gekräuselten Seidenbespannung, ein Schreibtisch, Klubsessel und die Chaiselongue mit einer Diwandecke im Türkenmuster. Die Wände waren mit braunem Rupfen bespannt. Auch hier war des Vaters raumgestaltende Phantasie tätig gewesen: bald nach unserer Ankunft schaffte er einen Gasofen an, schwarzgrünen Marmor mit weißen Schamotteröhren, in denen das Gas brannte. Daneben reckte sich aus einer kunstvoll durchbrochenen Eisenleiste an der Wand eine Lampe, mit einem wunderbaren bläulichgrünen Batiktuch bedeckt.

Das Elternschlafzimmer hatte Möbel aus Mahagoniholz, Schrank, Kommode, Nähtisch, einen gerahmten Spiegel. Die Betten waren die schönsten, die mir je zu Gesicht gekommen sind: mit anmutig gerundeten Kopf- und Fußteilen, vier kurze Knäufe an jedem Ende.

Kein Badezimmer, 1918, aber ein Abstellraum mit einer Zinkwanne, in die aus der Küche große Kessel heißen Wassers geschleppt wurden — falls Bedürfnis nach einem Bad bestand. Im Schlafzimmer wusch man sich kalt in zwei großen Schüsseln, die aus Kannen gefüllt und nach ihrer Benutzung durch das Loch eines abschüssigen Deckels in einen Eimer entleert wurden. Mein Bruder hingegen behauptet, er habe sich, seitdem er dazu selbständig in der Lage war, immer nur am Wasserhahn im Flur gewaschen, der in einen tiefen bauchigen Ausfluß einen dünnen Strahl entließ.

Das Kinderzimmer enthielt ein Sammelsurium von anderswo nicht unterzubringenden Möbeln, den Leinenschrank vor allem, in dem die Wäsche in strenger Ordnung ausgerichtet lag, Packen für Packen, ein jeder mit einem gelben Seidenband, das am Ende ein Bleigewicht trug, versehen. Für das Spielzeug beider Kinder stand nichts als ein kleines Regal zur Verfügung: für den Teddybär und das fahrbare Ziegenböckchen, für die von der Mutter geerbte Puppe Resi mit ihrer spärlichen Garderobe, für den kleinen Kaufladen und die drei oder vier Bilderbücher, die unsern gesamten Besitz ausmachten.

Zur Wohnung gehörte noch eine Kammer auf dem Speicher — für Agnes, ein stämmiges Mädchen vom Lande, aus der Erkelenzer Gegend, in gestärkten blau-weißen, mit Falbeln benähten Schürzen über Röcken, die bis zum Boden reichten. Ihr Bett stand unter einem in die Dachschräge eingelassenen

Fenster, das man mittels eines herabhängenden, mit Löchern versehenen Eisenbandes öffnen konnte. Ihre Kleider hingen in einem Kasten hinter rot-weiß kariertem Vorhang. Sie wusch sich in einer winzigen emaillierten Schüssel, weiß, mit Roststellen, die auf einem wackligen Drahtgestell schwebte. Abends vor dem Schlafengehen zündete sie in der Küche mittels einiger umständlicher Verrichtungen die Petroleumlampe an, dann entschwand sie, einen riesigen Schatten werfend, in die äußerste Kälte (oder Hitze) der Mansarde.

Das Kinderzimmer hatte eine Streifentapete, in die Räume zwischen den Streifen waren rosa und himmelblaue Blümchen gestreut. Abends vor dem Einschlafen, in meinem großen reichgeschnitzten Mahagonibett, zu dessen Füßen des Bruders weißes Gitterbettchen stand, wurden mir die Streifen zu Personen, sie trugen Namen nach der Reihenfolge des Alphabets, Anna, Berta, Cäcilia, Dorothea und so fort. Ich ließ sie untereinander agieren, so unbeweglich sie auch waren, ersann für sie hochdramatische Abläufe und Konstellationen — das war der Anfang jener dialogischen Spiele, die fast ein Jahrzehnt lang mein einziger Zeitvertreib waren, die mit einem Nichts an »Zeug« eine Welt über oder neben der wirklichen produzierten.

Zu Personen wurden die Pflanzentafeln, ein kostbares und sicher nicht billiges botanisches Lehrwerk, das der Vater mir schon mit fünf Jahren anvertraut hatte, zu Personen, Herren und Damen, Dienern und Dienerinnen, mit denen sich außerordentliche Begebenheiten zutrugen — dabei blieb allerdings gewissen Bildern immer ein und derselbe Charakter, dieselbe Rolle vorbehalten. So war etwa Gentiana, in der Darstellung stark vergrößert und hochwüchsig, eine dunkle Schönheit von hohem Rang, streng, ein wenig hochmütig, aber ohne Makel in Rede und Betragen, hoffnungslos umworben vom Grafen Goldstern, dessen sanftes, edles Herz sich nach der blauen Dame verzehrte. Kaum weniger galt mir Oxalis, die rosa überhauchte Blüte, nur daß ihre Schönheit vom hingebenden, ja, fast hinfälligen Zauber eines jungen Mädchens war. Vergißmeinnicht stellte einen hellen Knaben dar, wohlgelitten allenthalben, auch er vertrug nicht, wenn man ihn derb anfaßte — dagegen sah ich im Huflattich einen robusten Knecht, nicht umzuwerfen mit Schelte und groben Worten. Brunelle trat als Köchin auf, ebenso hatte der Schachtelhalm dienenden Rang.

Später wurde aus Pappe und Papier eine Bühne verfertigt, auf der fantastische Figuren auftraten, die Elemente persönlich, wie ich sie in »Peterchens Mondfahrt« kennengelernt hatte. Blitz, Donner und Hagel, die Königin der Nacht, der Eisriese, die Prinzessin Morgenröte. Sie wurden abgelöst von den »Rittern«, denen wahrscheinlich die Lektüre germanischer und griechischer Heldensagen vorausging; Agamemnon befand sich unter ihnen und Herakles ebenso wie Hagen und Kriemhilde und der zarte, blondköpfige Giselher.

In die volle Blüte schossen diese Spiele, als Elli auftrat — höchst ungewöhnlich auftrat mit einer roten Baskenmütze auf dem schwarzen Pagenkopf, an irgendeinem Morgen des zweiten Schuljahres, verloren herumstehend während der Pause, in einem Anflug von Gutmütigkeit von mir ins Gespräch gezogen und dann begeistert zur Spielgefährtin erwählt für lange Jahre — es verging kaum ein Nachmittag, wo wir nicht bei uns oder bei ihr oder draußen zusammen waren. Wir spielten, wir zwei Mädchen allein, Fußball und Indianer auf dem Alten Friedhof, machten Spaziergänge, die durch eine reichliche Menge mitgenommenen Proviants hochtrabend zu »Wanderungen« deklariert wurden — vor allem aber spielten wir mit den Papierpuppen. An richtigen Puppen habe ich nie gehangen, zum mütterlichen Umgang mit den Porzellan- und Zelluloidgeschöpfen kam es kaum. Hingegen konnte ich nicht genug bekommen von den Kartons, aus denen Kinder verschiedenen Alters samt Mänteln, Kleidern und Hüten auszuschneiden waren — leider immer zuwenig Mäntel, Kleider und Hüte. Denn ebenso wie ich in Berlin dem schönen Fräulein Flora eine Unzahl von Roben zugedacht hatte, verlangte ich auch jetzt nach textilem Überfluß. Ich kam auf den Ausweg, mir aus Modejournalen Figuren auszuschneiden und sie, soweit sie nicht schon bunt waren, mit Wasserfarben anzumalen — eine Arbeit, die mich immer wieder in Entscheidungsqualen stürzte, weil die Figur auf der Vorderseite unweigerlich die auf der Rückseite zerstören oder zumindest amputieren mußte. Ich nahm es manchmal in Kauf, daß dieser oder jener Dame auf solche Weise eine Hand, ein Arm, ein Fuß, ein Bein fehlten. Wenn nun so, nach den langwierigen Prozessen des Wählens, Färbens und Ausschneidens, etwa dreißig Figuren vorwiegend weiblichen Geschlechts entstanden waren, dann fügte ich kurzerhand die einander Ähnlichsten zu einer einzigen Person mit verschiedenen Kleidern zusammen; aus dem Wechsel dieser Kleider bestand im wesentlichen das Spiel. Vieles ist mir rätselhaft an dem Wesen, das ich damals war — nichts rätselhafter als das Glück über die vielen papierenen Kleider, die meine Geschöpfe tragen durften. Denn nichts im Elternhaus und seiner Umgebung (es sei denn, man käme auf den großväterlichen Tuchhandel zurück) erklärt meine Vorliebe. Gewiß, der Vater trug maßgeschneiderte Anzüge, die Mutter zog sich gerne gut an, und es war ein Ereignis, wenn sie »zu Bellerstein« gehen und sich etwas Neues aussuchen durfte, sie tat es mit großem Ernst und hatte, wenn sie sich vor dem Spiegel in einer zur Wahl stehenden Toilette drehte, ein ganz besonderes Gesicht, ein heruntergezogenes Kinn, das sie übrigens auch beim Klavierspielen trug, es bedeutete angestrengte, aber auch lustvolle Aufmerksamkeit. Meist war, was sie dann wählte, zu teuer, die ratenweise Bezahlung der Rechnung war immer mit Schwierigkeiten verbunden, kostete sie manchen Seufzer und trug uns manches Nudel- und Backpflaumengericht ein; in der Küche mußte sie einsparen, was sie der eigenen schönen Haut zugute kommen ließ. Im übrigen aber hatte ihre und des Vaters Garderobe Platz in einem einzigen Schrank von geringer Breite. Wo die meinige aufbewahrt wurde: ein Röckchen, zwei Pullover (damals Jumper genannt), zwei, drei Sommerkleider, weiß ich überhaupt nicht mehr. Auch in meiner Umgebung, der kindlichen wie der erwachsenen, spielte Kleidung keine Rolle. Die Großmutter in Schwarz, die Tante Mia in dunkelblauem Plissee unten- und weißer Filetspitze obenherum, alle anderen Frauen in Schürzen, auch Ellis Mutter, die Frau Regierungsrat Hoenings, den ganzen Tag. Woher also dieser Drang nach dem Besitz vielfältigster Garderobe, dies Vergnügen am beständigen Wechsel der Kleider? Als die Papierpuppenzeit zu Ende war, als längst die großen Bildungserlebnisse auf mich einzuwirken begonnen hatten, waren es immer noch die Kleider, die einen beträchtlichen Teil meiner Aufmerksamkeit beanspruchten. Von den Freundinnen der Mutter mit abgelegten Stücken beschenkt zu werden oder eine Anfertigung durchzusetzen, die dem augenblicklich herrschenden Zuschnitt zuwiderlief, machte mich glücklich. Und noch heute gibt es nächtliche Träume, die von gefüllten Kleiderschränken handeln, von wiederaufgefundenen früheren Kleidern, die alle noch oder wieder passen und tragbar sind.

Aber die Papierpuppen waren mir nicht nur wegen der Garderobe teuer. Ich brachte es im Lauf der Zeit zu einem Bestand von sechshundertfünfundachtzig Personen, alle ihre Namen wußte ich auswendig. Ich hatte sie zu Familien angeordnet. Diese Familien waren aus allen Weltgegenden nach Brasilien gekommen, schiffbrüchig, und hatten dort eine Kolonie gegründet: Revericia. Alle Gesellschaftsschichten, Stände und Berufe waren hier vertreten, vor allem Adlige, die in Europa ihre Existenz verloren hatten; sie bildeten die Regierung des Gemeinwesens. Ihr Chef war der Fürst Horst von Brauneck, ein Mann in den besten Jahren, freundlich, leutselig, das Ruder in milden, aber festen Händen, seiner papierenen Umstände halber stets im Frack erscheinend. Ein englischer Lord, ein französischer Comte standen dem von Brauneck zur Seite. Am liebsten spielte ich mit den Künstlerfamilien, beispielsweise mit dem stolzen Spanier Juan Verejo, der eine sanfte, in blauen Battist gekleidete Schwedin geheiratet hatte, eine unglückliche Ehe. Oder mit dem Wiener Maler Helmut

Sieger, der als Junggeselle in Revericia auftauchte — und jede Mutter erwartete, daß er ihre mehr oder weniger hübsche Tochter zur Frau nähme. Drei Jahre ließ er sie warten, ohne eine Entscheidung zu treffen. Dann verliebte er sich in eine junge Engländerin, die soeben angekommen war. Was für ein Skandal! Aber niemand konnte leugnen, daß sie anziehender war als alle anderen Töchter Revericias. Und er wurde glücklich mit Grace.

An den Spielen hatte das Brüderchen so gut wie keinen Anteil. Ich schloß es aus meiner Welt so entschieden aus, daß ich eines Tages eine Schnur als Demarkationslinie mitten durchs Kinderzimmer legte, um seinen und meinen Bereich voneinander abzugrenzen. Kein Wunder, daß er in die Küche abwanderte, an die er sich noch heute mit Vorliebe erinnert: an den Kohlenherd, in dem der Vater gelegentlich ein Kastenweißbrot buk; an die Kochkiste, die noch lange nach Kriegsende zur Herstellung der samstäglichen Erbsen-, Bohnen- und Linsensuppen benutzt wurde; an das Gaslicht mit seinem »Strümpfchen«, an dessen jeweiliger Erneuerung er lebhaft teilnahm; an den Fliegenschrank, der im Lichtschacht hing, und an den Spülstein, der wirklich aus Stein war, grauweiß meliert, in der Art grober Leberwurst, zwei flache Becken; an den Wäschetrockner, ein mehrmals klappbares Holzgestell, mit dem sich allerhand Unterkünfte und Behausungen herstellen ließen; am meisten aber an das Fenster, aus dem heraus man zu einem ummauerten Freiplatz steigen konnte — da hielt er sich gerne auf.

Selten nur ließ ich mich herbei, mich mit ihm zu beschäftigen, bei seinem Lieblingsspiel »Fässerpferd« mitzutun, dem Be- und Entladen eines kleinen blauen Bolderwagens; es war ein der Wirklichkeit unter unserm Fenster abgelauschtes Spiel, wo in regelmäßigen Abständen durch vierschrötige Bierkutscher Fässer an- und abgerollt wurden aus der Gastwirtschaft vis-à-vis.

Ich muß eine garstige Schwester gewesen sein, zu keinem

Einvernehmen zu bringen mit dem kleinen Kerl, dessen Kopf voll blonder Löckchen stand, der aber ungeachtet solch seraphischen Anblicks zu vehementen Zorn- und Trotzanfällen neigte. Lange Zeit endeten Spaziergänge damit, daß er sich, ob Rasen, Kies, Erde oder Asphalt, auf dem Boden wälzte, weil er woandershin oder überhaupt nicht mehr gehen wollte. Mit wunderbaren Spielkonstruktionen gelang es schließlich dem pädagogischen Geschick des Vaters, ihm über diese Phase hinwegzuhelfen (der Trotz wurde auf den Teppich gekehrt, der Teppich zusammengerollt und vor die Haustür gelegt, wir waren ihn los).

Aber des Bruders Nöte wurden von mir nur so wahrgenommen, wie ein Unterwasserschwimmer beim gelegentlichen Auftauchen trockenes Land wahrnimmt. Mein Element waren die imaginären Welten, in die ich mich kraft eigener Einbildungskraft oder, als ich lesen gelernt hatte, mit Hilfe der Lektüre hinübertragen ließ. Ich atmete hinter den bunten Schleiern der Fantasie, die sich um mein Blickfeld luftig bauschten. Allenfalls zerrissen sie für die eine oder andere Zeitspanne, wenn es um die Konflikte ging, die um die Person der Großmutter schwelten.

Berta in Schwarz

Meine Großmutter Berta begleitete mein Leben fast fünfundvierzig Jahre lang. Trotzdem weiß ich von ihr und ihrer Familie nur wenig — sie war in diesem Punkt nicht sehr mitteilsam. Gelegentlich sprach sie von ihrer Mutter, die eine allenthalben geliebte und verehrte Person gewesen sein muß, deren Frömmigkeit man rühmte. Sie war wohlhabend. Einige schöne Dinge aus ihrem Haushalt, die den Krieg und die Bomben überstanden, sind noch in meinem Besitz: das Silber im Fadenmuster, das aparte Porzellan, gerändert mit einem stilisierten Pflanzen-Ornament in dumpfen Braun-, Blau- und Rosatönen; Kristall und Damast, die Kaffeedecke in Lochstickerei und die gestrickte Bettspreite, die, teilweise aufgedröselt, zu Windelhöschen für Christiane verarbeitet wurde.

Meine Großmutter, so sagte man, sei ein ungewöhnlich schönes Mädchen gewesen, blondhaarig, mit großen meerblauen Augen. Sie heiratete Joseph Adam aus Lissa in Posen, der in unserer Stadt eine Tuchhandlung begründete, dem Vernehmen nach kein glänzendes Geschäft. Jedenfalls rechtfertigten seine Bilanzen wohl kaum die kostspieligen Allüren des Großvaters, das Bedürfnis nach feinster Wäsche, nach englischer Seife und dito Frottiertüchern (sie waren außerordentlich rauh!) Mögen diese aufwendigen Bedürfnisse, mit leiser Mißbilligung von den Nachfahren zur Kenntnis genommen, charakteristisch für ihn gewesen sein — nicht weniger war es seine gärtnerische Leidenschaft. Er besaß ein riesiges Areal zwischen Mönchengladbach und Rheydt, das er in seiner freien Zeit bebaute und pflegte, sicher nicht ohne Hilfe eines Gärtners. Vorwiegend gab es dort Beerenobst, das zu ernten und zu verwerten seiner Familie mühsam und lästig war. Sie hätten allmählich keine Erdbeeren mehr sehen mögen, so wurde berichtet, und überhaupt seien ihnen die Aufenthalte im Garten

Sonntag für Sonntag eher verdrießlich gewesen. Mit dem Tod des Tuchhändlers wurde ein Stück nach dem anderen des gesamten Geländes veräußert. Der Gärtnerssohn aus Posen und seine heftige Liebhaberei waren nur ein Intermezzo gewesen — unangefochten wandelten seither die Damen, Gattin und Tochter, wieder ausschließlich auf Pflaster und Asphalt — einzig der Weg auf den Friedhof, selten genug, brachte den feinen Sohlen noch einmal die Berührung mit etwas Erde. Erst etwa fünfzig Jahre später, nach dem zweiten Weltkrieg, widerfuhr es meiner Mutter, daß sie wieder in die Erdbeeren mußte, Saft, Marmelade und Gelee herzustellen hatte aus überreicher Ernte. Sie tat es ebenso unwillig wie damals.

Fußgängerin also war sie nicht, die Großmutter, aber sie fuhr auf dem Fahrrad. Ich bewahre von diesem sportlichen Hobby ihre amüsante Schilderung, insbesondere ihre Toilette betreffend. Sie trug nämlich über Knöpfstiefeletten und schwarzen Wollstrümpfen ein Kostüm aus schwarz-weiß gemusterter Wolle, einen langen weiten Rock und ein kurzes Jäckchen mit weißem Einsatz, dazu einen schwarzen Strohhut mit Federn. Sie beteiligte sich mit einem halben Dutzend anderer Damen der Stadt an einem Radfahrcercle im Kaisergarten, wo man auf runder Bahn unter Aufsicht eines Fahrlehrers sechs Wochen übte, bis die erste Ausfahrt gewagt werden konnte; es muß ein ähnliches Unternehmen wie Reitunterricht gewesen sein. Wenn die Damen ausfuhren — »Der Stift aus dem Kontor«, sagte meine Großmutter, »mußte das Rad vor der Haustür bereithalten, und dein Großvater war mir beim Aufsteigen behilflich« —, gaffte die halbe Straße hinter ihnen drein. Sie aber empfanden sich als hochsportlich und waren für immer durch den Geist des Radfahrens miteinander verbunden, so sehr, daß meine Großmutter noch zu ihrem neunzigsten Geburtstag ein Glückwunschtelegramm von ihrer zwei Straßen weiter wohnenden, aber ans Bett gefesselten »getreuen Sportkameradin Antonie Boetzelen« erhielt.

Als ich meine Großmutter kennenlernte, war sie, etwa Mitte

Fünfzig, schon eine alte Frau. Ich sah sie nur in Schwarz, schwarzer Rock, schwarze Bluse, schwarze Baumwollstrümpfe, faltenwerfend, weil sie nicht mit Strumpfbändern, sondern unterm Knie mit einem Gummi gehalten wurden, schwarze Halbschuhe, geschnürt, ein schwarzes Samtband um den Hals, das mit Druckknöpfen geschlossen wurde. Das silberne Haar mit einem Schildpattkamm hinten hochgesteckt, aus der Stirn zurückgestrichen, jeden Morgen kniff sie mit der Brennschere, die auf einem Spiritusgerät erwärmt wurde, zwei, drei Wellen in die obere Partie.

Ihre Gestalt erweckte in mir keinerlei zärtliche Gefühle, ich glaube nicht, daß ich sie gern umarmte, küßte, mich an sie schmiegte, auf ihren Schoß kletterte. Ich weiß aber noch den Schrecken, der mich durchfuhr, als ich einmal ihre häßlichen Füße zu sehen bekam (ich hatte unbedingt ihre nackten Füße sehen wollen, immer wollte ich die nackten Füße der Erwachsenen sehen!). Schrecken auch vor ihrer Wäsche, der Untertaille, dem Korsett, besonders vor den Hosen aus gestreiftem Flanell, die mit einem spitzenbesetzten Bündchen bis unter das Knie reichten und deren hintere Klappe sie der Bequemlichkeit halber meist offen ließ — dies wußte ich, weil ich sie gern zum »Abbé« begleitete, was sie sich merkwürdigerweise ohne Umstände gefallen ließ.

Aber ich liebte ihre zärtliche Stimme, ihre Ausdrucksweise mit den zahlreichen Verkleinerungsformen. »Magste noch'n Butterämken?« und: »Wer kömmt denn da?« konnte sie fragen, und Blumen, Vögel und Augen verwandelten sich auf ihrer Zunge in Blümkes, Vöjelkes und Äujskes, ich selbst hieß Wimmken in dieser Sprache, ich hörte es gern.

Gern hörte ich auch die Großmutter Geschichten erzählen. Zwar war ihre Erfindungskraft gering, fast immer handelte es sich um zwei Kinder, die in den Wald gingen, um Blaubeeren zu suchen, die sich verirrten, auf wunderbare Weise errettet und für ihr Leben lang glücklich wurden. Aber sie erzählte es mit Anteilnahme und spannend und jedesmal ohne Aufschub und

Umstände bereit, wenn ich sie darum bat. Überhaupt war sie von unerschöpflicher Geduld. Soweit ich mich erinnere, kam sie jeden Nachmittag »mal vorbei«. Daß sie, außer zum Heiligen Abend, jemals ausdrücklich eingeladen worden wäre, glaube ich nicht. Denn es stand schlecht zwischen ihr und dem Schwiegersohn. Er sah sie nicht gern, und er sah auch nicht gern, daß wir sie sahen. Eine schreckliche Szene ist mir noch gegenwärtig, in der die schwelende Mißstimmung zur Flamme hochschoß: das Zimmer betretend, sehe ich die Eltern einander gegenüberstehen — hat er gegen sie die Hand zum Schlag, hat sie gegen ihn den Arm zur Abwehr erhoben? Er muß sie bedroht haben, denn sie ruft: »Aber was willst du denn? Ich liebe sie ja gar nicht!«

Keiner liebte sie. Weder bei uns noch in der Familie ihres Sohnes war sie mehr als gelitten. Dort lebten sie reich und glänzend (wenn auch, wie sich später herausstellte, auf morschem Fundament), die erbärmliche Alte paßte nicht mehr in das Haus, das doch einmal das ihrige gewesen war, seitdem man es aufwendig umgebaut und mit neuen Einrichtungen ausgestattet hatte. Genügten für die Großmutter zum Waschen ein paar Tropfen aus der Waschlampette, so hatte man dort ein gekacheltes Bad und einen Marmortisch auf Nickelbeinen mit zwei Becken. Und wenn sie in ihrem Kücheneckchen beim Fenster ihre drei Kartoffeln mit weißen Bohnen aß, so tafelte man dort im Speisezimmer, inmitten von Silber und Kristall und in Gegenwart einer Hausdame.

Von der Inflation war nämlich die Großmutter in Armut gestürzt worden. Ihr Vermögen hatte aus Hypotheken bestanden, die schlecht aufgewertet wurden, so daß von da an ihre Klagen nicht verstummen wollten. Sie verließ ihre aufwendige Sechs-Zimmer-Etage — so lange das Rückgrat eines gewissen gesellschaftlichen Status! —, reduzierte das Meublement, bis es recht und schlecht in zwei Zimmer paßte, und führte dort ein seufzendes Leben mit Staubtuch, Kochtöpfchen und Nähkörbchen. Erst heute, im Zeitalter ausgedehnter Seniorenbetreuung, kann ich ihre Lage ganz ermessen. Mit drei Jahren vaterlos, mit neununddreißig Witwe, ein Geschäft führen, ohne es gelernt zu haben, zu äußerster Sparsamkeit genötigt, wenn sie einen dünnen Anschein von Wohlhabenheit aufrechterhalten wollte — das war ihr Leben. Ein Leben ohne Bücher, ohne Briefe, ohne Freunde (außer ein paar Kaffeeklatschtanten), in verkrusteter traditioneller Frömmigkeit, ohne Interesse für politische und gesellschaftliche Vorgänge — einzig ein Rest von musikalischer Neigung flackerte hier und da auf, wenn sie sich bei uns ans Klavier setzte, Sentimentales auf sentimentale Weise spielte und sang. Sie hatte als junges Mädchen bei Max Bruch Unterricht gehabt; unter meinen Noten befindet sich noch der von ihr benutzte Band Beethoven-Sonaten mit seinen Eintragungen, spitzigen, rasch hingeworfenen Bleistiftnotizen.

Ohne mir der Erbärmlichkeit dieses Daseins in allen Einzelheiten bewußt zu sein, hatte ich davon einen ziemlich richtigen Gesamteindruck. Er rief stärkstes Mitleid hervor. Es konnte geschehen, daß ich, sieben- oder achtjährig, abends vor dem Einschlafen in meinem Bett Tränen weinte in übergroßer Rührung.

Nach und nach, in den späteren Jahren, erfuhr ich, daß die Abneigung des Vaters nicht nur ihre Klatschsucht betraf, ihr oft mißgünstiges, die Tatsachen verdrehendes und entstellendes Gerede — nein, auch Geld war im Spiel. Heinrich nämlich und die Seinen sahen sich um das Erbe aus der Tuchhandlung betrogen. Erst nach der Inflation wurde die Summe, die uns zustand, nun entwertet, ausgezahlt. Dieses schimpfliche Vorgehen traf meinen Vater schwer. Je großspuriger sich der Onkel aufführte (mit Auto und Chauffeur in den späten zwanziger Jahren beispielsweise), desto zorniger wurde mein Vater insgeheim. Gesprochen wurde zwischen ihnen nie über die Sachlage, der Zorn schwelte unterschwellig, brach nur zu Weihnachten, wenn die Familie sich um die verschiedenen Christbäume versammelte, in einer Gereiztheit durch, die für uns Kinder schmerzlich und unerklärlich war.

Am Heiligen Abend mußte Heinrich wohl oder übel Bertas

Anwesenheit in der eigenen Wohnung erdulden; am Morgen des ersten Feiertages zähneknirschend den Printenmann in Empfang nehmen, der unterm zerknautschten Tännchen aus künstlichen giftgrünen Nadeln in Bertas Salon lag, und am Abend des zweiten Feiertages die frostige Speise- und Geschenkzeremonie beim Schwager über sich ergehen lassen — wobei er nicht wußte, ob er die Qualität der Weine, die dort aufgetischt wurden, genießen oder sich über ihre Preise ärgern sollte.

Außer zu Weihnachten begegnete sich die Familie zu Allerheiligen. Dann trug man gemeinsam je einen Kranz zur Grabstätte auf dem Alten Friedhof. Dieser Gang zum Friedhof war einer der ganz wenigen Riten, ja, vielleicht der einzige Brauch, der streng gepflegt wurde. Seufzend bestellte die Mutter den Kranz, der ein Loch in ihre Kasse riß, aber ein Kranz mußte es sein. Ich durfte ihn tragen. Zu gegebener Zeit und stets pünktlich klingelten unten die Verwandten mit dem Töchterchen und der Großmutter, um uns abzuholen. Unvermeidlich, daß ihr Kranz immer der prächtigere und kostspieligere war, was mich ärgerte; die Großmutter hingegen beließ es bei einem Gesteck in Herzform, Mohnkapseln, Kiefernzapfen, blaue Beeren und Isländisch Moos, ihren geringen Mitteln angemessen.

Feierlich wandelten wir dahin, vor dem Bauch die Kränze, möglichst dunkel gekleidet; wenn es einen neuen Wintermantel gab, so wurde er an diesem Tag zum erstenmal angezogen. Wir sprachen Belangloses, jedenfalls nichts, was die Toten betraf, und erlebten mit Befriedigung, daß unterwegs oder spätestens am Grabe der Vetter Willy mit seiner Frau sich uns zugesellte, mit Kranz, versteht sich, dieser in einer Preislage, die etwa die Mitte hielt zwischen der des Berufsschuldirektors und des Tuchhändlers. Niemand von uns wäre auf den Gedanken gekommen, an den efeuüberwachsenen Hügeln zu beten, ein Kreuz zu schlagen oder ein Licht anzuzünden. Nachdem die Kränze umständlich niedergelegt und der Zustand der Stätte ausführlich begutachtet worden war, drehten wir um. Den

Rückweg nahmen wir nicht direkt, sondern so, daß wir bei dieser oder jener der bedeutenden alten Familien vorbeischauten, bei Brandts und Custodis, bei Stickers und Hennessens und den anderen Therstappens — prächtigen Parzellen in der Hut alabasterner und marmorner Trauerengel, die Palmzweige in den hehren Händen trugen; vergoldete Ketten in flachen Bögen an Pfeilern aufgehängt, schützten das Terrain vor dem Betreten Unbefugter.

Nichts mehr davon ist übriggeblieben. Über den Gräbern wurde der Botanische Garten angelegt. Die Gebeine der Vorfahren verwandelten sich, wenn ich den Ort richtig ausgemacht habe, in Alyssum saxatile, Igelschwingel und Reiherschnabel.

Etwa zehn, zwölf Jahre lang gingen wir zu den Gräbern. Dann nahm es mit den Verwandten und somit auch mit Allerheiligen ein böses Ende. Der Onkel hatte mit betrügerischen Geldgeschäften den Konkurs der Gladbacher Gewerbebank bewirkt, eines Instituts für den Handwerker- und Mittelstand, worin, wie es hieß, eine besondere Gemeinheit lag. Sozusagen von einem Tag zum anderen trat der ganze Schlammassel ans Licht. Das Geschäft wurde geschlossen, der Betrüger in Haft genommen, seine Frau hing schon am Fensterkreuz, um sich auf die Straße zu werfen, die Tochter verhinderte im letzten Augenblick die Tat. Binnen weniger Wochen war das Haus verkauft, waren Mutter und Tochter mit der verbliebenen Habe aus der Stadt verschwunden, wurde dem Täter der Prozeß gemacht, das Urteil lautete auf zwei Jahre Gefängnis.

Nun wären Tränen über das Schicksal der Großmutter, ihres geliebten Sohnes und seiner Familie am Platze gewesen. Sie wurden nicht geweint, von mir nicht und auch nicht von den anderen. In einer unerklärlichen Roheit des Gemüts ließen wir, sonst so dünnhäutig und zart besaitet, die Unglücklichen ganz und gar im Stich. Keiner besuchte die Tante Mia und ihr Kind, fragte, womit man ihnen helfen könne, lud sie ein, ließ sie wissen, daß man sich ihnen verbunden fühle — über all dies Schlimme hinweg, das da angerichtet worden war. Keiner fragte, ob die Großmutter hin und wieder den Sohn hinter Gittern besuchen wolle und ob dabei Begleitung erwünscht sei. Man fragte nach ihren Empfindungen sowenig wie nach ihrem Befinden — fassungslos betrachte ich heute die düstere Szene: die unter die Räuber Gefallenen, die keinen Samariter fanden. Soll ich mir etwas darauf zugute tun, daß ich ab und zu einen Brief schrieb — gewiß weniger aus Mitleid als um der Sensation willen, Briefe ins Gefängnis zu schicken?

Die Großmutter verhärtete sich, ihre Sanftmut schlug um in Bitterkeit. Stillschweigend bereitete sie sich auf die Rückkehr des Sohnes vor, fand jemanden, der ihr die Schränke rückte, so daß eine Schlafecke für ihn abgeteilt wurde, und richtete im Salon einen Platz ein, an dem Schreibarbeiten zu erledigen sein würden. Und dann zog er bei ihr ein mit den paar Klamotten, die ihm geblieben waren. Aber sieh da, bald lagen und standen da wieder Ballen und Stücke Tuchs in den Ecken, es wurde offeriert und in Rechnung gestellt, auch gereist in bescheidenem Umfang — und von einer dieser Reisen brachte der Händler Elisabeth mit, ein unscheinbares, stark sächsisch sprechendes Wesen, das unerschütterlich gewillt zu sein schien, sein verpfuschtes Leben zu teilen. Abermals wurden die Schränke verrückt, der Großmutter Lager in den Salon geschoben, das Schlafzimmer für das neue Ehepaar mit einer Art Kontor am Fußende der Betten, die Küche zur gemeinsamen Benutzung eingerichtet. Das konnte nicht gutgehen, und es ging miserabel. Eine böse und heimtückisch gewordene Großmutter quälte die arme Elisabeth buchstäblich zu Tode, diese starb an einem Leberleiden, tief betrauert von ihrem Mann, der sie allem Anschein nach aufrichtig geliebt hatte.

Noch ein drittes Mal versuchte er die Ehe — nachdem Bomben die Wohnung getroffen und nahezu alle Habe vernichtet hatten. Durch Flammen, Rauch und Trümmer schleppte sich in jener Nacht die Großmutter mit dem Silberkoffer bis in unsere Wohnung, während Paul und mein Vater noch einige Möbel zu retten suchten. Ich fand die Uralte, am anderen

Morgen von einer Reise zurückgerufen, mit angeschwärztem Gesicht und verbundenen Händen auf meinem Bett liegend. Mutter und Sohn schlüpften in einem halbzerstörten Parterre unter; wenig später trat Ruth in Erscheinung, eine Jüdin aus Halle, die in derselben unbegreiflichen Anhänglichkeit an diesen Onkel Paul wie ihre Vorgängerin die schreckliche Alte in Kauf nahm.

Paul schwamm alsbald wieder oben in den fünfziger Jahren. Er baute die Notwohnung aus, schaffte Möbel an, richtete abermals ein Stofflager ein, verdiente, legte an, spekulierte, gewann, war in feinste Hemden und Maßanzüge gekleidet, in kostspielige Schuhe, trug einen Gehpelz, wenn er im Winter ein paar Schritte zu Fuß ging, fuhr aber meist im Taxi. Gelegentlich steckte er seiner stets bedürftigen Schwester einen Fünfziger in die Handtasche.

Die Großmutter wurde vierundneunzig Jahre alt. Sie starb, ohne vom Leben viel anderes als Leiden, Verlassenheit, Unglück und Bitternis erfahren zu haben. Sie starb, und der Neffe, Verwalter ihrer Bankpapiere, wußte zu berichten, daß sie noch drei Tage vor ihrem Tod gefragt habe, wie denn Mannesmann stünden.

Mimis eisiges Ende

In den Ferien besuchten wir die Großeltern in Bonn. Das Haus, Endenicher Straße 36, steht noch an seinem Platz, wenn auch leider bis zur völligen Schmucklosigkeit erneuert. Es ist, 1889 erbaut, der Typ des kleinbürgerlichen Bonner Hauses, zweigeschossig, zwei Fenster neben der Haustür, bescheiden ausgestattet mit waagerechten und senkrechten Mauerbändern, je zwei Konsolen unter den Fenstern des oberen Stockwerks und einem dreieckigen Giebel über dem mittleren Fenster. Erhalten blieb die Haustür, blieben die Fliesen im Flur, vor denen die Tante Alwina samstags morgens auf den Knien lag, erhalten blieb das eiserne Gartentörchen aus lanzenartigen Stäben, auf dem ich, mir ein Fahrzeug einbildend, auf- und abglitt, auf und ab in der Langeweile der Feriennachmittage.

In dem Haus war ich nicht gerne, und seine Bewohner waren mir unheimlich: der dicke, ungelenke Großvater mit seinem zerknitterten Gesicht, der nicht gut roch und nichts redete; die immer schwarzgekleidete Großmutter, die beständig mit dem Kopfe wackelte, auf dem sie, über strengem Scheitel, ein karges Kränzchen aus Flechten trug. Es verschlug mir den Appetit, wenn wir mit ihnen am Küchentisch saßen, sie auf der Eckbank thronend, stumme, bedrohliche Vögel. Nur das jeweilige Kompott, mit dem Alwina uns aus den Regalen im Keller reichlich bedachte, ließ mich die furchterregende Gegenwart der beiden Alten vergessen. Ich ahnte, was ich erst nach und nach erfuhr: daß Begebenheiten heikelster Art auf dem Hause lasteten, in dem es von jeher wenig Frieden gegeben hatte — allen einträchtigen Fotos zum Trotz, auf denen man sich um die Bowle scharte, die goldgerahmten Konterfeis der Abwesenden auf dem Tisch mit der Plüschdecke aufgestellt.

Den meisten Anlaß zum Unfrieden muß das Geld gegeben haben, an dem es wohl beständig mangelte. Der Großvater, zuletzt Rechnungsrat bei der Eisenbahn, nachdem er in jüngeren Jahren bei der Artillerie gedient hatte, ein »Zwölfender«, wie man damals sagte, hatte neun Kinder versorgen und das Haus abbezahlen müssen, und gewiß war die Großmutter keine haushälterische Natur. Doch verdüsterten peniblere Mißgeschicke als Geldsorgen die Gesichter der beiden Alten auf der Küchenbank. Da war — bei weitem noch das geringste Übel — die ungewisse Zukunft des jüngsten Sohnes, des heiligmäßig blickenden Aloysius, der aber ein Schwerenöter war. Er war als Fliegerleutnant aus dem Krieg heimgekehrt, ohne vorher einen Beruf erlernt zu haben. Nun hing er im Haus herum, versuchte dies und jenes — von einer Jutevertretung war viel die Rede, die zeitweilig etwas, zeitweilig nichts einbrachte. Da war die Scheidung Jakobs, den sie Jacques nannten, unausdenkbar sündhaft in den Augen seiner erzkatholischen Mutter; seine Eheschließung mit einer Tochter aus jüdischem Hause, die darauf erfolgende Aufgabe seiner Laufbahn als Studienrat und den Eintritt in das Möbelgeschäft des Schwiegervaters hat sie glücklicherweise nicht mehr erlebt; und die dritte Heirat schon gar nicht. Da waren geheimnisvolle Begebenheiten, die Tanten Luisa und Mimi betreffend, von denen ich als Kind nur andeutungsweise erfuhr.

Ich wußte nichts, ahnte nur Finsternis, Verhängnis und Fehltritt, hörte Gezänk und Gezeter, vielfach waren die beiden armen Kinder der Gegenstand, die hier bei den Großeltern aufwuchsen, eines vom geschiedenen Onkel, eines von der verstorbenen Tante. Später erst, als die Großeltern nicht mehr lebten, erzählte Alwina mehr. Sie war die Älteste der neun Geschwister, Lehrerin, unverheiratet, eine Tochter von zähneknirschender Unterwürfigkeit, von unermüdlicher Fürsorglichkeit in der Küche, hervorragend als Erzählerin, aber grimmig auf dem Katheder; es gibt noch Weißhaarige in Bonn, die sich schaudernd an sie erinnern.

Alwina hütete bis zu ihrem Tode Erinnerungen, Möbel, Gerät und Fotografien, die Brille der Urgroßmutter samt Gehäuse, des Großvaters Tintenfaß aus dem Krieg 70/71, den

Nußbaum-Sekretär und den Hausaltar mit dem drehbaren Tabernakel. Und sie erzählte von den Toten. Daran war ich vom frühesten Alter an interessiert, fertigte, als ich eben schreiben konnte, in langweiligen Unterrichtsstunden Ahnentafeln und Stammbäume an, immer wieder schrieb ich, in den verschiedensten Kombinationen, die Namen der Verstorbenen auf. Ich hing nicht an den Personen in ihrer Eigenart, im Gegenteil. Ich hatte sie wohl, ohne es zu wissen, in meinem Sinn als das Fundament, auf dem mein Haus stand, als den Humus, aus dem mein Baum wuchs, als die Quelle, aus der mein Fluß sich speiste.

Auch Tote aus der großen Geschichte bedeuteten mir viel: die Personen der Bibel, die Heiligen, Kaiser und Könige. Der große Karl saß auf dem Marmorsessel im Aachener Dom, Herr Heinrich saß am Vogelherd, und der alte Barbarossa, der Kaiser Friederich, saß im Kyffhäuser, von Raben umflattert — wie liebte ich diese Bilder! Wie inständig versuchte ich, mich den großen Frauen Hedwig, Hildegard, Elisabeth und Catarina und dem Mädchen Johanna mit dem Herzen anzunähern! Wenn ich bedenke, daß solche Verehrung von Toten heute nicht mehr stattfindet, daß man ihr Leben und Wirken allenfalls zur Kenntnis nimmt, daß aber keine Identifikation geleistet wird, keine Vergegenwärtigung der mit ihnen zusammenhängenden Ereignisse, dann erkenne ich eine der Ursachen der Heimatlosigkeit, der Unbehaustheit der jungen Leute in dieser Welt, ihres tiefen Mißvergnügens am Lauf der Dinge, ihrer Resignation.

Die Toten, von denen Alwina erzählte, waren kleine Leute, Schuhmacher, Bäcker und Metzger, Schneider und Gerber, Winzer, Küfer, Blechschmiede und Büchsenmacher, aus der Eifel, von Saar und Mosel, aus Lothringen. Als den ersten unseres Namens, von dem ein Datum, Beruf, Geburtsort und Aufenthalt bekannt ist, nannte sie Nikolaus Sturm, den Großvater des Großvaters, aus Vianden in Luxemburg. Er muß etwa zur Zeit der Französischen Revolution auf die Welt gekommen sein, denn er heiratete 1819 in Trier. Um die Jahrhundertwende wahrscheinlich wanderte der Schustergeselle herunter aus der Eifel an die Mosel, fand dort einen Meister und fing sein Spielchen an mit der Tochter, war auch dort wohnhaft, Brückenstraße 632, wie ich später selbst einer der Einwohnerlisten von 1848 entnahm. Er wohnte zusammen mit einem Fuhrmann, einem Glaser, einem Schmied, einem Weinschröter und drei Tagelöhnern. Das Haus, eine Handwerkerkommune gewissermaßen, steht nicht mehr. Heute ist hier ein Parkplatz.

In der Brückenstraße, etwas weiter stadteinwärts, steht das Geburtshaus von Karl Marx; die Familie bewohnte es zwei Jahre lang. Ich stelle mir vor, Nikolaus Sturm hätte die Sohlen erneuert und die Absätze gerichtet an den Schuhen des Justizrats Heinrich Marx, dem Vater von Karl; oder er hätte Stiefelchen gefertigt für die Baronesse Jenny von Westphalen, als sie sich nach siebenjähriger Verlobungszeit vor dem Standesamt mit Karl verband. Aber womöglich war dieser Schuster viel zu gering, um mit dem Schuhwerk der höheren Stände befaßt zu sein.

Wie wohl verhielt sich der Ahn in den widersprüchlichen Zeitläufen, in die er geriet? Gehörte er zu denen, welche die Auflösung der alten Ordnungen begrüßten, waren ihm Freiheit und Gleichheit ersehnte Güter — oder beklagte er Revolution, Emanzipation, Säkularisation und Aufklärung als Teufelswerk, dem nur mit dem Weihwasserquast beizukommen wäre? Wahrscheinlich lebte er so tief unten am Grund der allgemeinen Armut und Erbärmlichkeit, daß er nicht dazu kam, sich über den Wandel des Geistes Gedanken zu machen.

Wir wissen es nicht und werden es nie erfahren, wie die Geist- und Seelenlage dieses Mannes beschaffen war. Nur seine Arbeit können wir uns notdürftig vergegenwärtigen, seine — um in der Marxschen Nachbarschaft zu bleiben — Produktionsverhältnisse. Seine Arbeit in dunkler Werkstatt, in einem Keller, einem Schuppen. Der Dompfaff im Vogelbauer zu seinen Häupten. Die Wände von dumpfen Gerüchen nach Leder,

Harz, Tran und Terpentin beschlagen. Das Klirren des Hammers auf dem blankgescheuerten Dreifuß, der zischende Pfriem, das knirschende Stanzmesser, das Schleifen, Raspeln und Polieren an den fertigen Sohlen und Absätzen. Die Hände geschwärzt und gefurcht vom Drehen des Pechfadens, durchgescheuert vom scharfen Schmirgel. Diese Hände sind das einzige, was aus dem Dunkel ins Licht der Vorstellung tritt, die Hände, mit denen er sein Brot verdiente für sich und die Nachkommenden.

Der Schuster ließ seinen Sohn Lehrer werden. Der holte sich eine Frau aus dem weinfröhlichen Moseldorf Graach und zog mit ihr auf den Hunsrück hinauf, wo man ihn angestellt hatte. Das Schulhaus, in dem er wohnte und Unterricht erteilte, steht noch, gegenüber der Kapelle in Schleiden bei Losheim — eine »Kaffeemühle« im Architektenjargon, ein zweigeschossiger Kubus mit vierseitigem Walmdach. Die neuen Eigentümer haben es mit weißen spiegelnden Kunststoffplatten belegt und damit verdorben.

In diesem Haus wurde mein Großvater, Johann Sturm, geboren. Zur Taufe brachten sie ihn in die Pfarrkirche Peter und Paul nach Losheim. Taufe vor 135 Jahren! Mußten sie zu Fuß nach Losheim herunter, oder lieh man ihnen Pferd und Wagen, den Paten, der Hebamme, dem Vater? Bedeutete es ihnen etwas, das gemurmelte Latein über dem Täufling, von dem sie nichts verstanden? War ihnen der Teufel, der hier ausgetrieben wurde mit starker Beschwörung, ein Leibhaftiger, oder waren sie aufgeklärte Leute, die nur des Herkommens wegen und ohne über Sinn und Bedeutung nachzudenken, Johann den Jüngeren über das Sandsteinbecken hielten? Der Abstand zwischen dem damaligen und dem heutigen Vollzug ist schwindelerregend. Die Taufe, sagt mein Freund Steff, ist ein Vollzug auf Hoffnung hin; ihre magischen Aspekte ebensowenig wie ihre theologisch-lehrhaften und schon gar nicht ihre bürgerlich-gesellschaftlichen kommen noch in Betracht; einzig ihr Bezug auf Jesus als den geglaubten Heilsbringer ist noch von Belang, der Faden, ehemals ein starkes Seil von Gewißheiten und Überzeugungen, ist dünn geworden.

Johann, mein Urgroßvater, war von mittelgroßer Figur und zierlich, nahezu kahlköpfig, hatte ein kleines Mündchen und schaute mit einer gewissen Durchtriebenheit in die Gegend. Von Temperament war dieser Mensch lebhaft und jähzornig — manchen Fiedelbogen, so wurde erzählt, habe er auf seinen Schulkindern zerschlagen. Schule hielt er abends, wenn alle Arbeit auf dem Feld, im Garten und in den Ställen getan war. Der Raum, weiß Alwina sich zu erinnern, war mit Kienspänen beleuchtet. Die zweite Hälfte seines Lebens verbrachte er in Wehingen an der Saar, wo er auch starb. Auch hier blieb das Schulhaus erhalten. Heute wohnen darin seine Nachkommen, ein Johann, der allerdings nicht mehr Sturm, sondern Pitsch heißt; unsere Väter waren Vettern, und ich meine, Ähnlichkeiten wahrzunehmen im feurigen Blick unter starken buschigen Brauen. Aber der Abstand zwischen seinem und meinem Leben ist unermeßlich. Das Haus ist nahezu unverändert bis auf die etwas erweiterte Küche. Ein schmaler Flur hinter der Haustür, rechts und links davon eine Stube, alles niedrig und schief, mit viel zu großen Möbeln vollgestopft, und die etwas tiefer gelegene Scheune ein Loch, eine schmutzige Höhle: Körbe, Säcke, Eimer, Bottiche, Fässer, Gerät und Gerümpel, Seile und Gummireifen, Stangen und Latten, Kraut und Rüben im eigentlichen sowohl wie in jeglichem anderen Sinne.

Hier hausen sie nicht viel anders als der Urahn im knapp zugeschnittenen Leben. »Ja, wenn ich Ihr Geld hätte!« sagt Johann mißmutig, und wie gern sie einmal reisen würde, sagt sehnsüchtig Maria. In Lourdes ist sie einmal gewesen, das war das Äußerste, sonst kennt sie die Fremde nur vom Fernsehen.

Von der Urgroßmutter wußte Alwina, daß sie so lang wie dünn war, nahezu keinen Busen und bis zu ihrem Tod mit zweiundachtzig Jahren schwarze Haare hatte. In der Familie wurde sie der »Engel« genannt, lauter Liebe, Güte und Geduld sei sie gewesen. An den überlieferten Ausdrücken im verbalhornten Französisch aus ihrem Munde haben wir uns als Kinder ergötzt: »Tuttlabudick« sagte sie und meinte den ganzen Kram, und »dutzwitt«, was sofort, und »Attjes«, was Adieu heißen sollte.

Mit ihrer Fotografie (»Ich bin gesonnen, Peterstag nach Trier zu gehen, um mich abphotographieren zu lassen«, schreibt sie 1888) erging es mir wunderlich. Zuerst fand ich das Gesicht unter der hohen, mit Tuffs, Rüschen und Schleifen geschmückten Haube düster und streng. Dann merkte ich, wie klein es war in seinem Behältnis aus Textilien, wie ratlos die Augen in die Welt schauten unter dem glatten, gescheitelten Haar und wie unter der fleischigen unschönen Nase ein feingeschwungener Mund freundliche Verschwiegenheit versprach. Wenn ein Engel, dann keiner aus den erhabenen neun Chören des Dionysius Areopagita, sondern ein namenloser unteren Ranges, der etwas unbeholfen und schüchtern sein himmlisches Werk tat.

Außer von der Großmutter sprach Alwina vom Vetter Nikola aus Wehingen. Es ist zu vermuten, daß die hagestolzene Lehrerin mit dem Rohrstock im Leibe ihn geliebt hat. Einmal, so hörten wir, habe er die Kusine am Ende ihres Besuches in Wehingen bis Mettlach an die Bahn gebracht. Eine gute Stunde dauert der Weg, ich bin ihn gegangen, am schilfigen Ufer, unterm Schieferfels, entlang der berühmten Schleife, wo es immer noch schön sein könnte, wäre nicht das stinkende Wasser, das sich mit seinen Schlammassen nur noch träge fortbewegt. Alwina behauptet, der Vetter habe während der ganzen Zeit Soldatenlieder gesungen. Ich aber stelle mir lieber vor, daß diese streng korsettierte Person dieses eine einzige Mal in ihrem Leben an eine männliche Brust sank, kurz vor Mettlach, und ihre hübschen, wenn auch schon etwas eingezogenen Lippen öffnete für die Küsse des Vetters. Sie wird es gebeichtet haben.

Doch was liegt daran, was ich mir vorstelle, Alwina und Nikola betreffend! Nichts, gemessen an der entsetzlichen Realität jener Szene am gleichen Fluß, von der ich weiß, wenn auch nur aus Andeutungen, aus ungern Verlautbartem, jene Szene, in der Alwinas Schwester Mimi den Tod im Wasser suchte und fand. Im Jahr zuvor hatte sie ein uneheliches Kind zur Welt gebracht. Unausdenkbar, was das für die Familie bedeutet haben muß. Diese Herzenstochter, so lieb, so sanft, so gefügig, so fromm! Eine Tochter, die sich im Kloster »bei den lieben Schwestern« so wohl gefühlt hatte, als sie dort Nähen und Kochen lernte. Die nach Hause berichtet, wie sie mit all den anderen Mädchen zur »hl. Kommunion« gegangen sei — in einer nadelfeinen, gestochenen Handschrift, mit starken, sehr schrägen, aber vollkommen ebenmäßig gelagerten Unterlängen, mit zügigen Schleifen und gefühlvollem Druck in den Rundungen. Die häufig vom Beten spricht, die Ihren um Fürbitte angeht und selber »Trost im Gebete« findet, sich dem »lieben Mütterchen« empfiehlt, wenn dieses nach Kevelaer wallfahrten geht. Und nun der Fehltritt und Fall, ein Engel stürzte in die Finsternis, und wohin mit dem Kind? Sie nahmen es auf, die Großeltern in Bonn, Gott weiß, wie sie das vertuschten und kaschierten mit ungelenker Raffinesse — wurde es je publik, was Sturms Mimi widerfahren war, wisperte man beim Bäcker, flüsterte beim Gemüse hinter vorgehaltener Hand? Wir wissen es nicht. Gewiß ist nur, daß sie etwa ein Jahr nach der Geburt des Kindes, eines Tages im Januar 1905, ihren ältesten Bruder, meinen Vater, in Berlin aufsuchte, überraschend und ungewöhnlich dazu, wenn man bedenkt, was eine Reise von der Saar nach Berlin, ganz allein, für ein damaliges, dazu noch unbemitteltes Mädchen bedeutet haben muß.

Es besteht Anlaß, sich Folgendes vorzustellen: Sie trifft spät abends bei seiner Wohnung in Neucölln, Niederwallstraße, ein. Sie hat sich nicht angemeldet, kein Brief, kein Telegramm erreichte den Bruder. Sie klingelt. Die Vermieterin öffnet. Sie fragt nach dem Bruder, der noch unterwegs ist, vielleicht ahnungslos beim Bier sitzt. Die Vermieterin läßt sie ein. Mit fixer Hilfsbereitschaft kalkuliert sie, daß hier eine Übernachtung erwünscht sein möchte — »Och Jotte doch, hamse denn kein Quartier?« — und bezieht schon einmal das Sofa. Dann kommt Heinrich, verblüfft, verdattert, aber doch freut er sich über den Besuch. Sie sitzen zusammen, er erzählt von seiner Arbeit im Baubüro, die ihm Spaß macht, auch sie wird erzählt haben (aber ich ahne nicht, von was für einer Arbeit, hatte sie denn überhaupt einen Beruf oder half sie der Reihe nach aus bei Verwandten?) Heinrich findet es nett, sie bei sich zu haben. Er ist nun schon über zehn Jahre von zu Hause fort, seine Beziehungen zu Eltern und Geschwistern sind dürftig, so gut wie gar nicht vorhanden — daß ihn da eine Schwester besuchen kommt! Blieb sie einen, blieb sie zwei oder mehrere Tage? Als sie fort ist, geht er zur Vermieterin in die Küche, bedankt sich für das bezogene Sofa, fürs Frühstück, sagt dann, mit dem Schlüsselbund spielend, so vor sich hin: »Aber wenn ich doch nur wüßte, was sie eigentlich gewollt hat?« »Wat die jewollt hat? Herr Sturm, det kann ich Ihn'n saren. Det Mädchen war schwanger — die wollt eine Adresse von Ihn'n, det wolltse — hamse det nich jemerkt?«

Er hatte es nicht gemerkt. Und als es ihm gesagt wurde, da war sie schon über den schmalen hölzernen Steg beim Stauwehr gegangen, war schon in den Fluß gesprungen, der mit hochgetürmten Eisschollen dahintrieb.

Es gab einen, später vernichteten, Brief von ihr an den Kindsvater, in dem sie ihn anflehte, sie in dieser abermaligen und absolut untragbaren Schande nicht allein zu lassen. Sie muß keine Antwort auf diesen Brief erhalten haben. Dies und die tumbe Torheit dessen, bei dem sie Schutz suchte, daß er nicht fragte, es nicht aus ihr herausfragte, warum sie gekommen war, und ungefragt konnte sie es nicht sagen, besiegelte ihr Ende.

Die furchtbare Geschichte hing im Haus der Großeltern, wie Fledermäuse huschten die Erinnerungen daran von Wand zu Wand, unheimlich. Sogar noch des Sonntags, beim Mittagessen mit den Onkeln und Tanten, an der langen Tafel im Wohnzimmer mit der Palme auf dem langbeinigen Hocker und dem guten Service aus dem Vertiko, empfand ich Bedrängnis und wurde nicht fertig mit der gefüllten Kalbsbrust, die stets auf den Tisch kam, wenn wir zu vielen Personen waren.

Am letzten Tag vor der Abreise, auf und ab fahrend auf dem Lanzentörchen im Vorgarten, wo auf spärlichem Rasen, von Lavatuff umgeben, eine Hortensie dahinstarb, entfuhr es mir in Anwesenheit der Kusine: »Gott sei Dank, daß wir dies Rabennest morgen verlassen!«

Hei, wie die Kusine das Wort herumtrug! Alsbald wußten sie es in Mönchengladbach und Frankfurt, in Brühl und Mittweida — »Rabennest« hat sie gesagt, die unverschämte Kleine, »Rabennest« zum ehrwürdigen Großelternhaus — und die schöne Frau Bühlmeyer in Frankfurt, schwarzgescheitelt, ein Ballerinagesicht, verzog angewidert die Mundwinkel; die pummlige Maria in Mönchengladbach, die Delinquentin zur Rede stellend, schliff ihre zärtliche Stimme zu niegekannter Schärfe; Fritz und Grete in Brühl zuckten die Achseln und ließen verlauten, daß dergleichen nie, nie denkbar wäre aus dem Mund ihrer wohlerzogenen Tochter — allenfalls Jacques in Mittweida, selbst ein Sünder, mag verständnisvoll gelächelt und sich sein Teil gedacht haben.

Die unermeßliche Verwandtschaft der Großmutter, in Saarlouis und Endorf, in Montigny, Sablon und Ars, mit deren Namen ich unter Alwinas Anleitung lange Listen füllte, erschien mir auch später immer wie ein trüber Teich, unter dessen Oberfläche es wimmelt, gärt und brodelt, sich beißt und anspringt und aus spärlichsten Ressourcen das Notwendige für sich zu gewinnen trachtet. Kleinbürger alle und in den erbärmlichsten Lebensumständen — aber mit exzessiven Ausdrucksmöglichkeiten, mit einer erstaunlichen Neigung, sich und ihr Schicksal nicht nur zu erleben, auch zu spielen.

Alles, was geschah, geschah mit dramatischer Gebärde, auf Kothurnen. Wie die Großmutter den Putzmacherladen aufsuchte, in dem die Grete Roleff Hüte verkaufte, wie sie wählte, verwarf und wieder wählte und schließlich die ganze Auswahl auf die Theke schmiß und die Grete anschrie: »Fräulein, ich warne Sie, lassen Sie die Finger von meinem Sohn!« (Er ließ sich aber doch heiraten von der Grete und wurde unglücklich!) Wie sie Alwinas Monatssalär in Goldstücken, das diese ihr abzuliefern hatte, ausgelegt in Sechserreihen, mit einer Handbewegung vom Tisch auf den Boden fegte, weil eine einzige Münze fehlte, und schrie: »Du kannst dein dreckiges Geld behalten!« — Alwina, längst über dreißig, hatte sich erlaubt, Briefmarken zu kaufen, um nicht wegen jedes zu frankierenden Briefes bei der Mutter vorsprechen zu müssen.

Diese herrische Person war aber fromm. Sie berichtet selbst, daß sie jeden Morgen zur Messe ging: »Es ist aber auch gerade, wie wenn der liebe Gott es so haben wollte, jeden Morgen um halb fünf Uhr werde ich wach und wäre es mir doch ganz unmöglich, nach solchen Fingerzeigen Gottes im Bett liegen zu bleiben.« Und an anderer Stelle: »Ganz besonders gern habe ich stets das heiligste Herz Jesu verehrt, und jetzt haben wir es so notwendig, uns seinem Schutze zu empfehlen, wo so viele unserer Kinder vor ihrer Standeswahl stehen.« Der Tochter Alwina verspricht sie vor deren Lehrerinnenexamen: »Es wird dieser Tage viel für dich gebetet, besonders in der Schule, und Kindergebet dringt durch die Wolken. Du mußt volles Vertrauen auf den lieben Gott setzen.« Den Gipfel erreichte diese Art von Frömmigkeit mit jener Szene, die mein Vater, zwischen Bitterkeit und Belustigung schwankend, des öfteren zum besten gab: da habe die Mutter, weil Heinrich in der Speisekammer ein Stück Wurst gestohlen hatte, mit ihren neun Kindern eine Bittprozession zum Kreuzberg veranstaltet — und an jeder Station war zum Ave Maria der Zusatz zu sprechen: »Jesus, der du unserm Sohne seine Missetat verzeihen mögest!«

Nach dem Tod der Großeltern bewohnte Alwina die Endenicher Straße mit dem frischverheirateten Aloysius, der sich nun Hans Alo nannte. Die elegante Clémence aus Lüttich krempelte das Haus um und um, heischte penibelste Sauberkeit, wo Schmier und Schmuddel sich breitgemacht hatten (»Das Clo muß sein wie ein Tass!«), stöckelte auf hohen Absätzen, wo bisher Pantoffeln geschlurft, und bereitete exquisite Speisefolgen, wo derbe Gemüsetöpfe die Regel gewesen waren. Ihre neuen Polstermöbel verdrängten den grünen Samt mit dem eingepreßten Muster — meinen Eltern gefiel das, andere Geschwister nahmen daran Anstoß und gingen, wegen der eigenmächtigen Veränderung am gemeinsamen Erbteil, bis vors Gericht. Entzweiungen, Verstummen, grußlose Begegnungen — so endete das Familienleben auf der Endenicher Straße. Als meine Eltern, Jahrzehnte später, unmittelbar nach dem Krieg, nun ihrerseits mit Alwina einen gemeinsamen Haushalt versuchten, scheiterten sie ähnlich.

Stabile Gruppenverbindungen waren zwischen diesen hochexplosiven Einzelexemplaren nicht herzustellen. Es gibt mindestens vier Enkel meiner Großeltern, die verschollen sind und mir nie mehr zu Gesicht kommen werden.

Der Vater

Die zwanziger Jahre: Hunger, Inflation, belgische Besatzung, Separatistenstreit . . . Was den Hunger betrifft, so hatte mein Vater Vorsorge getroffen, indem er aus den Berliner Ersparnissen zusammen mit einem Schulkollegen ein kleines Gut erwarb: Schiefbahn war der unsympathische Name des Ortes. Das Gut sollte, wenn auch einem Pächter überstellt, einiges Eßbare hergeben für die Städter. Dieser Kauf kann der Mutter unmöglich recht gewesen sein. Einmal war ihr ohnehin alles Ländliche zuwider: der Geruch von Viehställen, die an feinen Sohlen festklebende Ackererde. Zum anderen: was lag ihr an Lebensmitteln, da sie doch so ungern kochte? Wahrscheinlich hat sie so viel zermürbenden Widerstand geleistet, daß dem Vater der Spaß verdorben wurde und er das Besitztum bald wieder abstieß. Möglich ist aber auch, daß der mit den Wechseljahren bei der Frau des Partners, einer schwarzäugigen Schönheit, ausbrechende Verfolgungswahn unseren Rückzug aus Schiefbahn erforderlich machte. Ich weiß davon nur noch, daß immer wieder von einem Messer die Rede war, aus der Küchenschublade genommen, gegen den Mann oder die Söhne gerichtet. Sie wurde dann in eine Anstalt gebracht. Auch hier war die Folge des Unglücks, daß meine Eltern sich abwandten und zurückzogen, anstatt Hilfe zu leisten. Man mied diejenigen, denen man doch Zeichen von Solidarität hätte geben sollen. Möglicherweise war diese Haltung ziemlich verbreitet. Das böte eine Erklärung für die immer wieder gestellte Frage, warum die meisten meiner und der vorigen Generation die Greuel der Judenverfolgung miterlebten, ohne einen Finger zu rühren.

Zum Höhepunkt der separatistischen Unruhen am 26. August 1923 kam es genau unter unserm Fenster. Etwa dreißigtausend Bürger hatten sich, durch einen Aufruf auf die Beine gebracht, vor der Kaiser-Friedrich-Halle und in den anschließenden Straßen versammelt, um den vom Bahnhof her anrückenden Sonderbündlern entgegenzutreten. Es kam zu wüsten Prügelszenen. Aber die Eltern zogen ihre Kinder vom Fenster weg, als das Blut zu fließen begann. Der Vetter Willy und seine Frau waren auch in das Handgemenge geraten — aus Neugier oder vaterländischer Empörung. Nun suchten sie Zuflucht hinter unserer schützenden Tür. Ich kann mich nicht erinnern, daß sie jemals sonst in unserer Wohnung gewesen wären. Dabei wohnten sie nur wenige Häuser entfernt. Auf solche Distanz lebten wir mit den Verwandten.

Nicht nur das Rathaus war verbarrikadiert in jenem Jahr. Auch der Delikatessen- und Kolonialwarenhändler Wimmers in unserm Parterre trug jeden Abend schwere Verschläge vor seine Schaufenster und befestigte sie umständlich mit Riegeln und Balken — eine Prozedur, der mein Bruder beizuwohnen nicht müde wurde.

Die Inflation ist eigentlich nur als eine Art Jux in meiner Erinnerung. Täglich bekam der Vater einen entsprechenden Teil seines Gehaltes ausbezahlt; sofort nach Empfang brachte er das Geld nach Hause, damit wir einkaufen gehen konnten. Mit Millionen-, Milliarden- und Billionenscheinen wurde ich zum Bäcker und zum Milchladen geschickt — Billionen waren es im September 1923. Die ökonomischen, politischen und psychologischen Folgen des Desasters blieben mir natürlich verborgen, ebenso wie die Lebensgefahr, in der mein Vater tagtäglich schwebte, als er, mit anderen städtischen Beamten, für die Regiebahn als Geisel fahren oder im Bahnhof sitzen mußte, damit Attentate verhindert würden. Auch das Ausgehverbot ab acht Uhr abends, das die Belgier über die Stadt verhängten, erlebten wir als Kuriosität; wir kamen vom Fenster nicht los, um letzte verspätete Passanten schadenfroh zu beobachten.

Die Schule fand, wenn auch nicht ungern besucht, nur am äußersten Rand meines Daseins statt. Lesen, Schreiben und

Rechnen konnte ich von einem Tag zum andern, ich entsinne mich nicht, daß über meine Hausaufgaben bei uns je ein Wort geäußert worden wäre. Dementsprechend verwöhnte mich die Lehrerin, ich war ihr Hätschel- und Vorzeigekind. Solche Bevorzugung vergalt ich ihr mit Anhänglichkeit, die an Schwärmerei grenzte — ein Gemütszustand, in den ich während der vierzehn Schuljahre ein gutes Dutzend Mal gefallen bin. Die Kinder meiner Klasse blieben mir fremd — bis auf zwei, die uns gegenüber höchst ärmlich wohnten, bis auf Therese, mit der ich einmal wöchentlich in der letzten Schulstunde zum Schwimmen gehen durfte, und natürlich Elli, die Herzensfreundin, die zu mir paßte wie ein Handschuh zum anderen.

Ich machte nur drei Volksschuljahre statt der üblichen vier, fehlte viel wegen Erkältungen, Magenverstimmungen, undeutlichem Übelbefinden, das der weißbärtige Doktor Besselmann, der ins Haus kam, freigebig attestierte, und auch der Vater war immer gern bereit, einen Entschuldigungszettel zu schreiben. Er sah ja, daß ich las, was mir in die Finger fiel, auch gern und ausgiebig Schreibübungen machte und spielend Erdkunde lernte mit Hilfe eines Europa-Puzzles, das er selbst mir angefertigt hatte. Was die Lektüre betrifft, so erinnere ich mich an so extreme Autoren wie Grillparzer und Fritz Reuter, dessen Idiom mir erstaunlicherweise keine Schwierigkeiten machte — dazu Wörishöffer (unzählige Male begeisterte ich mich am »Naturforscherschiff«) und Else Ury mit der »Nesthäkchen«-Serie, auch Christoph von Schmid, »Rosa von Tannenburg«, »Das Blumenkörbchen« und »Gottfried, der junge Einsiedler«; endlich auch Thomas von Kempens »Nachfolge Christi«, ein Geschenk der Großmutter, in lila Leder mit Goldschnitt eingebunden. Zunächst las ich darin, weil ich das Leder so gern in der Hand fühlte. Bald jedoch fesselte mich auch der Inhalt, er legte den Grund zu einer Bindung, die mehr als fünfzig Jahre anhielt und erst jetzt, am Ende meines Lebens, sich nahezu auflöste — davon wird noch die Rede sein.

Neben den Büchern waren es die Blumen und das Klavier, denen heftige Neigung galt.

Der lange, schmale Balkon an der Straßenfront unserer Wohnung stand voll von Topfpflanzen, die ich mir selbst aus erbettelten Ablegern gezogen hatte; drinnen hatte ich die großen und kleinen Zimmerlinden in meiner Obhut, die alle von Ellis Mutter stammten. In der größten, die fast ein Baum war, saß ein Laubfrosch, der nachts lange Wanderungen durch die Wohnung unternahm und auf dem Flügel den Abdruck seiner Zehen hinterließ, fünf strahlenförmig angeordnete Punkte, eine zierliche Spur. Eines der Rollenspiele, zu denen es mich von Zeit zu Zeit verlockte, war das eines Gehilfen beim Gärtner Schmitz (anderweitig diente ich auch im Kolonialwarenladen an der Ecke, wog Mehl und Zucker mit kupfernen Gewichten). Herr Schmitz hatte den weitläufigen Garten bei der »Erholung« zu betreuen. Er übertrug mir gutmütig ein paar Obliegenheiten, bei denen ich nichts verderben konnte, gab mir Ableger, die er nicht mehr brauchte und gute Ratschläge zu ihrer Aufzucht. Er ermutigte mich auch, auf dem Vordach, das man vom Küchenfenster aus betreten konnte und das eine dünne Erdschicht über der Dachpappe trug, aus einer Kastanie einen Schößling zu ziehen, der gut gedieh, solange wir dort wohnten.

Den Grund für die Liebe zum Klavier werden die Eltern gelegt haben, die sich an manchen Abenden zum Musizieren vereinigten. Unter den »Arrangements« für Violine und Pianoforte, die sie boten, ist mir Glucks »Reigen seliger Geister« unvergeßlich; sie brachten das vollkommen, während es sonst meist mit dem Takt haperte, die Mutter hatte recht eigenwillige Interpretationen der vorgeschriebenen Zeiteinheiten. Das war für mich kaum zu bemerken, wenn sie allein spielte. Ich hörte ihr sehr gerne zu, ebenso wie der rothaarigen Frau des Landgerichtsrates aus dem zweiten Stock, die ausgezeichnet Chopin spielte. Es war ausgemacht, daß ich oben klingeln durfte, wenn ich sie aus der Nähe hören wollte, auch unterm Flügel sitzen, wo ich es dann auf mich herunterrauschen ließ, was sie an Glanz und Perlen hervorbrachte, und davon Schauer empfand, die mir den Rücken hinunterliefen.

Nach wie vor sang auch die Mutter, aber nun mit eigenhändiger Klavierbegleitung, Volkslieder nicht mehr, sondern ein Repertoire aus Alben wie »Sang und Klang« und »Musikalische Edelsteine«, neckische ebensowohl wie sentimentale Stücke. »Still wie die Nacht« sang sie, und »Du sollst der Kaiser meiner Seele sein«, »Zur Drossel sprach der Fink« und »Auf dem Dache sitzt der Spatz«, ganz besonders aber »Für micht steht kein Sternlein am Himmel«, das Lied eines verlassenen Mädchens, das mich jedesmal heftig und bis zu Tränen erschütterte. Der Vater hingegen brachte mit seiner schönen Baritonstimme das »Haidegrab«, den »Seemannstod« und »Die Uhr« uns zu Gehör, auch den »Erlkönig«, dessen Schlußzeile er überaus wirkungsvoll zu gestalten wußte.

Lieder waren die Fixsterne über den Veränderungen, zu welchen die unruhigen Zeiten uns nötigten, waren Bereiche, in denen die unterschiedliche Herkunft der Eltern zu einer Einheit verwuchs. Bei der Mutter herrschte da eine ungebrochene Tradition. Sie hatte schon als junges Mädchen in der »Cäcilia« mitgesungen, einer Chorvereinigung, die das musikalische Ansehen der Stadt weit über ihre Grenzen hinaus getragen hatte. Zunächst geselligen Tendenzen dienend (man gab 1859/60 den »Elias« von Mendelssohn »mit Ball«, Haydns »Schöpfung« hinwiederum ohne Ball), bekamen die Cäcilienkonzerte mit der Zeit rein musikalische Reputation. Frühzeitig durfte ich an diesen Veranstaltungen teilnehmen. Sie fanden in der Kaiser-Friedrich-Halle statt, in einem Saal, der gleichzeitig den Aufführungen des Stadttheaters dienen mußte, wofür er höchst ungeeignet war. Als Konzertsaal hingegen, mit seinen prächtig gewölbten Seiten- und Mittellogen in Purpur und Gold, war er für mich ein Vorhof des Paradieses, ein Ort reinsten Entzückens. Die Oratorien, Passionen, Kantaten, Orgel-, Klavier-, Violin- und Cellokonzerte, die Sinfonien und Ouvertüren begegneten hier einem überaus empfänglichen Gemüt — selbst eine Krenek-Sinfonie, damals etwas vom Modernsten, glaubte ich als Zwölfjährige mit Verständnis aufnehmen zu können.

So sagten meine Eltern nicht nein, als eines Sonntagsmorgens eine Person namens Aggi Roth ihnen ihre Aufwartung machte mit der höflichen Anfrage, ob sie mir Klavierstunden erteilen könne; wie sie erfahren habe, sei ich im entsprechenden Alter. Sie wies sich aus als die Verwandte eines allseits, also auch meinen Eltern, bekannten Kaufmanns, hatte gerade am Städtischen Konservatorium die Abschlußprüfung bestanden und suchte nun einen Broterwerb als Lehrerin. Sie war mir schon aufgefallen, wenn sie auf ihrem Weg zum Musikinstitut bei uns vorbeikam: eine stämmige kleine Person auf dicken, ziemlich krummstehenden Beinen, mit kurzgeschnittenen blonden Locken (als noch niemand kurzgeschnittenes Haar trug) — eine auffällige, wenn auch zunächst etwas belächelte Erscheinung. Wie schnell liebte ich sie! Der Wiener Tonfall — in Wien war sie aufgewachsen, ehe sie, verwaist, zu den hiesigen Verwandten kam —, klang mir bezaubernd in den Ohren. Ihr Spiel, von den winzigsten Händen vollbracht, erschien mir perfekt, die starke Empfindung, auch in starker Körperbewegung ausgedrückt, mit der sie sich hören ließ, riß mich hin. So lernte ich gern, vor allem aus einem Notenbuch mit kleinen Stücken aus der Barockzeit, dem »Frey«. Hier tat sich, nicht nur für mich, auch für die Eltern, eine neue Welt auf, die Gegenwelt zu Hildach, d'Albert, Loewe und alle dem, was sich damals Salonmusik nannte.

Das Erlebnis kann nicht hoch genug veranschlagt werden. Immerhin waren meine Eltern damals in ihren mittleren Jahren, man hätte den Kunstgeschmack für festgelegt halten sollen. Trotzdem fanden sie mit mir zusammen vom pseudoromantischen Schwulst, von Schwarm und Schwelgerei zur kontrapunktischen Nüchternheit, vom Aufgedonnerten zum Bescheidenen, vom Sentimentalen zum Tänzerisch-Beschwingten. Miteinander fühlten wir uns von diesem neuen Erlebnis ergriffen. Der »Frey« mit seinen Airs, Musetten, Sarabanden und Menuetts schlang ein einigendes Band um Eltern und Tochter, sie empfanden es mit Wohlgefallen.

Als ich eines Mittags aus der Schule nach Hause kam, wurde mir eine Überraschung angekündigt. Der Vater öffnete die Tür zum Musikzimmer und deutete stumm auf den Flügel, der da anstelle des Klaviers aufgestellt war: für mich. Eine unerhörte Anschaffung, bei Heinrichs mittlerem Beamtengehalt; die Mutter wird das nicht gern gesehen haben in Anbetracht der Mappe voll unbezahlter Rechnungen, mit denen sie sich allmonatlich quälte. Wahrscheinlich ist sie auch nicht gefragt worden — es war nicht die Art der Eltern, abends miteinander am Tisch zu sitzen und die Verteilung kommender Ausgaben miteinander zu besprechen. Verschwendungen und Sparmaßnahmen wechselten miteinander ab. Bei allem Glück über das unerhörte Geschenk dachte ich deshalb mit Zagen an die täglichen Einschränkungen, die es im Gefolge haben würde.

Die musikalische Entwicklung war nicht die einzige, die sich in den zwanziger Jahren in meinem Elternhaus vollzog. Von einem Tag zum anderen, vielmehr eigentlich über Nacht, warfen Heinz und Hilde ihr Wohnkonzept über den Haufen. Nach einem Vortrag des Architekten Bruno Taut vom Dessauer Bauhaus, im Januar 1925, entfernten sie, heimgekehrt, noch am selben Abend die Spitzendeckchen vom Buffet, die Porzellanhunde von der Truhe und die künstlichen Blumen aus der Vase; sie zogen die Portieren, Vorhänge und Schabracken von Türen und Fenstern; sie bestellten stehenden Fußes den Maler, der die bräunlichen, kack- und kotzfarbenen Tapeten herunterreißen und Wände und Decken in kräftigen Farben streichen mußte: lila das Musikzimmer, gelb und orange Flur und Diele, und das Herrenzimmer hellgrün mit silbergrauer Decke, dazu knallrote Bücherregale — eine vielbestaunte, aber natürlich auch mit Achselzucken bedachte Komposition. Mich aber erfüllte es mit Stolz, daß unsere Wohnung anders war als die der Mitschülerinnen. Ich empfand das, was wir hatten, als das Höhere. Mein ohnehin beträchtlicher Drang, mich abzuheben, etwas Besonderes zu sein, fand in unseren lila und grünen Wänden reichliche Nahrung.

In ihnen drückte sich auch eine starke Tendenz meines Vaters aus: der Wille zur Modernität, die schnelle Zugewandtheit zu neuen Erscheinungen, Anschauungen, Urteilen, die Bereitwilligkeit, sie für sein Leben zu übernehmen. Andererseits aber wurzelte er auch stark in traditionellen Werten, die er gern zum Mysterium deklarierte: Familie, Volkstum, Heimat, Mutterliebe, deutsches Kulturgut. Er war da nicht weit von Blut und Boden und Scholle. Um so erstaunlicher sein Engagement für den Expressionismus, das von bestimmendem Einfluß auf unser Dasein war.

Der Expressionismus war für meinen Vater weit mehr als eine Kunstrichtung — er war ein Bereich, den er eines Tages betrat, in dem er für lange Jahre seinen Wohnsitz nahm, die Familie hinter sich herziehend wie der Schwan-kleb-an im Märchen, seine etwas widerwillige Frau und die ungelenk stolpernden Kinder, dazu Freunde, die Zimmers vor allem, die nicht weit wohnten und mit denen wir fast täglich zusammen waren, Museumsdirektoren aus der Umgebung, Kunsthistoriker, ein gutes Dutzend Maler und Malerinnen. Zwar gelangte von diesen keiner zu dauerndem und überregionalem Ruhm; nur Heinrich Nauen wurden museale Ehren, nur Wendling und Minkenberg akademische Würden zuteil. Aber sie alle lehrten mich früh den lebendigen Umgang mit Bildern. Carl Cohnen fertigte von der Mutter eine elegante Rötelzeichnung an; Alexander Frenz, der den Auftrag hatte, in Herz-Jesu zwei Altarbilder zu malen, verewigte dort den Vater als römischen Hauptmann unterm Kreuz, mich als Mädchen aus dem Volke; andere brachten Leihgaben in der Hoffnung, unter unseren Bekannten Käufer zu finden. Noch heute wird davon gesprochen, wie sehr sich Heinrich Sturm um die Förderung aufstrebender Talente, auch auf dem literarischen Feld, bemüht hat.

In einem dieser Jahre saß er tagelang vor Weihnachten an der Werkbank und bastelte für Heinrich Nauens Söhnchen Pferd und Wagen, ein Glanzstück der Laubsägekunst, wofür er ein Aquarell, den Dillborner Park im Winter darstellend, geschenkt bekam. Auch von Schmitt-Rottluff und Otto Müller wurde der verständnisvolle Interpret ihrer Werke freundlich bedacht. Ihre Blätter überdauerten den Krieg und sind an meinen Wänden meine tägliche Freude.

Heinrich war die Seele der »Gilde werktätiger Künstler« wie auch der »Arbeitsgemeinschaft der Kunstfreunde«. Beide Unternehmungen prägten unser Leben auf entschiedene Weise. Die »Gilde« war hervorgegangen aus einem Wirtschaftsverband von Architekten, Bildhauern, Malern, Schriftkünstlern, Zeichnern, die im Sinn des Deutschen Werkbundes tätig sein wollten. Sie strebten an, daß alle Lebensäußerungen, alle Dinge der täglichen Umgebung (Wohnung, Hausrat, Kleidung, Spielzeug, Schreibzeug, auch Plakate und Schaufenster, Anlagen und Denkmäler) künstlerisch gestaltet werden sollten. Man veranstaltete Vorträge in der »Gilde«, mein Vater selbst sprach dort über »Alte und neue Plastik im Lichte Oswald Spenglers«, ein anspruchsvolles Thema, das der Volksschüler und verkrachte Seminarist, der Autodidakt Heinrich Sturm offenbar glänzend bewältigte. Sein Ehrgeiz ging aber über das hinaus, was eine kleine Gruppe von Handwerkern und Künstlern in der provinziellen Enge der Spinner- und Weberstadt ausrichten konnte. Er gründete deshalb, verschiedene kunstfördernde Gruppen unter einem Dach versammelnd, die »Arbeitsgemeinschaft der Kunstfreunde« mit dem Ziel, »die künstlerischen Bestrebungen im M.-Gladbacher Industriebezirk in gemeinsamen Unternehmungen« zu fördern. Auch hier bildeten Vortragsveranstaltungen mit namhaften Referenten das Rückgrat der Arbeit. Ihren Gipfel erreichte sie, als ein Sohn der Stadt sich bereit fand, dem Geburtsort seine Sammlung expressionistischer Gemälde und Graphiken zu schenken, die »Walter-Kaesbach-Stiftung«, zehn Jahre lang ein Wallfahrtsziel rheinischer Kunstfreunde.

Mein Vater wurde in dieser Sache als Bevollmächtigter ausersehen. Er reiste mit der Mutter zu Kaesbach nach Erfurt — das war ein großes Ereignis für die Familie, das einzige Mal während meiner Kinder- und Jugendzeit, daß die Eltern von zu

Hause abwesend waren. Und dann begann eine gewaltige Geschäftigkeit um den davongetragenen kostbaren Schatz, bis zu jenem Tag, an dem schließlich im Städtischen Museum, dessen Bestand bisher auf heimatkundliche Objekte beschränkt war, die Gemälde und Graphiken von Christian Rohlfs, Lionel Feininger, Erich Heckel, Emil Nolde und Heinrich Nauen zum erstenmal zu besichtigen waren. Nirgendwo in Deutschland habe es damals eine so geschlossene einheitliche Schau der »Brücke-«Künstler gegeben, urteilte ein Fachmann.

Das kleine Mädchen, zehnjährig zu jener Zeit, mag wohl zunächst angesichts der neuen Bilder so etwas wie Befremden empfunden und nicht gleich verstanden haben, warum hier die runden Formen der Natur zu geometrischen Figuren umgestaltet worden waren; noch heute glaube ich das erste Unbehagen über ein Bild wie Heckels Freundesbildnis spüren zu können, in dem ein stengelhaft dünner Körper einen übergroßen Kopf trägt. Aber wenn der Vater das schön fand, so schien mir, dann mußte es schön sein — willig ließ ich mir erklären, was die einzigartig-überragende, jedes naturalistische Machwerk in den Schatten stellende Qualität der expressionistischen Malerei ausmacht, das Übersteigen nämlich der Wirklichkeit. Sie war Ausdruck eines Sehnens nach höheren Welten, des Sehnens »jener Menschen«, so schrieb der Vater in der Zeitung, »die die Welt in sich haben, für die die Welt gilt nur insofern, als sie von ihnen gedacht, empfunden und sittlich gedeutet wird«.

Mein Vater war der Kaesbach-Stiftung derart verbunden, daß er sich erlauben durfte, jeweils ein Werk aus ihrem Bestand bei sich zu Hause hängen zu haben. Auf diese Weise wurden die »Mohnblumen« von Christian Rohlfs über das Jahr 1933 gerettet, in dem die Sammlung unter das Verdikt »Entartete Kunst« fiel und auf dem Dachboden des Museums verschwand. In unseren fünf aufeinanderfolgenden Mönchengladbacher Wohnungen triumphierten die leuchtenden Blüten über die Besuche von nationalsozialistischen Regierungs- und Kommunalbeamten, von Kreisleitern und SA-Führern. Dann löschten die Bomben sie aus.

Ein Betätigungsfeld meines Vaters völlig anderer Art war der »Eigenhandbauverein«. Indem ich das Wort hinschreibe, empfinde ich noch heute die Widerhaken, die es für meine Mutter an sich hatte. Bedeutete es doch, daß der Vater, statt wie früher in makellosem Weiß mit ihr Tennis zu spielen, Tag für Tag zu einem Gelände des Volksgartens ging oder fuhr und sich dort im Lehm schmutzig machte. Es war nämlich seine Idee gewesen, mit seinen Schülern und mit Mitgliedern des christlichen Bauarbeiterverbandes ein Modellhaus in gestampfter Lehmbauweise herzustellen, vier Zimmer und Wohnküche aus Lehmquadern vermauert, die mit Steinzuschlag und Heidekraut durchsetzt wurden. Für dieses Tun heischte der Vater angemessene Anteilnahme, wünschte, daß wir ihn dort aufsuchten, uns die verschiedenen Arbeitsgänge erklären ließen und die Freude am fortschreitenden Werk mit ihm teilten. Das kam nicht nur die Mutter schwer an. Auch ich konnte dem Unternehmen nichts abgewinnen, stand lustlos herum auf dem Bauplatz und bedauerte die verlorene Zeit; allenfalls das Brüderchen zeigte sich hier interessiert.

Für meinen Vater handelte es sich um das Experiment, eine aus dem Gebrauch gekommene Bauweise wieder unter die Leute zu bringen. Er rechnete ihnen vor, daß die Kosten hier nur ein Viertel normaler Baukosten betrugen, daß der Bau in wesentlich kürzerer Zeit errichtet werden könne und daß die Ersparnis an Heizungsmaterial beträchtlich sei. Darüber hinaus hatte die Sache aber auch ideologische Aspekte. Das in Selbsthilfe errichtete Eigenheim hielt er für das wirksamste Mittel, die »zerrüttete Volkskraft« zu erneuern, eine vereinfachte Lebensführung zu erreichen und ein Gegengewicht zu schaffen gegen die fremdbestimmte Arbeit im Industriebetrieb, gegen die Technisierung und Mechanisierung des Lebensverlaufs. Über die Zeitgemäßheit solcher Anschauung heute, nach fünfzig Jahren, muß ich mich wundern. Die so hoch hinaus zielende Ausdrucksweise, in der der Vater seine Gedanken publizierte, mitgebracht aus der dramatischen Gestik, die ihm als Kind immer vor Augen gewesen war, verbirgt mir nicht, daß sein Instinkt auf Werte zielte, deren höchste Notwendigkeit in unserer heutigen Sprache beispielsweise bei Erich Fromm in dem Buch »Haben und Sein« dargetan wird.

Des Vaters Umtriebe prägten meine Kinderzeit mehr als die ersten Schuljahre, mehr als der Umgang mit den Altersgefährten. Nichts war interessanter, als, wenn auch stumm, daran teilzunehmen. Die Kontraste seiner Neigungen, seiner Interessen und Unternehmungen weiteten mir das Bewußtsein; sie umfaßten feingeistige Diskussionen über den »Untergang des Abendlandes«, über »Abstraktion und Einfühlung« (zwei damalige Standardwerke), ebenso wie sportliche Aktivitäten im Fechtverein und im Kanuklub, schließlich auch, in handfester Boden- und Volksverbundenheit, den Bau von Lehmhäusern. Ich trottete mit, vom großbürgerlichen Haus der Zimmers in Heinrich Lerschs, des Arbeiterdichters, armselige Behausung, wo ich eine Tasse Milch mit Haut voller Ekel hinunterwürgte, nicht imstande, auszuschlagen, was mir aus eines Dichters Hand gereicht wurde. Hermann Pongs', des nachmaligen Literaturprofessors zarte, dünnhäutige Gelehrtenfigur war mir ebenso vertraut wie die Erscheinung Anton Heinens, dem das vom ewigen Schnupftabak befleckte rote Taschentuch aus der Soutane hing. Heinen, am »Volksverein für das katholische Deutschland« Leiter der Erwachsenenbildung, Bauernsohn aus dem Westerwald, erdhaft, von schwerer Zunge, prall voll pädagogischer Anliegen, war meines Vaters Mentor und bester Freund, bis er 1934 als Dorfpfarrer starb. Seine Schriften überdauerten jegliche andere Lektüre, sie standen bis zuletzt auf einem kleinen Regal am Kopfende von Heinrichs Bett; ein unversieglicher Quell an Weisheit, Frömmigkeit und praktischer Lebenshilfe. Auch der »Volksverein« als Institution war eine feste Größe in des Vaters Lebensumkreis — so merkwürdig sich das ausnehmen mochte in der Nachbarschaft der übrigen künstlerischen Gruppierungen. Aber er wußte das alles unter einen Hut zu bringen. Mit seiner eigenen Person die

Synthese herzustellen zwischen den erregenden und immer wieder zu diskutierenden Erscheinungen des neuen Zeitgeistes, vorzüglich des künstlerischen, und dem nach geistiger Speise hungernden Volk Kunst so aufzubereiten, daß sie auch dem einfachen Sinn zum fruchtbaren Erlebnis würde, daran war ihm am meisten gelegen, darum mühte er sich.

Lebhaft beteiligte er sich auch an den kommunalen Angelegenheiten. Er redete ein Wort mit beim Ideenwettbewerb für einen neuen Münsterturm, saß in der Jury, die die Entwürfe für ein Kriegerehrenmal auszuwerten hatte, und schrieb innerhalb eines Planungswettbewerbs eine Arbeit, die den ersten Preis gewann. Ich erinnere mich an den Jubel, der wegen dieser Auszeichnung bei uns ausbrach; am Tag der Bekanntgabe durften wir mit der Mutter einen Rodelschlitten kaufen gehen, den wir bis dahin schmerzlich entbehrt hatten. Eine Art Allgegenwart hatte der Vater, hoch über den Niederungen der Mönchengladbacher Bürger. Mein Bruder und ich, wir waren stolz darauf. Wir empfanden Genugtuung darüber, nicht wie die anderen zu sein.

Turbulenzen

Die Höhere Schule — es war dieselbe, die schon meine Mutter und meine Großmutter besucht hatten — veränderte mein Leben nicht wesentlich. In der Quarta fing ich an, ein Tagebuch zu schreiben. Die Eintragungen, so nichtssagend, daß es mich heute fast bestürzt, berichten von Theater- und Konzertbesuchen, von einer Reise zu den Frankfurter Verwandten, die ich allein unternehmen durfte; von ständigem Streit mit dem Bruder; von herzbrechenden Schwärmereien für Lehrer und Lehrerinnen, vom Auf und Ab der Freundschaften. Sowohl Neigung wie Abneigung werden da mit den glühendsten Namen belegt, abrupte Brüche ereignen sich ebenso wie leidenschaftliche Annäherungen, alles von einem Tag auf den anderen, explosionsartig. Von Hedwig werde ich angespuckt, von Auguste verraten, von den »Kränzchen«schwestern links liegen gelassen, von Elli enttäuscht — die schwarzen Erfahrungen überwiegen. Von einiger Dauer blieb nur die Beziehung zu Charlotte, einem großen, etwas ungeschlachten Mädchen mit Haselnußaugen und langen braunen Zöpfen, Tochter eines Studienrats, begabt und ehrgeizig; bis zum Abitur konkurrierten wir miteinander um das beste Zeugnis und bestanden beide mit Auszeichnung.

Ein Quentchen Erotik mag, als wir Primanerinnen waren, unserer Verbindung beigemischt gewesen sein. Ich erinnere mich einer abendlichen Szene in der Jugendherberge, wo wir, vor dem Einschlafen, auf gemeinsamem Strohlager Zärtlichkeiten miteinander tauschten, die von sexueller Erregung begleitet waren; aber das gelangte kaum in unser Bewußtsein, geschweige denn, daß wir es aussprachen.

Dem Tagebuch entnehme ich, daß ich mit zwölf Jahren aufgeklärt wurde. »Nun weiß ich alles, Papi hat mir alles erklärt über die Geburt der Kinder. Ja, es ist ein hohes, göttliches

Geheimnis, ein herrliches Wunder. Ich meine, ich müßte diese Menschen verachten, die so etwas Wunderbares in den Schmutz hinabziehen. Ich will ja nicht mit anderen Kindern darüber reden, aber ich bin überzeugt, daß keiner weiß, wie hoch und erhaben das ist. Und das habe ich nur meinem guten Papi zu verdanken, der mir alles so schön erklärt hat. Ich fühle mich jetzt um vieles älter, gereifter, wo Papi mich gewürdigt hat, mir das schönste Geheimnis zu sagen.«

Aber dann stellte es sich, wenig später, heraus, daß der gute Papi doch nur, wie üblich, die halbe Sache mitgeteilt hatte; der schlimmen Auguste war es vorbehalten, mit dem Vers:

»Hoch das Bein und hoch den Rock,
rein mit dem Rhabarberstock!«

den Rest zu besorgen, ein Vers, der mehr als jedes obszöne Bild dies vermocht hätte, Erregungen in mir erweckte, die ich alsbald als »sinnlich« erkannte — sie stürzten mich in die schlimmsten Gewissensnöte. (»Nächtelang liege ich und bemühe mich, die Lust des Fleisches zu bekämpfen, aber es hilft nichts, in wüsten Träumen lebt die Sehnsucht nach befriedigter Lust fort . . .«) Eine tief ins Gewissen eingesenkte Scheu hielt mich jedoch davon ab, mich selbst zu berühren.

Die ziemlich wilden nächtlichen Träumereien, wegen derer ich mich im roten Leder so heftig anklagte, wurden bei Tage zu schüchternen Versuchen mit ersten Liebesbeziehungen. Heinz Stoever, nachmaliger Theologiestudent, Karl Barth-Anhänger und Bultmann-Gegner, der Bekennenden Kirche zugehörig und demgemäß im Hitlerreich behandelt, später Oberkirchenrat in Düsseldorf, Heinz, damals mit Schillerkragen und blauer Gymnasiastenmütze, der auf die gemeinsame Tanzstunde verzichtete, weil seine Mutter einen neuen Wintermantel brauchte, war ein Bollwerk redlichster Gesittung. Obwohl wir draußen auf den Feldern eng aneinandergeschmiegt in der Kuhle lagen und uns die süßesten Worte sagten, rührte er mich nicht an, nicht mit einem einzigen Kuß. Dafür seien wir noch zu jung, erklärte er, als er mein Verlangen erkannte. Das hielt ich nicht aus. Wenig später verlobte ich mich mit Leo.

Im Februar 1928 hatten wir unsere Etage in der Bismarckstraße verlassen. Der Eigenheim-Fan Heinrich, starrköpfig sein Ziel verfolgend, auch seiner Familie ein eigenes Dach, und zwar ein flaches, über dem Kopf zu errichten, hatte gebaut. Jene schändliche Auszahlung von Hildes Erbteil nach der Inflation hatte für das Grundstück gereicht; für die Baukosten wurde ein Bankkredit aufgenommen, dessen Zinsen die Höhe einer gewöhnlichen Miete nicht hätten übersteigen sollen. Aber das Haus war, obwohl der Vater es nicht nur entworfen, sondern auch seine Ausführung aufs genaueste überwacht hatte, weit teurer geworden als veranschlagt; es verschlang den größten Teil des Gehalts, wurde zu einer schwer zu ertragenden, uns alle bedrückenden Last.

Es war ein freistehendes Doppelhaus, die Fassade durch vorgezogene Ecken schön gegliedert; Mies van der Rohes Krefelder »Haus Lange«, in dem die Eltern öfter zu Gast waren, mochte da Pate gestanden haben. Es war aus dunklen Klinkern gebaut, durch helle Betonbänder geziert, blau gefugt; weiße oder hellgraue Fugen, die die Familie bevorzugt hätte, wären dem Vater zu simpel erschienen. In die vier Ecken waren Fenster eingesetzt, der Eingang befand sich seitlich, überdacht und etwas erhöht. Unten lagen die drei Wohnräume und die Küche, oben drei Schlafzimmer und das Bad, ein ungekünstelter Grundriß, in den sich das vorhandene Mobiliar ohne weiteres einfügte — wenn auch die Ehebetten nicht mehr nebeneinander stehen konnten, was uns Kindern betrüblich erschien. Denn der Sonntagsmorgen-Besuch dort auf dem breiten Doppellager, das gemütliche Schmusegeschwätz, war noch bis zum Umzug ein Teil unseres Kinderglücks gewesen.

Hinterm Haus fiel das Gründstück flach geneigt zu der unten vorbeiführenden Straße, ein weitläufiger Garten hätte sich anlegen lassen. Aber es stellte sich heraus, daß dazu niemand viel Neigung verspürte. Ich verstreute lustlos ein paar Sommerblumensamen über eine Böschung, der Vater grub vier Pappeln und zwei Kastanien ein und bepflanzte den Rest des

Geländes kurzerhand mit Kartoffeln. Nur der Bruder nahm mit Vergnügen die Möglichkeit wahr, hier auf eigenem Grund im Freien zu wirken, mit Hacke und Spaten und Schaufel weitläufige Erdbauten anzulegen.

Heute wird das Haus von einer Zigeunerfamilie bewohnt.

Nicht wegen der Beschaffenheit des Hauses fühlten wir uns darin so wenig wohl, eher wegen seiner Lage an einer noch unausgebauten Straße mit Pfützen zwischen tiefen Karrenspuren, ohne Gegenüber, ohne Verkehr, Handel und Wandel. Dadurch kam nicht selten ein Gefühl der Abgeschiedenheit, des Verbannt- und Ausgestoßenseins auf. Und tatsächlich war es auch so, denn jegliche Teilnahme am normalen Konsum hatte mit der Errichtung dieses Hauses aufgehört. Die handfeste finanzielle Bedrängnis, in die wir geraten waren, wirkte sich vor allem in der Küche aus. Margarinebrote mit Rübenkraut und am Abend Salzkartoffeln vom Mittagessen, in der Pfanne aufgewärmt — das war über Monate hin unsere freudlose Verpflegung. Freudlos war dieser ganze Sommer, während dem wir das Haus bewohnten: der Vater in verdüsterter Stimmung, weil er sich Vorwürfe darüber machte, uns aus unserm behaglichen Mieter-Dasein gerissen zu haben; die Mutter immer wieder in Tränen, und ich war es, der sie ihr Leid klagte.

Dabei hatte ich mit mir selber genug zu tun. Beschäftigt mit Schreibversuchen, mußte es mir äußerst gelegen kommen, daß Wand an Wand mit uns jemand wohnte, der dasselbe tat, Leo, etwa dreißigjährig, über den seine Mutter schon in den ersten Tagen unserer Bekanntschaft Klage führte: er läge meist im Bett und bastle dort an irgendwelchen Erfindungen, die aber wahrscheinlich zu nichts führten. Sie verriet außerdem, daß er ein großer Literaturkenner sei, sich auch selbst schriftstellerisch betätige. Auf dem unwirtlichen Gelände hinterm Haus kamen wir bald miteinander ins Gespräch, sein bleiches, scharfgeschnittenes Gesicht fesselte mich. Zaghaft ließ ich ihn einiges sehen von dem, was ich an Tiefempfundenem zu Papier gebracht hatte. Er zeigte sich überschwenglich begeistert und trug mir sogleich an, mit ihm zusammen einen Roman zu schreiben, dessen Konzept er fix und fertig im Kopf habe. Wenig später verlobten wir uns — heimlich, versteht sich. Verlobt — wichtiger als der Mann war mir das Wort. Vor dem Schultor sagen zu können, ich dürfe mich nicht aufhalten, mein Verlobter erwarte mich — das zählte. Auch zählte es, daß Leo kein Schüler war, sondern ein Mann, wenn auch ein kleiner und zierlicher, mit winzigen Füßen. Nachdem ich ihm »mein Jawort gegeben« hatte, ließ seine Mutter in einer gesprächigen Stunde die meinige wissen, daß Leo nach schwerer Krankheit morphiumsüchtig geworden sei. Bestürzt gab man diese Mitteilung an mich weiter — mit der dringenden Mahnung, mich da in nichts einzulassen. Wenn auch diese Mahnung von keinerlei Sachkenntnis, was Morphinismus betrifft, getrübt war, so bekam ich doch Angst. Ich fing an, mich zurückzuziehen, war aber zu einem offenen Bruch lange nicht imstande. Ich erfand anderweitige Verabredungen, schützte Erledigung von Hausaufgaben vor, um das Alleinsein mit Leo zu vermeiden. Als ich dann schließlich nach vielen Wochen des peinlichsten Lavierens den Mut fand, ihm die Wahrheit zu sagen, wurde es weit weniger schlimm als erwartet. Still und traurig zog sich Leo zurück. Er wurde aber später geheilt, kehrte in seinen erlernten Beruf als Chemiker zurück und heiratete. Wenn er noch lebte, wäre er der Schwiegervater einer Tochter lieber Freunde.

Das Haus brütete wie ein dunkler Vogel über unserm Dasein. Es lastete auf meinen Gefühlen, ließ sie in Gärung geraten und die Schwärmerei für die Klavierlehrerin in blindwütige Vernarrtheit ausarten. Worte wie »Rausch« und »Leidenschaft« wurden niedergeschrieben im Zusammenhang mit ihrer Person, und auch ihr Vetter, der mit im Hause lebte, geriet in jene Zone übermäßiger Empfindungen. Mit ihm, einem schwermütigen Zyniker, Handelsvertreter in Garnen, führte ich Glaubensgespräche. Sie erweckten schwere Anfechtungen und Zweifel, noch nie war mein Glaube auf eine derart harte Probe gestellt worden. Aber ich fühlte mich davon angezogen wie die

Motte vom Licht, suchte die Begegnungen mit diesem Mann, in dessen Gesicht alles nach abwärts gerichtet war: die schweren, schräghängenden Augenlider, Nase und Unterlippe. Ich konnte nicht genug bekommen vom Zerstörungswerk und verlor mich immer mehr an den, der es anrichtete. Bis zu dem Tag, an dem die göttliche Aggi, die aber der Forschheit nicht entbehrte, so ganz im Vorbeigehen die Bemerkung tat, daß der Vetter in den letzten Tagen recht unleidlich gewesen sei; da habe sie zu ihm gesagt: »Otto«, habe sie gesagt, »du mußt mal wieder ein Weib haben!«

Wie es da klirrte und splitterte, als die Götterbilder an diesem Ausspruch zerschellten. Ich sah Otto, den starken Aufklärer und Glaubensfeind, nachts, den Hut in die Stirn gedrückt, in jene Straße schleichen, von der in der Schule Unheimliches gemunkelt wurde. Man wollte da auch schon den Klassenlehrer in eine Spelunke mit roter Laterne eintreten gesehen haben. Otto im »Freudenhaus«, Otto bei »Huren« — man kann sich nicht vorstellen, was für Schauder, was für Gänsehäute, was für wildeste, düsterste Fantasien solche Worte damals in einer Fünfzehnjährigen hervorriefen. Sie rissen Abgründe auf, in die man nicht zu blicken wagte, weil man unten den Drachen wähnte, feuerspeiend.

Nirgendwo wird mir deutlicher, welche Dimensionen verlorengingen, seitdem die sexuellen Tabus verschwunden sind. Viel Angst und Schrecken ist damit aus der Welt, die unergründliche Tiefe wurde flach und seicht, nun plätschern schon unsere Kinder darin herum. Aber mir ist es recht, daß ich mit den Verzückungen auch die Ängste erleben durfte, daß ich den sexuellen Bereich als geheimnisvolles Dickicht, als Labyrinth, nicht als Spielwiese erlebt habe.

Wenn ich heute lese, was ich in jenen Jahren (ich saß in der Obertertia) aufschrieb, als die erwachenden Begierden mich beutelten, bin ich peinlich berührt vom Gefühlsaufwand, der da getrieben wurde, von den großen Worten, die da über eine simple kleine Französischlehrerin ausgegossen wurden. Von einem »ungeheuren Brand«, einer »wilden, tosenden, alles in sich begrabenden Flut« ist da die Rede, von »rasenden Flammen, kochenden Wassern, entfesselten Unseligkeiten, berauschten Sinnen« ... »Ich schreie Deinen Namen ohnmächtig in wildem Schmerz, mein Körper windet sich, meine Seele zuckt, ich will Dich, ich begehre Dich, Du sollst mein sein! Ganz! Für immer!« Oder: »Du bist die Königin meiner Seele. Denn in mir wohnt kein anderer Gedanke als Du. Du herrschst in mir mit unbeschränktem Recht. Was Du willst, das will ich auch, und Deine Wünsche beglücken mich, weil ihre Erfüllung für Dich eine Freude bedeutet. Du bist die Sonne am Himmel meines Daseins. Mein Herz jubelt und jauchzt bei Deinem Anblick, ich weiß, daß meine Augen leuchten und alles in mir bekommt erhöhten Glanz. Strahlend bist Du in mir aufgegangen, und nun stehst Du da in höchster Pracht und Vollendung über meinen guten und schlechten Taten. Du bist mein Ziel und meine unerreichte Sehnsucht. Blau, wie die fern-fernen Berge steht Dein Bild vor mir — so weit, so hoch. Wie mein einziges letztes Streben dem Guten gilt, so stehst Du vor mir als die Verkörperung meines Ideals« — undsofort undsofort undsofort ...

Ach, ihr hättet sie sehen sollen, die Kleine, im herausfordernd kurzen Samtkleidchen, ein fröhliches Ding, braunäugig, schmallippig, mit hoher Vogelstimme. In den Ferien bummelte sie mit Frieder und Friedel durch Provence und Roussillon — »Aber da passiert nichts!« beteuerte sie unaufgefordert. Heute kann ich mir vorstellen, mit welch halsbrecherischer Geschicklichkeit sie, zwischen zwei Betten kichernd, das Äußerste vermied.

Aber letzten Endes war sie gut, klug und tapfer. Sie steuerte später ihre Klassenschiffchen durch die braunen Fluten, umsichtig besorgt, daß die Besatzung nicht allzu naß wurde, sie riskierte, mit ihrer schnellen Zunge, allerhand, was man »oben« nie hätte erfahren dürfen. Sie riß die Mädchen heraus, als kurz vor dem Abitur offenbar wurde, daß diese die Mitgliedschaft im BDM einfach verbummelt hatten; für das Abschlußexamen war das aber unerläßlich. Diese Geschichte ist wieder einmal ein Beispiel dafür, wie im liberalen Rheinland die Partei fünf gerade sein lassen konnte. Hierher gehört auch die Tatsache, daß mein Vater, als Direktor einmal kurz »beurlaubt« (woraufhin sofort der abenteuerliche Plan entstand, nach Afrika auszuwandern), weder in die Partei noch in den NS-Lehrerbund eintrat. Er schummelte sich darum herum.

Die Wände meines Zimmers waren blau; ich selbst hatte mir diese Farbe gewünscht, denn meine Sehnsüchte waren mir teuer und sollten im Blau ihren Ausdruck haben. Es war etwas dunkel geraten und machte mich traurig; aber wahrscheinlich wäre ich auch in einem gelben Zimmer nicht fröhlicher gewesen.

Am Fenster stand der Tisch, den die Urgroßmutter vererbt hatte, Mahagoni mit einer kleinen eingelegten Leiste. Dort erledigte ich mit großer Gewissenhaftigkeit meine Arbeiten für die Schule. Außerdem hatte ich ein umfangreiches freiwilliges Lernpensum, Kurse in Spanisch und Russisch — wobei ich das Russische allerdings bald wieder aufgab, ich brachte es darin nicht weiter als bis zu der Feststellung, daß »die Hasen furchtsame Lebewesen« sind. Im Spanischen hingegen kam ich bis zur Lektüre von Ortega y Gasset und dahin, an einem Nachmittag in der Woche in einer Schulklasse ein halbes Dutzend Schülerinnen, darunter auch eine Lehrerin, zu unterrichten.

Dann wurde das Haus auf der Bökelstraße verkauft — mit beträchtlichem Gewinn. Wir zogen in die Wohnung des Käufers — eine Werkswohnung auf der Pescherstraße. Da mein unbelehrbarer Vater entschlossen war, mit dem Verkaufsgewinn sofort wieder zu bauen, nahm man das Provisorium in Kauf: eine Etage mit drei Zimmern, Küche und Bad sowie zwei Räumen im Dachgeschoß für die Kinder. Es war die Gegend hinterm Bahnhof, ein Kleineleute- und Arbeiterviertel. Hatte man die Unterführung hinter sich gelassen, fühlte man sich wie abgeschnitten von der Bürgerstadt, man hatte an »Niveau«

verloren, hatte sich, im doppelten Sinne, aus der hochgelegenen Region vertrieben, den feuchten Niederungen angenähert, in denen der »Volksgarten« lag, ein Erholungsgelände, das mit dem »Kaiserpark« nicht zu vergleichen war.

Die Mutter half sich über den Abstieg zur Pescherstraße hinweg, indem sie anfing, mit vollen Händen das Geld auszugeben, das ihr nun in bisher unbekannter Menge zur Verfügung stand. Aber auch der Bauherr, der so überraschend reüssiert hatte, war gewillt, auf die Pauke zu hauen. Das geschah in Form von Tanzstunden, zu denen man sich mit zwei weiteren Ehepaaren, Arzt und Rechtsanwalt, zusammentat. Jener Winter 1928/29 muß wohl die glücklichste Zeit in Hildes Leben gewesen sein. Keine unbezahlten Rechnungen mehr, schöne neue Kleider, Geselligkeit in der »Erholung«, Kaffeefahrten in die Umgebung, Ausflüge nach Düsseldorf, Bummeln auf der Königsallee, Besuche von Kabarett und Varieté, dazu der Flirt mit den beiden Tanzpartnern — das war so recht nach ihrem Herzen.

Auch der Bruder vermochte dem Wohnungswechsel gute Seiten abzugewinnen. Er durfte sein Kaninchen mitnehmen und genoß die Vergünstigung, auf dem Weg zum Stall täglich den Websaal zu durchqueren — woran sich auch ein Besuch bei dem Neufundländer im Käfig anschließen ließ. Nicht wie seine Schwester auf exquisiten Umgang, auf möglichst prominente Bekanntschaften bedacht, mit seinem Hang für technische Vorgänge, freundete er sich mit den Heizern im Betrieb an und beobachtete sie bei ihren Tätigkeiten, lungerte da und dort herum, und als das zweite Haus begonnen wurde, ging er gleich von der Schule zum Bauplatz und half, eben erst zehnjährig, beim Mauern. Er und ich, wir finden heute, daß die Eltern uns damals ein beträchtliches Maß an Selbständigkeit einräumten — wie ja überhaupt nicht leicht eine liberalere Erziehung gedacht werden kann, als wir sie in den zwanziger Jahren genossen. Wir verwundern uns auch darüber, daß wir die weitläufigen Grenzen, die uns gesetzt wurden, eigentlich immer respektierten, das in uns gesetzte Vertrauen nicht mißbrauchten. Böse Zwischenfälle gab es eigentlich niemals, Strafe kaum. Daß meine Kindheit nicht uneingeschränkt glücklich war, lag an der mir überkommenen hochgespannten Gefühlslage, die bewirkte, daß jede Begegnung mit Trauer und Enttäuschung endete.

Auf die Schwärmereien für die Lehrerinnen folgte eine schlimme Liebesgeschichte mit einem verheirateten Mann, schlimm besonders deshalb, weil ihn die Mutter sich schon erobert hatte. Ich wurde zur mißtrauischen Spionin, suchte festzustellen, wie eng er sie an sich drückte, wenn er mit ihr tanzte, belauschte ihre Umarmungen, wenn sie beide unter Vorwänden das Zimmer verließen und sich im Dunkeln küßten. Doch bot sie mir wenig Gelegenheit für solche Beobachtungen, nur selten durfte ich an den gemeinsamen abendlichen Zusammenkünften bei uns oder in seinem Haus teilnehmen; sie erfand die durchsichtigsten Vorwände, um mich fernzuhalten. Aber sie hatte nicht verhindern können, daß er sich mir auf das Heftigste genähert hatte, daß er immer wieder Öl in die Flammen goß, wenn ich ihn mittags auf dem Heimweg von der Schule in seinem Büro aufsuchte, begierig nach den neuen, bisher unvorstellbaren Zärtlichkeiten, mit denen er mich erschreckte und entzückte. Die Wirrungen, die Irrungen, begleitet von den überfließendsten Kommentaren im Tagebuch, nahmen ihren Lauf bis zu dem Tag, wo das Spiel bedrohlich wurde: als der Vater im Garten bei mir stehenblieb, während ich die Rasenkanten schnitt, sich herunterbeugte und mit der ganzen, ihm von seiner Mutter überkommenen theatralischen Exaltation die fürchterlichen Worte flüsterte:
»Geh ins Schlafzimmer und nimm den Revolver aus meiner Nachttischschublade — nimm ihn an dich und versteck ihn — ich weiß nicht, wozu ich imstande bin in Gedanken an das, was deine Mutter treibt!«

Ich wankte nach oben mit zitternden Knien, fand die Waffe am angegebenen Ort und warf sie in meinen Kleiderschrank. Dort lag sie und wurde schließlich vergessen.

Diese Szene hatte sich bereits in dem neuen Haus abgespielt. Es stand auf der Rubensstraße, in einer Zeile von Neubauten, wenn auch nach einer Seite frei. Die Gegend war erfreulich, höher konnte man nicht wohnen in unserer Stadt. Der Bau war hell verputzt, hatte als einziges Zeichen von Heinrichs baukünstlerischer Eigenständigkeit einen dreieckigen kleinen Erker oben, in den Hildes Nähtisch zu stehen kam. Auch im Innern war das Haus heller, freundlicher, wärmer als sein Vorgänger. Zartgrün das Eßzimmer, dessen eine Wand von einem eingebauten Schleiflackbuffet eingenommen war. Das Musikzimmer (ein Herrenzimmer gab es nun nicht mehr) bekam pastellfarben getönte Wände in Schattierungen zwischen orange und gelb; zu den dunklen Lederfauteuils gesellten sich leichte Sessel mit lebhaft gemusterten Bezügen. Kunstvolle Arbeit leistete der Anstreicher auch im Flur, der mit Solnhofener Platten belegt war. Er spritzte schattenhafte helle bläuliche Ornamente, Halbkreise, Rauten und Rechtecke auf die Wände der Diele — eine allseits bewunderte Konzeption.

Das lila Leder

Mit dem Beginn der Obersekunda, ich war sechzehn, bekamen wir eine neue Klassenlehrerin, Maria Theresia Schmitz, Deutsch und Englisch, deren wenig einnehmende Figur tagein, tagaus ein Trägerrock über handgestickter Bluse umschlotterte. Mit ihr geriet ich in einen schweren Konflikt, den deutschen Aufsatz betreffend.

Bis dahin war dieser meist mit der Note »sehr gut« bewertet worden. Maria Theresia jedoch setzte unter den Aufsatz, »Knospen« betitelt, in dem ich ein lyrisches Palaver ohnegleichen von mir gegeben hatte, eine Drei-plus — ein unerhörtes Vorkommnis, das auch den Vater aufbrachte. Er machte dem Fräulein Dr. Schmitz einen Besuch, um sich die skandalöse Note erklären zu lassen. Ich weiß nicht mehr, wie die Unterredung ausging: jedenfalls wurde der Vorgang zu einem der folgenreichsten Ereignisse in meinem Leben in böser wie in guter Hinsicht. Er verunsicherte ein Kind, das ohnehin nicht auf sicherstem Boden lebte, in einem Bereich, in dem es bis dahin unangefochten war; die Eins in Deutsch war fast verbrieft, das Talent zum schriftlichen Ausdruck unbestritten, zumindest seit der Veröffentlichung eines Feuilletons in der »Westdeutschen Landeszeitung«. Was hatte ich denn nicht alles vorzuweisen? Die Geschichte der abendländischen Philosophie war mir geläufig, die Abfolge der griechischen Denker und ihre Schulen hätte ich am Schnürchen aufzählen, Auskunft über ihre wesentlichen Inhalte geben können. Dostojewskis große Romane »Die Brüder Karamasow«, »Raskolnikow« und »Der Idiot« hatte ich gelesen, »eine Troika, unter deren Rädern rotes Herzblut aus dem Boden springt, über der Sterne vom Himmel stürzen, die Tausende Menschen mit wehenden Haaren, geheimnisvoll-düsteren, leidenschaftlichen Augen, mit schlummernder oder grauenvoll erwachender Seele im Gefolge hat. Eine Troika, über die die unendliche graue Wolga ihr Lied weint, der die Wolgaschiffer mit sehnsuchtsbrennenden Augen nachstieren, wenn sie ihr »Ei Uchnjem« rufen ...« — so sah ich das! Natürlich fehlte nicht Goethes »Faust«, wovon ich schwafelte, er sei mir »zum Lebensbuch, zum Trost, zur Erhebung, zum heiligen Buch« geworden.

Das Leseverzeichnis nennt weiter Tucholsky und Mauriac, Werfel, Galsworthy, Walter von Molo, Ernst Toller, Will Vesper, Rudolf Binding und Klabund, Hermann Hesse und Vicki Baum. Mein privater Seller-Teller vom Jahr 1929 sah so aus:

1. »Der Streit um den Sergeanten Grischa« von Arnold Zweig
2. »Auferstehung« von Leo Tolstoi
3. »Segen der Erde« von Knut Hamsun
4. »Königliche Hoheit« von Thomas Mann
5. »Ekstatische Konfessionen« von Martin Buber
6. »Bekenntnisse« von J. J. Rousseau
7. »Germinal« von Emile Zola.

Der Sturz aus solcher Höhe war katastrophal. Er hat bis heute eine lästige Ungewißheit in bezug auf die Wirkung schriftlicher wie mündlicher Äußerungen hinterlassen. Immer seit jener scharfen, von Ironie getränkten Kritik an meinen Formulierungen rechne ich damit, daß man mir über den Mund fährt, mich zurückweist, mich auslacht. Nachdem ich es fast ein Jahr lang hinnehmen mußte, daß — unbegreiflicherweise — die ehemaligen Randexistenzen des Deutschunterrichts Beachtung und Beifall fanden, während mein Stern erlosch, habe ich es nicht mehr dazu gebracht, mich in meinen Ansichten und Urteilen sicher zu fühlen; da blieb ein Knick, der mich am aufrechten Gang behindert. Andererseits aber schnitt das Messer der Schmitz in eine Wucherung, die auf jeden Fall früher oder später hätte entfernt werden müssen. Ich lernte das anzunehmen, lernte auf Klarheit und Wohltemperiertheit, eine dem Thema angemessene Gefühlslage zu sehen — aber noch zwanzig Jahre später, als ich schon einige Bücher veröffentlicht hatte und mit Karl Korn in der Redaktion der neugegründeten FAZ zu arbeiten begann, mußte dieser mir ins Album schreiben: »Chère Vilma, prenez garde du faux romantisme . . . le mal romantique!« — er hatte meine Neigung zum überhöhten Ausdruck erkannt.

Ein Jahr später brachte ich es wieder zu einer Eins im Deutschen, ebenso beim Abitur. Der Abituraufsatz, ein freies Thema: »Wände«, muß Maria Theresia wegen seiner theologischen Exkurse Kopfzerbrechen gemacht haben. Ich erfuhr, daß sie damit nach Vochem ins Vorgebirge, zu Robert Grosche, gereist sei, dem ehemaligen Kölner Studentenpfarrer und nachmaligen Stadtdechanten, dem sie in Verehrung zugetan war; von ihm ließ sie sich bestätigen, daß mein Text keinerlei Ketzerei enthalte (was sie befürchtet hatte).

Aber nicht Maria Theresia Schmitz — so viel ich ihr auch zu verdanken habe — war die Haupt- und Staatsfigur jener Jahre, sondern Annie Bender, die neue Direktorin. Diese Tochter eines frühverstorbenen Apothekers aus Brilon im Sauerland, bei einer ebenso strengen wie sauertöpfischen Mutter mit einer jüngeren Schwester aufgewachsen, gehörte zu den bekannten Erscheinungen im rheinischen Katholizismus der Nachkriegszeit. Eng befreundet mit Gerta Krabbel und mit ihr in der Bildungskommission des »Katholischen Frauenbundes« tätig, befreundet auch mit den bedeutenden Pädagoginnen der Aachener Sozialen Frauenschule, mit Guardini und Ida Coudenhove, mit Robert Grosche und Edith Stein, nahm sie in der katholischen Jugendbewegung eine führende Rolle ein. Eine private Verbindung führte zum Sohn von Käte Kollwitz, dessen Ring sie ihr Leben lang trug: ein großes grünes Oval in einem Kranz von Brillantsplittern. Ja, sie hätte ihn heiraten wollen, erzählte sie mir später, aber dann habe sie geglaubt, um des Ideals der Jungfräulichkeit willen auf die Ehe und somit auf ihn verzichten zu müssen. Hans Kollwitz heiratete eine andere, nach Jahren verständnisloser Trauer über einen solchen Entschluß; mit seiner Tochter bin ich freundschaftlich verbunden.

Nun, diese Geschichte erfuhr ich erst nach der Schulzeit.

Zunächst erlebte ich Annie Bender in ihrem hervorragenden Französischunterricht und als Direktorin von etwas angestrengter Unerbittlichkeit. Mit einer »leitenden Position«, wie die meisten Frauen von vor fünfzig Jahren, fast überfordert, verbarg sie die mangelnde Sicherheit unter forcierter Lautstärke, hinter vorgeneigtem, aber steifen Kreuz. Jedoch verhielt sie sich souverän in einer Sache, in der ich mit ihr ins Gefecht kam: mit der Weigerung meiner Klasse, deren Sprecherin ich war, am Religionsunterricht weiter teilzunehmen.

Hier muß ich weit zurückgreifen, um verständlich zu machen, wie es zu solchem Widerstand kommen konnte.

Das kleine Mädchen war sozusagen ohne Religion aufgewachsen. Erst in der Schule hatte man es mit den Umrissen der katholischen Lehre bekannt gemacht, im Religions- und Beichtunterricht (welch letzterer von einem cholerischen, dicken kleinen Kaplan unter Zuhilfenahme einer Reitpeitsche erteilt wurde). Der Mutter war ja der katholische Glaube, sofern er je einen Teil ihres Lebens ausgemacht hatte, abhanden gekommen, wie man ein Taschentuch verliert; der Vater hatte ihn weggeworfen im Protest gegen die Zwänge von Elternhaus und Schule, als Soldat trug er nicht die Bibel, sondern Nietzsche im Tornister. Aus dem Zarathustra, aus liberal-aufklärerischem Gedankengut und einem Bodensatz von christlich-mystischen Abfällen hatte er sich eine »Weltanschauung« zusammengebacken, die weitab von aller Kirchenfrömmigkeit gelegen war. Sie war geprägt von einer tiefen Abneigung gegen alle vorgefertigten Formen (»Gebete, die man auswendig lernt, sind leere Formeln«). Nur was aus der innersten Freiheit des Herzens getan wurde, das galt, lieber nichts tun, als einer Pflicht genügen, die nichts als Pflicht ist.

So schickte niemand das Kind zur Kirche, niemand betete mit ihm, erzählte ihm von Jesus oder lehrte es die Zehn Gebote. Die einzige Quelle religiöser Unterweisung war zunächst jene bußfarben eingebundene »Nachfolge Christi«, die mir die Großmutter so früh zum Geschenk gemacht hatte. Gehorsam las ich mich durch die vier Bücher und die insgesamt 114 Kapitel des Traktats, las das nicht nur einmal, nein, immer wieder, nicht aus purem Vergnügen, versteht sich, aber mit einem ungebrochenen und unverdorbenen Sinn für den Anspruch, den der fromme Mann vom Niederrhein da stellte, und bereit, nicht glühend, eher widerwillig, aber eben doch bereit, mich diesem Anspruch zu stellen. Gott trat hier auf als Vater, reiner Geist, erhaben, stark und gnädig. Er trat auf als ein Jemand, ein Gegenüber, eine anredbare, eine anredende Person, die Forderungen stellt, zu denen sie fraglos ermächtigt ist. Vielleicht war es gerade die Ungeheuerlichkeit der Forderungen, die ihre Rechtmäßigkeit so fraglos erscheinen ließ. Wie hieß es in dem Buch: »Nichts soll in deinen Augen groß, nichts erhaben, nichts lieblich, nichts angenehm sein außer Gott allein!« »Verschmähe das Vergängliche und laß die äußeren Dinge nicht zu nahe an dein Herz kommen!« »Selig der Mann, der um Gottes Willen allen Geschöpfen Abschied gibt, der der Natur Gewalt antut, der die Lüste seines Fleisches im heiligen Eifer des Geistes ans Kreuz schlägt...« »Es ist nur der wahrhaft weise, der alles Irdische für Auskehricht hält . . .«

So wurde mir aus dem lila Leder heraus das Gefühl dafür eingepflanzt, daß ich Gott mit jeder Stunde meines Lebens verantwortlich sei, daß ich ihm dienen müsse und daß die einzige Richtschnur meines Handelns sein Wille zu sein habe. Ich empfand Gott als wirkende Person beständig intensiv in meiner Nähe. Ein sehr hohes, aber natürlich auch sehr asketisches Ideal von Vollkommenheit prägte sich mir ein, dem ich mich unbedingt verpflichtet fühlte. Die Frage: Wie werde ich vollkommen? wurde seit diesem frühesten Alter zur wichtigsten Frage meines Lebens.

Mit dem Anspruch stritt der Widerspruch gegen das, was die Schule lehrte. Erst hier erfuhr ich ja mit Erstaunen, daß es kultische Verpflichtungen gab: das Gebet, die Sonntagsmesse, Freitags-kein-Fleisch-essen, beichten, kommunizieren. Daß man nicht Donnerwetter sagen darf oder Herrjessesnochmal, auch nicht des Nächsten Ochs-Esel-und-alles-was-sein-ist begehren. Daß Verstöße solcher Art in ein geweihtes Ohr hinterm Gitter zu bekennen waren. Das konnte ich lange nicht einsehen. Ich hob im Religionsunterricht den Finger und fragte die brave Maria Heckmann auf dem Katheder, warum man nicht ohne die Vermittlung eines fremden Menschen bei Gott selbst beichten könne — es fiel mir nicht schwer, mir einen solchen Vorgang vorzustellen. Ich sah auch die Pflicht zum Besuch des Gottesdienstes nicht ein. Ich stellte mir, statt zur Messe zu gehen, ein Kruzifix auf meinen weißen Spieltisch (auch dies ein Geschenk der Großmutter), kniete mich, das Gesicht mit den Händen bedeckt, davor nieder und betete — in der festen Überzeugung, daß dies ein vollgültiger Ersatz für die heilige Messe sei.

Unversehens und massiv konfrontiert mit dem damaligen Katalog kirchlicher Vorsorge für das ewige Heil Sieben- bis Achtjähriger, gewann ich den Eindruck eines recht ausgedehnten Reglements. Ich hegte die Vermutung, daß die »Heiden« — was immer ich mir darunter vorstellen mochte — es da einfacher hätten: in den Tag lebend, ohne von Kaplänen mit dem Leder zur Erfüllung schwieriger Pflichten angehalten zu werden. Ich fing an, über die Unterschiede nachzugrübeln, brachte schließlich das Ergebnis solchen Nachdenkens zu Papier, in einem Quartheft mit Kästchen, nannte den gedankenreichen Text »Katholicken und Heiden« (die Existenz von Protestanten hatte ich noch nicht wahrgenommen), ein »Buch für die reifere Jugend« — altkluge kleine Grüblerin an des Vaters großem Schreibtisch mit der ledernen Unterlage, zu jener Zeit ein schmächtiges, blasses Mädchen mit einer Schneckenfrisur, aus dünnen Zöpfchen geflochten, nach denen es immer hilfesuchend griff, wenn es in schwierige Lagen geriet, verulkt dieserhalb sogar vom furchterregenden Schulrektor, der sich grinsend ans Ohr faßte bei der Begegnung mit der Zweitklässlerin.

Zwölfjährig, in der Quarta des Lyzeums, ging ich zur ersten heiligen Kommunion, vorher gründlich traktiert mit der

Transsubstantiationslehre, mit Substanz und Akzidens und der Realpräsenz — worüber wir auch etwas hersagen konnten. Die Einübung dieser scholastischen Definitionen wurde abgeschlossen durch die Einübung all der minutiösen Handlungen, welche die Zeremonie des heiligen Tages erforderte; es begann damit, daß in der Frühe das Zähneputzen unterlassen werden mußte, damit nicht ein Tropfen aus dem Wasserglas die eucharistische Nüchternheit gefährde!

Als dann aber die kleine Prozession weißgekleideter Mädchen in schwarzen Lackschuhen durch das Hoftor des Kindergartens zur Kirche schritt, von deren Turm herab die Glocken läuteten, als hinge der Heilige Geist selbst am Glockenseil, aus deren weitgeöffnetem Innern die Orgel brauste, und man bewegte sich hinein in das Läuten und Brausen, da schossen dem Kind Tränen aus den Augen, es weinte sein Spitzentuch naß vor Ergriffenheit. Fortgespült war die Beichtstunde mit der Reitpeitsche, das öde Klassenzimmer voll von ausgeklügeltem Latein, die Angst vor dem Wassertropfen und davor, eine Kniebeuge zu vergessen — statt dessen erhob sich ein Gemüt, das dem Sichtbaren und Hörbaren weit aufgetan war, über Geläut und Gebraus in die unmittelbare Nähe eines Gegenüber, zu dem es sich unsäglich fortgerissen fühlte.

Der Festtag brachte zahlreichen Verwandtenbesuch zum Mittagessen, dem meiner Mutter Kochkünste natürlich nicht gewachsen waren. Es wurden Koch und Serviererin gemietet mit dem Ergebnis, daß die letztere der Tante Maria von der fetten Bratensauce über die neue Gala goß — ein ärgerliches Vorkommnis, von dem sich niemand so recht erholen konnte. Vorher hatte eine Gratulationscour stattgehabt mit Geschenken, deren Menge und Kostbarkeit das unverwöhnte Kind ebenso verwirrte wie entzückte: Brillantring und Bernsteinanhänger, Manicure- und Eßbesteck, Serviettenring und ein Prachtband über Italiens Kunstschätze von der strengen Großtante Mathilde, die nur dieses eine einzige Mal in meinem Leben anwesend war.

Abends, als die Gäste gegangen waren, zog mich der Vater auf seinen Schoß und versuchte mir zu erklären, warum er nicht, wie die anderen Väter und Mütter, heute morgen die Kommunion empfangen habe. Es gebe, so sagte er, eine Beziehung zu Gott, die sei so stark, so unmittelbar, daß sie der Vermittlung durch ein Zeichen, wie die Hostie es sei, nicht bedürfe. Nicht ein Mangel an Glauben habe ihn vom Sakrament ferngehalten, sondern ein Mehr — er hege den innigen Wunsch, daß auch ich eines Tages in diese höhere Region gelangen möge. Und er umarmte und küßte mich und entließ mich in tiefer Betroffenheit. In der folgenden Zeit sanken seine Worte ins untere Bewußtsein, stiegen aber immer wieder einmal nach oben und beschäftigten mich, weil sie ja meiner eigenen früh erwachten Neigung zu privater Frömmigkeit entsprachen.

Diese Frömmigkeit war übrigens nicht nur Gefühl und Glaubensgrübelei. Sie befahl sich auch fromme Werke, Werke der Nächstenliebe, die systematisch angegangen wurden. Sie bestanden darin, sich um die minderen Kinder in der Klasse zu kümmern. Reihum besuchte ich sie: die Tochter des jüdischen Viehhändlers in Korschenbroich, die am meisten von uns gemieden wurde — nicht aus rassischen Gründen, sondern wegen der Abseitigkeit ihrer strenggläubigen Lebensweise; die Tochter des Direktors von »Hephata«, der Irrenanstalt, innerhalb der Anstalt wohnend, was ich mir sehr qualvoll vorstellte; die Zwillinge von den Driesch, ebenfalls hinter Mauern, in der Fürsorgeanstalt in Rheindahlen, die ihr Vater leitete; Helene, die niemand mochte, weil sie so dick war, und Berni, die einmal eines Diebstahls überführt worden war. Ich machte das nicht lange. Es war wohl allzu mühselig, ihre entlegenen Lebensbereiche mit dem meinen in Einklang zu bringen, nirgends kam es da zu einer dauerhaften Freundschaft. Auch der Anlauf, eine kinderreiche Familie im Eicken mit Wurst und Schokolade, mit Strümpfen und Handschuhen zu versorgen, blieb stecken in den Schwierigkeiten, die mir daraus erwuchsen, daß die Eltern für derlei Mildtätigkeiten absolut nichts übrig hatten, weder Geld noch gute Worte.

Es konnte nicht ausbleiben, daß ich des religiösen Reglements mit den Jahren überdrüssig wurde. Gottesdienst! Es wurde »die Messe gelesen«, der Priester stand mit dem Rücken zur Gemeinde, gekleidet in einen merkwürdigen brokatenen Schurz, unter dem das lange weiße Hemd mit seiner Spitzenkante hervorsah, darunter wurde, je nach seiner Größe, ein längeres oder kürzeres Stück der schwarzen Hosenbeine sichtbar. Er murmelte unentwegt Unverständliches, die Meßdiener respondierten darauf im Leierton. Die Predigt war gelehrt, gespickt mit lateinischen oder gar griechischen Zitaten, ließ Dampf ab aus der Überhitze theologischen Wissens, in vielen Semestern an der Universität erworben. Sie betraf Verbotenes weit mehr als Gebotenes und unser tägliches Leben überhaupt nicht. Bei der Austeilung der Hostie knieten wir vor der steinernen Schranke, die in nichts dem Tisch ähnelte, den abzubilden sie vorgab, steckten die gefalteten Hände unters Linnen (von den Armen Dienstmägden Christi war es gefertigt, gewaschen und gebügelt), hoben es etwas zu uns heran, damit die Hostie, sollte sie einmal der Hand des Spenders entgleiten, nicht auf den Boden fallen konnte, sperrten den Mund auf, legten die Zungenspitze möglichst flach an die unteren Zähne und warteten geschlossenen Auges, bis das dünne weiße Plättchen darauf plaziert war. Dann galt es, dieses zu schlucken, ohne es zu zerbeißen — Reste des himmlischen Brotes, in einer Zahnlücke mit späteren Frühstücksresten vermengt, das wäre einem Sakrileg gleichgekommen.

Der Religionsunterricht war mir eine Qual. Der Lehrer, unförmig in einen schwarzen, bis über die Knie reichenden Rock geknöpft (aber ich kannte ihn auch im Jägerhemd mit Lahmanns Netzunterwäsche, er war ein begeisterter Waidmann), traktierte uns mit Dogmatik und Sittenlehre, Kirchengeschichte und Bibelexegese — aus einem wildwuchernden Gestrüpp von Zähnen fielen die einschlägigen Thesen derart unbeholfen, daß alles schon von vorneherein verdächtig war und man immer Lust hatte, das Angegriffene zu verteidigen und das Verteidigte anzugreifen. Er versuchte, uns die komplizierten Beziehungen zwischen den Personen der göttlichen Trinität beizubringen, den Unterschied zwischen opus operatum und opus operantis, den Zusammenhang zwischen Erlösung und Erbschuld, die genaue Beschaffenheit von Engeln, Teufeln und Heiligen und die sieben Eigenschaften Gottes samt ihren Begründungen. Inspiration und Unfehlbarkeit und der character indelibilis der Sakramente waren semesterfüllende Lehrgegenstände. Wir lernten: »Wer in der Todsünde stirbt, kommt in die Hölle«, und das hieß, daß er für ewig von Gottes Angesicht verstoßen ist. Die ungetauften Neugeborenen hingegen werden im Limbus puerorum, auch Vorhölle genannt, aufbewahrt, wo sie zwar glücklich, aber nicht selig sein dürfen. Wem sich bei alledem die Haare sträuben, der hat das Sacrificium intellectus zu bringen, seine Vernunft dem Glauben zu opfern, mit geschlossenen Augen der unfehlbaren Weisheit zu folgen, die aus Menschheitsmythen, hellenistischer Philosophie und unkritisch gelesener Schrift solche Behauptungen durch die Jahrhunderte trug. Beweise an allen Ecken und Enden. Gottesbeweise, sieben an der Zahl, Beweise für die Göttlichkeit Christi, für seinen Tod, seine Auferstehung und die Gründung der Kirche, Beweise, die man auswendig lernen und als Lektion aufsagen mußte. Dazu die übliche infame Darstellung kirchengeschichtlicher Fakten, die Ketzer- und Hexenverbrennungen, die Judenpogrome und die Greuel der Conquistadoren heruntergespielt, die Kreuzzüge und die Taten der Ordensritter verherrlicht.

Schließlich erschien mir die Kirche als eine große schwarze Eule, die breit auf ihrem Lehrstuhl saß und mit zusammengekniffenen Augen darüber wachte, daß keiner ihrer Lehrsätze bezweifelt, keines ihrer Gebote verletzt wurde. Eines Tages glaubte ich, dies nicht mehr aushalten zu können. Ich teilte mich dem Vater mit in der zuversichtlichen Hoffnung, er werde nicht zögern, mich von den unerwünschten Verpflichtungen zu entbinden. Aber er tat es nicht. Vor einem solch ungewöhnlichen Schritt schreckte er denn doch zurück. Er meinte, ich sei noch zu jung für derart schwerwiegende Entscheidungen. Ich sollte versuchen, mich mit Unterricht und Kirchgang noch einige Jahre abzufinden, später werde man dann sehen . . .

Diese Antwort traf mich heftig, brachte unserer Verbundenheit den ersten Riß bei. Die furchtsame Inkonsequenz, die der Vater hier sehen ließ, nahm mir das Vertrauen, meine Sache mit Gott in seine Hände zu legen. Von da an suchte ich andere Hände.

Ich fand die der Annie Bender mit dem schönen Ring. Sie begleiteten mich dann über die Schule hinaus in die Studienjahre, führten mich in wunderliche Abseitigkeiten, in Erlebnisse, deren Echtheit dahingestellt bleiben möge. Es begann damit, daß uns Annie Bender vertretungsweise eine ungewöhnliche Religionsstunde gab: Gegenstand ihres Unterrichts waren die Stufen des Aufstiegs zur mystischen Vereinigung der Seele mit Gott, nach den Lehren des Johannes vom Kreuz und der Teresa von Avila. Wir waren frappiert, gefesselt, kamen von dem Gegenstand nicht los und ermaßen erst jetzt das ganze Desaster der bisherigen Unterweisung. So beschlossen wir eines Morgens in der Pause vor der Religionsstunde, dieser fernzubleiben, uns anderweitig, aber auf angemessene Weise mit dem Glaubensgut zu beschäftigen. Ich hatte ein Buch von Guardini bei mir, aus dem ich vorlesen wollte. Einer Abgesandten der B-Klasse, mit der wir gemeinsam Unterricht hatten, wurde ausgerichtet, daß wir nicht kämen, sie entfernte sich, blaß vor Schrecken. Sie kam ein zweites Mal mit der dringenden Aufforderung, uns zum Unterricht zu begeben, andernfalls werde die Direktorin von unserer Unbotmäßigkeit in Kenntnis gesetzt. Wir entschlossen uns zur Vorwärtsverteidigung, dazu, dem Lehrer bei der Schulleitung zuvorzukommen. Ich konnte gerade noch zu ihr hineinschlüpfen, ehe er das Vorzimmer betrat. Sie respektierte zunächst unseren Entschluß, übte keinen Druck aus. Aber am nächsten Tag hatte sie sich eine kluge, ja listige Argumentation zurechtgelegt. Das Dilemma des Religionsunterrichts sei ja bekannt, sagte sie, bekannt, daß es da hapere und im Argen liege; es fehlten eben die wirklich fähigen Pädagogen, in dieser Zeit so manchen Umbruchs den Glauben überzeugend zu interpretieren. Wir könnten natürlich mit unserer Weigerung erreichen, daß unser Lehrer an eine andere Schule versetzt würde. Die Hoffnung aber, daß wir mit einem neuen besser zurechtkämen, sei durch nichts begründet. Deshalb meine sie, daß es sich nicht lohne, so viel Wirbel zu machen, wenn für uns womöglich doch nichts dabei herauskäme. Und da es hier um Religion gehe, die christliche insbesondere, sollten wir Ernst machen damit und Toleranz und Freundlichkeit üben gegen einen Menschen, der es schwer habe, voller Hemmungen sei und nun überhaupt nicht mehr wisse, wie er seinen Auftrag erfüllen solle.

Dieser Aufforderung folgten meine Klassengefährtinnen ziemlich halbherzig, ihre Beteiligung am Unterricht blieb lahm und lustlos. Ich aber entflammte mich an dem Aufruf zur Toleranz, versöhnte mich ausdrücklich und unter Hinnahme zahlreicher schweißfeuchter Händedrücke mit dem Mann, hatte von da an eine Eins in Religion und das erhabene Gefühl, ein fairer Sieger zu sein. (Er lohnte es mir auf rührende Weise. Als der Beginn meines Studiums in Frage gestellt war wegen der abermaligen finanziellen Belastung durch das neue Haus, da erbettelte er zwei Semester lang bei begüterten Bekannten für mich die hundert Mark, die man damals pro Monat brauchte — wofür ich mich wiederum erkenntlich zeigen mußte, indem ich, zusammen mit dem Vater, an einigen Jagdausflügen teilnahm, die in jeglichem Sinn beschwerlich waren.)

Im Juli des folgenden Jahres (1930) unternahm die Direktorin mit uns und Maria Theresia eine ungewöhnliche Schulfahrt: nach Rothenfels am Main, zur Jugendburg des »Quickborn«. Wir wurden dort acht Tage lang in Englisch und Französisch unterrichtet, lasen und besprachen »La Porte Etroite« von

André Gide und einige Shakespeare-Dramen. Für mich war das der Eintritt in eine neue Welt. Vom kärglichen Anblick der wenigen Eifeldörfer, die ich kannte, kaum verwöhnt, begegnete ich ihr mit neugierigem Entzücken: dem mainfränkischen Fachwerk, der Holdseligkeit seiner blumengeschmückten Gassen, Würzburgs barocker Herrlichkeit, der romantischen Burg, zweihundert rosa Steinstufen hoch überm Dorf gelegen, schließlich der Liturgie der Jugendbewegung, in der Burgkapelle — lauter Eindrücke, die mich mächtig anrührten, meine Gedanken und Empfindungen in Bewegung setzten.

Die Burg, so hatte Annie Bender gesagt, ist ein Ort, wo man in einer Weise sein und leben kann wie nirgends sonst, nämlich gesammelt und in großer Fülle, in Gemeinschaft mit anderen und doch bei sich selbst. Ich glaube, daß wir alle etwas davon empfanden, wenn wir bei der Arbeit um den schweren, quadratischen Tisch im Turmzimmer saßen, wenn wir abends zum Erzählen und Singen uns im Rittersaal einfanden, wo wuchtige schwarze Schemel im Halbkreis zum Sitzen angeordnet waren, oder wenn wir in der weißen, schmucklosen Kapelle, in der es keine Bänke, nur ein paar Hocker gab, dem Gottesdienst beiwohnten. Der Wechsel zwischen solchen Orten der Versammlung und denen des Alleinseins: im Burggärtlein, hoch auf dem Bergfried, in der Kemenate, vollzog sich wie Atmen, gab Kraft und Freude.

Und dann gab es eine Wanderung zwischen Mitternacht und Morgengrauen, der Burgwart führte uns durch die duftende Dunkelheit. Glühwürmchen begleiteten uns, sie blinkten in Annie Benders Haaren, so etwas hatte das Stadtkind noch nie gesehen. Heute denke ich, es wäre ohne diese zauberische Illumination möglicherweise nicht dahin gekommen, daß ich mich in jener Nacht ihr so blindlings überließ, ihrer im Grunde so simplen Rede und Antwort auf meine angelegentlich geäußerten Schwierigkeiten mit der überkommenen Religion — ein Nikodemus auf dunklem Waldpfad, dahinstolpernd über Stock und Stein, vertrauensvoll dem glühwurmglitzernden Schatten an seiner Rechten zugewandt. Der Schatten sagte, Nikodemus solle zunächst einmal den eigenen Willen oder Unwillen beiseite lassen und herauszufinden suchen, was denn wohl Gottes Wille mit ihm sei. Gottes Wille habe sich am Lebensbeginn geäußert, indem Er die Taufe und damit die Zugehörigkeit zur katholischen Kirche zuließ. Weit und breit sei eigentlich nicht zu erkennen, daß Gott diesen seinen ausdrücklichen Willen geändert habe. Deshalb lege sich ihr die Überzeugung nahe, daß mein Platz nach wie vor in der Kirche sei — und nun wandte sie mir ihr Gesicht zu, und ich konnte in der aufsteigenden Dämmerung den unerbittlichen Blick ihrer Augen auf mich gerichtet sehen.

So ging ich, als wir wieder zu Hause waren, zur Beichte, was nicht zuletzt wegen einiger Verfehlungen gegen das Sechste Gebot, oder was ich hierfür hielt, ein heikles Unternehmen war. Als der alte dicke Franziskaner sich mit fast geschäftsmäßiger Stimme erkundigte, ob man mir »unter die Kleider gekommen« sei, schüttelte mich der Ekel, wie überhaupt die ganze Prozedur in mir Schwindel und Benommenheit hervorrief. Zu Kreuze gekrochen! Aus den weiten Gefilden des unabhängig forschenden Geistes zurückgekehrt hinter Gitter, zurück in den Bannkreis der schwarzen Eule, festgesetzt, gefangen. Aber ich unterwarf mich total. Keinem Schulgottesdienst blieb ich fern, weder werktags noch sonntags. Ich meldete mich als Vorbeterin und ersaß mir einen Platz neben Annie Bender in der letzten Bank. Ich las die Zeugnisse moderner mystischer Innerlichkeit, die sie mir gab: Lucie Christine, Madeleine Sémer, Therese von Lisieux, Elisabeth von der Heiligsten Dreifaltigkeit — vor allem ein französisches Heftchen mit eucharistischen Meditationen, die mich noch während der Semester in Bonn und München begleiteten; dort besuchte ich die Messe meist täglich vor den Vorlesungen.

Was ich vom Quickborn auf Rothenfels erlebt hatte, begeisterte mich. Ich sammelte einige Gleichgesinnte, fünf oder sechs, zu einer Gruppe, eine junge Fürsorgerin fand sich bereit, sie zu leiten. Ich erlebte, was mir völlig neu war: einen Zusammenschluß von Menschen, die Gutes wollten, Gutes wenigstens ungefähr im Sinn jener »Nachfolge Christi«, mit der ich ja bisher auf mich allein gestellt gewesen war.

Auf eine unangestrengt naive Weise lebten sie gegen die Verführungen der »Welt«. Sie kleideten sich anders, als die Mode es wollte. Sie hatten den Teufeln Alkohol und Nikotin abgeschworen, sie übten Enthaltsamkeit, weil ihnen die »Idee des reinen Leibes« etwas bedeutete, das Freisein des Körpers von all den Stoffen und Einflüssen, die ihn überreizen, erniedrigen, abstumpfen, sein inneres Gleichgewicht stören. Sie suchten beim Wandern, Singen und Tanzen andere Vergnügungen als Schlager und Jazz und kamen freudig zum Gottesdienst.

Sie hatten es auch fertiggebracht, diesen Gottesdienst zu verändern. In der Krypta des Münsters gab es nun eine heilige Messe, bei der die Gemeinde, wenn auch auf lateinisch, dem Priester antwortete, im übrigen die Handlung und seine Gebete mitvollzog. Josef Thomé, der streitbare Pfarrer — später mit einem Schreibverbot belegt —, in dessen Sinn das Konzil schon aufgebrochen war, Jahrzehnte, ehe es tatsächlich stattfand, hielt uns diese Gottesdienste. Romano Guardinis Schriften »Von Heiligen Zeichen« und »Vom Geist der Liturgie« eröffneten mir die Tiefe eines Kults, die ich bis dahin nicht einmal geahnt hatte. Allmählich verwandelte sich das Bild von der Kirche: die alte Eule wurde zum »Haus voll Glorie«, danach zum »mystischen Leib Christi«, nachdem die »Hymnen an die Kirche« von Gertrud von Le Fort über mich hereingebrochen waren. Atemlos las ich: »Ich bin in das Gesetz deines Glaubens gefallen wie in ein nackendes Schwert«.

Nach einiger Zeit erfuhr ich von Agnes. Das war eine ehemalige Nonne, die wegen eines schweren Lungenleidens aus dem Kloster zu ihren Eltern nach Köln zurückgekehrt war. Annie Bender hatte sich ihr auf ungewöhnliche Weise verbunden; sie nannte sie ihre geistliche Mutter, ihre Seelenführerin, ihr vorangehend auf dem Weg zur vollkommenen Vereinigung mit

Gott, so wie ihn die Mystiker erleben. Heute kommt mir das nahezu unwahrscheinlich vor: eine vierzigjährige Frau, Akademikerin, im öffentlichen Leben eine verantwortungsvolle Position bekleidend, hochgebildet, musisch begabt — sie hatte eine starke Neigung zum Theaterspiel und war groß im Entwerfen und Gestalten von Schulfesten —, begibt sich in den absoluten Gehorsam zu einer bettlägrigen Kleinbürgerin aus Köln-Ehrenfeld und geht in solcher Abhängigkeit jene Wege, welche die Mystiker des Mittelalters via purgativa, via illuminativa, via unitiva nannten! Diese Begriffe sind heute nur noch dem Religionswissenschaftler vertraut. Die Unterprimanerin ging damals mit ihnen um wie mit einem abfragbaren Pensum und notierte die Merkmale des mystischen Lebens, als schreibe sie aus einem Kochbuch Rezepte ab.

Noch vor dem Abitur nahm Annie Bender mich mit nach Ehrenfeld in die ärmliche Wohnung der Lingens, wo Agnes leidend lag, ihrem nahen Ende entgegen. Ich nötigte mir, so kommt es mir heute vor, mit einiger Mühe die erwartete Ergriffenheit ab. Von diesem Tag an nannte Annie Bender mich, wenn wir allein waren, ihre »kleine Agnes«. Ich redete sie mit »Mutter« an. Sie selbst hatte von Agnes den Namen Katharina bekommen, nach der Heiligen von Siena, in der sich mystisches Erleben und öffentliches Wirken in so außerordentlicher Weise verknüpft hatten; als Katharina gehörte sie dem III. Orden der Dominikaner an und hatte, gegen alle Neigung und unter schwersten Widerständen, einen Beichtvater in der Kölner Lindenstraße, der ihr von Agnes verordnet worden war.

Um mir das dominikanische Ordensideal sozusagen spielend nahezubringen, schenkte sie mir eine Schachtel mit einer kleinen Zelluloidpuppe, die als Dominikanerin in die schwarze Kutte mit dem weißen Mantel gekleidet war. Frommes Puppenspiel!

Daneben scheuten wir vor so anspruchsvollen Kraftakten, wie das »stellvertretende Leiden« einer ist, nicht zurück. Durch Annies übermäßige Sorge »für die Seelen« — außer mir gab es deren etliche andere, die ich ohne Eifersucht dulden, ja, lieben mußte — fühlte ich mich ebenfalls zu einer Anstrengung in dieser Richtung genötigt. Ich wollte mein Leben Gott aufopfern für eine bedrohte, eine gefährdete Seele — und dies sollte Charlotte sein, meine Mitschülerin, die im Begriff war, unter Maria Theresias Einfluß aus streng protestantischem Elternhaus zum katholischen Bekenntnis zu konvertieren. Damit dieser Schritt gelänge, wollte ich bereit sein, klaglos alle mir auferlegten Schmerzen und Leiden zu ertragen, Ehe- und Kinderlosigkeit zum Beispiel, den Verlust geliebter Personen, Krankheiten, Behinderungen jeglicher Art. Ich erbat mir sogar, wie es sich gehört, im Gebet dergleichen Heimsuchungen.

Am Osterfest jenes Jahres war ich zum dritten Mal auf Burg Rothenfels. In der Nacht zum Karfreitag lag ich wach in meinem Eisenbett auf Stroh im bitterkalten Schlafsaal und verzehrte mich danach, zitternd außen, innen glühend, in ebendieser Nacht sterben zu dürfen, angenommen als Opferlamm wie der am Kreuz.

Ob Charlotte wirklich katholisch wurde, weiß ich nicht mehr, auf jeden Fall wurde sie Juristin und bestand ihre Examen summa cum laude. Vor der nationalsozialistischen Unrechts-Justiz strich sie die Segel, heiratete einen Witwer und gebar zwei Kinder. Wenige Monate nach Kriegsende kam sie bei einem Eisenbahnunglück ums Leben — ein Zug fuhr auf den ihren auf, als jemand unbefugt die Notbremse gezogen hatte, der Sack voll Kartoffeln, den sie für ihre Familie gehamstert hatte, fiel ihr auf den Kopf.

Nach 1933 reihte sich Annie Bender in die braunen Kolonnen auf eine Weise ein, die in der ganzen Stadt als skandalös empfunden wurde. Sie erhob die Hand zum Hitlergruß, als habe diese Hand nie die Osterkerze, das Meßbuch oder den Rosenkranz gehalten; sie ließ sich zu den verordneten Anlässen auf eine Weise hören, die einem Kreisleiter Ehre gemacht hätte; sie versenkte sich in das nationalsozialistische Gedankengut weit über das geforderte Maß hinaus. Nicht daß sie etwa

Rosenbergs Ideen im »Mythos des 20. Jahrhunderts« zugestimmt oder sich in der Ausübung ihres Glaubens Beschränkungen auferlegt hätte — das nicht. Ihrer Umgebung bot sie das erstaunliche Schauspiel einer Nationalsozialistin, die jeden Morgen zur Kirche ging und die Kommunion empfing — wer hätte sich darauf einen Vers machen können?

Auch ich konnte es nicht. Ihre Erklärungen waren auch widersprüchlich. Einmal war es die Schule, die sie retten, der sie den christlichen Geist, soweit das überhaupt möglich schien, erhalten wollte. Dann zielte sie auf die Existenzangst ab: in panischer Weise sei sie sich plötzlich der Gefährdung für sich und ihre Mutter bewußt geworden, wenn sie sich kompromißlos gezeigt haben würde. Ein anderes Mal wieder, als wir davon sprachen, brachte sie den absoluten Gehorsam ins Spiel, zu dem sie sich ja immer wieder gerufen fühlte. Die Ereignisse trugen es an sie heran, daß sie eine nationalsozialistische Direktorin sein sollte — also wollte sie es sein, in blinder Erfüllung eines Gebotes, das sie ziemlich willkürlich Gott in den Mund legte.

Natürlich war ich heftig irritiert. Aber ich habe ihr jene Entwicklung nie so übelgenommen, wie die meisten das taten. Ich wußte, wieviel sie deshalb hatte leiden müssen. Und nicht nur innerlich. Nach dem Krieg wurde sie natürlich ihres Postens enthoben. Sie mußte putzen gehen. Es gibt welche, die haben sie auf der Treppe des Arbeitsamtes mit Eimer und Aufnehmer auf den Knien rutschen sehen. Es gibt andere, die von nahezu schamloser Bettelei um einen »Persilschein«, die politische Unbedenklichkeitsbescheinigung, berichten. Sie muß mit Erfolg gebettelt haben. Denn schließlich wurde sie Studienrätin an einer Kölner Schule. Sie starb mit zweiundachtzig Jahren, bis zuletzt der vollen Gegenwart ihres lebhaften, das Ungewöhnliche suchenden Geistes gewiß. Bis zuletzt war sie mir rätselhaft. Doch neige ich zu der Überzeugung, daß ihr ein überstarker Geltungsdrang innewohnte, der sie zwang, für falsche Entscheidungen einen passenden Überbau zu suchen. Ein Deuter ihrer Handschrift wies auf diesen Sachverhalt hin. Dafür spricht auch die Tatsache, daß sie den Doktortitel mit auf ihren Grabstein nahm.

Kreuz und Adler

Das Abitur bestand ich im März 1932. Meine eigene, allerdings etwas unentschiedene Absicht, mich der »Nationalökonomie« zuzuwenden, ließ ich fallen; alle hatten gemeint, ich müsse Sprachen studieren, also studierte ich Sprachen und Geschichte, zunächst an der Bonner Universität. Aber ich konnte dem Studium nichts abgewinnen. Ich schlug mich herum mit altspanischer Grammatik und französischer Phonetik, merkte, daß mir die Probleme der Staats- und Rechtslehre weitaus interessanter waren, wechselte darum für ein halbes Semester zur juristischen Fakultät, entschied mich dann aber endlich für Philosophie als Hauptfach — nicht zuletzt wegen der Kollegs von Alois Dempf, denen ich mit höchster Anteilnahme gefolgt war.

Dempf hatte einen Test vorgeschlagen. Ich sollte während der Weihnachtsferien »Scipios Traum«, einen Traktat von Cicero, lesen und interpretieren — er werde dann feststellen, ob ich das Zeug zur Philosophin habe und ob man mir zutrauen dürfe, die dornenvolle und materiell so gut wie aussichtslose philosophische Karriere einzuschlagen. Meine brave Darstellung hat ihn bestimmt nicht vom Stuhl gerissen. Doch machte er mir Mut, aus dem juristischen Fach wieder auszusteigen und noch im selben Semester Vorlesungen von Rothacker, Behn und Verweyen zu belegen. Auch der Philosoph Paul Ludwig Landsberg und seine schöne Braut Magdalena waren an dem Entschluß beteiligt.

Mit dieser Veränderung der Studienrichtung ging eine Veränderung der äußeren Erscheinung einher. Im ersten Semester lebte ich mönchisch eingeschlossen in einem winzigen Stübchen auf der Arndtstraße, trug in der Mitte gescheiteltes, glatt zurückgekämmtes Haar und einen künstlichen Knoten — um den Friseur zu sparen. Dann ließ ich mir Dauerwellen machen, die damals gerade aufkamen, es war eine Hitz-Tortur sondergleichen, das Ergebnis jedoch, wie Kommilitoninnen mich wissen ließen, erfreulich. Am Ende lag es an der neuen Frisur, daß ich jetzt mehr unter die Leute kam.

Der gegenwärtige, mit dem vor fünfzig Jahren in nichts mehr vergleichbare Charakter der Universität, ihrer Studenten und Dozenten, verführt mich dazu, bei der Erinnerung an einige der damaligen Hochschullehrer, die mir nahestanden, zu verweilen. Es scheint mir reizvoll, den Heutigen einen Mann wie Hermann Platz vorzustellen, in dem sich die Hoffnungen junger Katholiken sammelten. Seinen wissenschaftlichen Rang, was die Erforschung der französischen Geistesgeschichte betrifft, vermag ich heute nicht mehr zu beurteilen. Anspruchsvolle Akademiker sagen, er sei kein Professor gewesen, sondern durch und durch ein Studienrat. Mag sein, daß er sein Bestes nicht vom Katheder herunter, sondern im persönlichen Umgang gab. Wir jedenfalls, die wir ihn, oft von weither kommend, in der Bonner Goethestraße aufsuchten, um uns Rat und Stärkung bei ihm zu holen, betrachteten ihn als unseren geistigen Vater, als den Anführer einer Schar von Gläubigen, die an Völkerverbindung, an Frieden, an Abendland glaubten, Abendland in seiner spezifisch christlichen Ausprägung — eine Idee, mit der wir uns im Rheinland auf besondere Weise verbunden fühlten. Das Gemeinsame der abendländischen Völker sahen wir versinnbildlicht in der Krone Karls des Großen zu Aachen, »der einzigen, die je der Rede wert gewesen ist, die das Abendland wirksam geeinigt und von dem, der sie errang, auf den Knien hingenommen wurde«, so drückten wir das damals aus. Jetzt, da der Begriff Abendland auf den Hund gekommen ist, so daß ihn nicht ausspricht, wer auf sich hält, erscheint mir unsere innige Begeisterung nicht nur des Spottes, auch leiser Wehmut wert.

Alois Dempf war damals ein ernster, blasser Privatdozent. Er hatte gerade von sich reden gemacht mit dem »Sacrum Imperium«, einer dickleibigen Untersuchung über die Geschichte der Staatsphilosophie des Mittelalters aus mehr als zweihundert Originalquellen, einer Arbeitsleistung, in der sich zum ersten Mal der ungeheure Lesefleiß des Verfassers auswies, auch das Vermögen der vereinfachenden Zusammenschau. Als ich ihn nach dem Krieg in Bonn wiedersah, war er eine stattliche, heitere Überlegenheit ausstrahlende Figur. Zum Bajuwarisch-Rustikalen, das ihm nach Abstammung und Geburt eignete, hatte er etwas wienerische Eleganz hinzugewonnen. In Wien war er nach dem Anschluß Österreichs ein Jahr lang Ordinarius gewesen, dann von den neuen Machthabern in den Ruhestand versetzt worden; seit 1948 lehrte er in München, erwies sich weiter als ein typologischer Denker von Rang, bemüht, mit Hilfe von Ordnungsprinzipien Entwicklungen und Abläufe rational zu durchleuchten. Er nahm herzlichen Anteil an meinem Geschick, wiewohl dieses sich denkbar weit von der Philosophie entfernt hatte; er ging so weit, mir während des Königsteiner Jahres die Putzhilfe zu bezahlen, die er für unerläßlich hielt, damit ich mehr zum Schreiben käme.

Ein dritter Stern, Paul Ludwig Landsberg, erscheint in meinem Gedächtnis als ein übergroßer, dunkelhaariger junger Mann, von gelöstem, geistvollen und heiteren Wesen, dem freilich auch ein Zug tiefer Schwermut beigemischt war. 1933 verließ er Deutschland. Die Emigration wurde für ihn, als einen Protestanten halbjüdischer Abstammung, zu einer Verfolgungsjagd von einem Land ins andere, auf der man ihn schließlich kurz vor Kriegsende zur Strecke brachte. Er verhungerte 1944 im Konzentrationslager Oranienburg. Die gelehrte Mitwelt schätzte seine Arbeiten, namentlich seine »Einführung in die philosophische Anthropologie«. Ein Satz, den ich bei ihm las, ist mir im Gedächtnis geblieben: »Das Wesentliche der Dinge erschließt sich nur dem Auge des Liebhabers. Wahrheit ist immer nur cum ira et studio gefunden worden.« Diesem durch Leiden erhöhten Leben folgte eine Art von Satyrspiel: ich vergegenwärtige mir unsere Wohnküche in Bullay an der Mosel, im August 1948: dort saß die verwitwete

Frau Landsberg, die sich nun Madeleine nannte, mir anhänglich geblieben seit der Bonner Zeit, und nähte, schon nah der späteren völligen Umnachtung, aus Stoffresten Hüllen für die verschiedensten Gegenstände.

Auch Robert Grosche, den Pfarrer von Vochem im Vorgebirge und nachmaligen Stadtdechanten von Köln, muß ich hier erwähnen. Ein bedeutender Mann, Übersetzer, Deuter und Wegbereiter Paul Claudels, eines der Häupter der ökumenischen Bewegung, dessen Zeitschrift »Catholica« in Akademikerkreisen hohen Ruf genoß. Und der alte Schulfreund Heinz, der in diesen ersten Semestern ebenfalls in Bonn anwesend war, erzählte mir des Montags gern vom Besuch des Karl-Barth-Seminars im Vorgebirge, wo man, bei schönem Wetter in der Gartenlaube, die Sonntagsliturgie miteinander interpretierte.

Aus München strahlten andere Sterne herüber: der Philosoph Dietrich von Hildebrand, Josef Bernhart vom »Hochland« und Erich Przywara von den »Stimmen der Zeit«. Ganz von fern verehrten wir Hans Eibl in Wien; die Nummern seiner »Schöneren Zukunft« reichten wir uns gegenseitig weiter.

Mitten hinein in diesen christkatholischen Sternenhimmel marschierte am 30. Januar 1933 der Fackelzug zu Ehren des neuen Reichskanzlers Adolf Hitler. Er zog an mir vorbei, als ich auf dem Weg zur Universität war. Ich empfand nichts dabei — allenfalls Ärger über den nächtlichen Aufwand für einen so unsympathischen Menschen.

Aber das änderte sich.

Nicht, daß ich jemals Sympathie für ihn oder seine Leute empfunden hätte. Doch gehörte ich zu jenen nicht wenigen Zeitgenossen, die zunächst keinen Abgrund, sondern einen gemeinsamen Boden wahrnahmen — und dies nicht, obwohl, sondern weil ich katholisch war.

Ich finde, wenn ich da zu graben anfange, zwei Wurzeln dieser falschen Einschätzung: den Antiliberalismus (aus der Schulzeit) und die Reichsidee (aus den ersten Semestern).

Seitdem Maria Theresia Schmitz das Katheder der Obersekunda betreten hatte, war liberal ein anrüchiger Begriff, fast ein Schimpfwort geworden. Ganz gewiß hätte sie mit Vergnügen den Ausdruck »scheißliberal« gebraucht, wenn das damals schon aussprechbar gewesen wäre. Liberal im Sinne von laisser-faire war für sie unvereinbar mit ihrem von Karl Kraus und Theodor Haecker geprägten Katholizismus. So wie diese beiden Konvertiten erblickte sie hinter dem Wort die Fratze der nirgends engagierten Gleichgültigkeit, der Kompromißbereitschaft, der allesüberschmierenden Neutralität. Der Ringparabel aus dem »Nathan« warf sie ein glühendes »Nein« entgegen, nicht Lessings aufgeklärte Menschlichkeit, sondern Kleistens Absolutheits-Rasereien, die sie sämtlich im biblischen Sinne deutete, im Kontext von Erbschuld und Erlösung, waren ihr teuer. Ihr fünftes Evangelium war das Werk Theodor Haeckers und dessen hierarchisch geordnetes Weltbild, wo auf der anorganischen die organische Schöpfung ruht, das Tier über der Pflanze, der Mensch über dem Tier, der Engel über dem Menschen und Gott über den Engeln steht; ebenso schätzte sie Gilbert K. Chestertons Paradoxien zugunsten einer streng und genau verstandenen Rechtgläubigkeit, sie bewunderte seine elegante Verhöhnung des aufgeklärten modernen Geistes, seinen Spott über liberale Theologie, eine modernistische Kirche.

Nicht aus nationaler oder rassischer Engherzigkeit betrachtete sie den jüdischen Anteil am Kulturleben der zwanziger Jahre, im Gegenteil: sie hielt die »Frankfurter Zeitung« und zitierte sie reichlich, empfahl uns Döblin, Werfel und Wassermann zur Lektüre und bot eine Arbeitsgemeinschaft an über ein schwieriges Stück von Georg Simmel, der damals hoch im Kurs stand. Ihr war alles interessant und bedenkenswert — aber sub specie aeternitatis ungültig. Sie hätte nicht angestanden, jene Produktion auch ihrerseits mit dem Wort Asphaltliteratur zu kennzeichnen. Sie nahm zwar den gesamten Ibsen mit uns durch anhand der Rezensionen Alfred Kerrs im »Berliner Tageblatt« — aber sie wird es genossen haben, wenn Theodor Haecker das

»Tageblatt« und die »Frankfurter« als »Pandämonien der geistmordenden Freidenkerphrase« bezeichnete. Das Berlin der Harden, Kerr, Mosse, Wolff, Ullstein, der Moissi, Reinhardt, Holitscher und Emil Ludwig war jenem ein Greuel — so wurde es auch uns verächtlich, erschien uns als »Suhle«, als »Brei«. Darum muß ich gestehen, daß wir bei solcher Unterweisung in den beiden letzten Schuljahren keine Empörung empfanden, als dann 1933 die Bücher brannten.

Natürlich war auch die Französische Revolution, die wir auf der Mittelstufe mit einer freisinnigen Lehrerin noch gebührend gewürdigt hatten als Befreiung vom Joch, nun des Teufels. Freiheit hielten wir jetzt für eine Illusion, Gleichheit für einen Irrtum, Demokratie stand im Widerspruch zu einem hierarchisch geordneten Weltbild; Herrschaft mußte sein, und »Warum sich weigern, wenn Gehorsam so einfach ist?« sprachen wir mit Paul Claudel. Ein ehrfürchtiges Verhältnis zur Autorität hatte eine Arbeitsgemeinschaft über Friedrich Gogarten uns beigebracht.

Zu Hause, um auch das zu erwähnen, waren es wieder andere Vokabeln, deren Wertschätzung wir mit den Völkischen teilten. Volk und Volkstum wurden ja auch vom Vater hoch in Ehren gehalten: als er die Lehmhäuser baute, als er mit Anton Heinen »Volksbildung«, »Volksgesundheit« anstrebte und auf eigenstem Felde, in der Berufsschule nämlich, Unterweisung und Förderung des Volkes vollzog, an Handwerker- und Handelslehrlingen sowie an ungelernten Arbeitern. Schließlich die Jugendbewegung, die vorausgegangen war auf dem Weg, auf dem sie nun vom Nationalsozialismus eingeholt, überholt und somit auch einkassiert wurde! Unsere Träume von Gemeinschaft, Weggenossenschaft, Führung und Gefolgschaft — wurden die nicht hier aufgegriffen und ernst genommen? Sprang man nicht auch hier übers Sonnwendfeuer, sang vielfach dieselben Lieder, sprach von Reinheit, Zucht und Ordnung, die auch wir zu unserer Sache gemacht hatten? Es war für uns schwer zu erkennen, daß die Lieder in anderer Tonart gesungen wurden und die Sprüche einen anderen Endreim hatten.

Zwar verirrte sich der Quickborn, geprägt von einem so hervorragenden Mann wie Romano Guardini und ausgerichtet viel mehr auf die liturgische als auf irgendeine politische Bewegung, nicht in nationalistische Gedankengänge und Emotionen. Aber die Idee, daß »das Banner Christi« als Zeichen von Glauben, Hoffnung und Liebe über unserm »schönen, einzigen Deutschland« wehen möge (wie es aus dem Katholischen Jungmännerverband 1931 verlautete), gefiel auch mir. An der Feier des neueingeführten »Christkönigsfestes«, das ganz gewiß einen politischen Unterton hatte, war ich jedenfalls mit Hochgefühlen beteiligt.

Und nun also, an der Universität, der »Reichsgedanke«, die »Reichstheologie«, die Konkordanz- und Harmonisierungsbestrebungen katholischer Wissenschaftler — das riß mich zunächst mit sich fort, ungeachtet dessen, daß Walter Dirks, schon damals ein nüchterner, jeglichem Mythos abholder Betrachter der Szene, deutliche Warnungen aussprach. Obwohl mir sein Name schon etwas bedeutete — die anderen standen mir näher: Hermann Platz mit seinen abendländischen Hoffnungen, Alois Dempf mit seinem überwältigenden reichsideologischen Programm. Zu ihnen gesellten sich die Bücher des hochgeschätzten Albert Mirgeler und die des Paters Friedrich Muckermann. Schließlich hatte die verehrte Gertrud von Le Fort die Spekulationen der Historiker und Philosophen in ekstatische Dichtung transportiert, besang in den »Hymnen an Deutschland« das »Herzvolk des Erdteils«, das »Kaiservolk der Erde, berufen zur Krone aller Kronen — heilige Krone des Reiches, Friedenskrone der Völker Christi!«

Das alles war Zukunftshoffnung, Utopie, Leitbild, Vision oder romantische Verklärung von etwas endgültig Vergangenem (wenn es denn je bestanden hatte). Mit dem Tag der Regierungserklärung Adolf Hitlers am 23. März 1933, erst recht aber seit der Loyalitätserklärung der Fuldaer Bischofskonferenz, fünf Tage später, bekamen all diese Spekulationen Boden unter die Füße. Nicht wenige Theologen, Philosophen,

Publizisten, auch Bischöfe und Äbte, allen voran Professor Hans Eibl in Wien, gaben in ungezählten Veröffentlichungen der Überzeugung Ausdruck, daß mit dem Anbruch des Dritten Reiches die mittelalterliche Reichsidee zu neuem Leben erwacht sei: ständisch gegliedert, hierarchisch gebaut, für die Autorität, gegen die Diskussion, im Führerprinzip geeinigt — das eine wie das andere. Nun kam es darauf an, das noch heidnische Gebilde sozusagen zu »taufen«, zu »konsekrieren«, damit es dem sakralen Vorbild vollends ähnlich werde. Schnell gegründete und ebenso schnell wieder aufgelöste Organisationen wie »Kreuz und Adler« und die »Arbeitsgemeinschaft katholischer Deutscher« warben um Mitarbeit, zu der ich mich bestimmt bereitgefunden hätte, wäre mein politisches Interesse größer gewesen. Es war nur wach, wenn ich unmittelbar angesprochen wurde, wenn beispielsweise Dempf von den Tagungen der Katholischen Akademiker in Maria Laach im Sommer 1933 berichtete. Da müssen die verehrten und vertrauten Namen gewetteifert haben, um sich und uns das aggiornamento mit der neuen Zeit zu ermöglichen, uns zur Mitarbeit zu überreden, dazu, unsern christlichen Einfluß in die noch schwankende Waagschale zu werfen.

Nachdem ich in den vergangenen beiden Jahrzehnten verstört und beschämt auf jene Veranstaltungen zurückgeblickt habe (die Veranstalter selbst übrigens taten es auch, und zwar recht bald), bringe ich heute hin und wieder ein gewisses Verständnis für die damaligen Bemühungen um Gleichschaltung auf. Nun waren die deutschen Katholiken, nach dem Kulturkampf, gerade dabei gewesen, sich ins politische und kulturelle Leben voll zu integrieren; der deutsche Katholizismus zeigte, aus dem Getto, aus dem Mief und Muff seines Schmollwinkels endlich ausgebrochen, Erscheinungen kraftvollen geistigen Lebens: in der liturgischen Bewegung, in der Kunst, der Publizistik, der Volksbildung, in den sozialen Bestrebungen. Man brauchte sich unter Protestanten, Juden und Freigeistern nicht mehr zu schämen, ein Katholik, ein Bürger zweiter Klasse zu sein. Man konnte verweisen auf das großartige Renouveau catholique in Frankreich, mit Claudel, Bernanos, Hello, Bloy und Maritain, auf die Zahl der exzellenten Federn im eigenen Land, die dem Katholizismus seit dem ersten Weltkrieg hohes kulturelles Ansehen eingebracht hatten, auf die Philosophen Max Scheler, Peter Wust, Josef Pieper und Edith Stein, auf das Wirken des Akademikerverbandes, der Görres-Gesellschaft. Und nun sollte man also wieder zurück in eine Abseitsstellung, in der keine öffentliche Wirksamkeit möglich sein würde, wieder, nun durch andere Machthaber, mit dem Makel der Inferiorität behaftet, vergeblich nach Austausch, Mitarbeit und Einfluß suchend, ausgeschlossen vom Geschehen, zum Zuschauen verurteilt! Muß man nicht verstehen, daß alles darangesetzt wurde, um das zu verhindern? So versuche ich manchmal, die »Sterne« von damals zu entschuldigen.

Aber das geht doch wieder nicht. Denn nach allem, was ich heute weiß, wurden 1933, zur selben Zeit, als die Akademiker in Maria Laach in Reichsbegeisterung schwammen (Uniformen und Nadelstreifen, Benediktinerhabits und Priesterröcke), Kommunisten und Juden in Bunker und Gefängnisse verschleppt, erschossen, mißhandelt und gefoltert, verstümmelt, aus dem Fenster gestürzt, zu Tode geprügelt, erdrosselt, erstochen, zerfetzt, zertrampelt — die Vorstellungen sind kaum auszuhalten. Diese ganze undurchdringliche Verflechtung von Märtyrern und Mitläufern, von Mördern und Ministern, von Diplomatenempfängen und Blutbädern, von Legalität und Anarchie erscheint mir in ihrer ganzen Aberwitzigkeit. Vor meinen Augen steht das Foto, auf dem Hitler sich tief über Hindenburgs Hand neigt, die die seine umschließt, der rechtliche Alte im Helm und der skrupellose Abenteurer! Oder das Foto, auf dem die braunen Uniformen mit dem Hakenkreuzabzeichen unterwegs sind, um dem Heiligen Rock in Trier ihre Aufwartung zu machen. Oder das Foto, auf dem Hakenkreuzfahnen und Christusbanner gemeinsam flattern beim Dankesgottesdienst für den Abschluß des Konkordats, — zur selben Zeit, als schon an die vierzigtausend Männer und Frauen in den schnell und provisorisch eingerichteten Konzentrationslagern im Elend saßen. Vaterlands Gloria und Kriminalität — »Stolz und Trauer« dann später. Das alles ein Alptraum, kaum kann ich es fassen, daß ich ihn erlebt habe.

In München, wohin ich im dritten Semester ging, kam die Verführung, die »nationale Erhebung« positiv zu beurteilen, aus einer ganz anderen Richtung. Wieder war der Verführer ein verehrter Lehrer: Wilhelm Pinder.

Pinder hatte zwei Jahre zuvor in Mönchengladbach einen seiner glanzvollen Lichtbilder-Vorträge gehalten, ohne Manuskript, vor dem Auditorium auf und ab gehend in der leicht geneigten Haltung des ehemaligen Kavallerie-Offiziers, den Zeigestock in der Hand; mondkugelgleich leuchtete der völlig kahle Kopf im Dunkeln. Nach dem Vortrag waren wir, die Eltern und ich, wie das öfters vorkam, im Hause eines kunstbegeisterten Freundes zu Gast, um beim Wein den schönen Abend zu beschließen. Wir gerieten in ausgelassene Heiterkeit — weniger war der Wein als Pinders Temperament davon die Ursache. Er erzählte Mundartwitze und Parodien in schier endloser Folge, schüttelte Reime, spielte Klavier, tanzte einen einsamen Bolero, gab viel und sich selbst zum besten, wollte und wollte uns nicht gehen lassen. Weit nach Mitternacht endlich verabschiedeten wir uns. Es kam, in der dunklen Garderobe, zu einer zärtlichen Begegnung. Für die Dauer eines Kusses ließ sich da ein Himmlischer mit einer irdischen Unterprimanerin ein. Sie war darüber so überrascht wie selig, nicht ahnend, daß die Olympier an Unterprimanerinnen nur selten vorbeigehen, wenn diese ihnen in den Weg laufen.

Zwei Jahre später klopfte sie bänglich an die Tür seines Zimmers im Kunsthistorischen Seminar, darauf gefaßt, daß er sie liebenswürdig, aber mit ein paar unverbindlichen Redensarten empfangen und entlassen würde. Strahlend kam sie wieder. Nicht nur, daß er den Kuß in der Garderobe nicht vergessen hatte — er hatte auch seine Wiederholung herbeigesehnt. Er meinte das ernst — und vor allem: er meinte nichts darüber hinaus. Dieser ungewöhnliche Mann schenkte mir seine Freundschaft auf die liebenswürdigste, die souveränste Art und Weise. Jeden Morgen in der Vorlesungspause um zehn verließ er das Seminar und spazierte auf dem Flur vor der Nachbildung von Michelangelos »David« auf und ab, damit ich ihn dort treffen konnte. Jeden Montag um achtzehn Uhr hielt er sich eine halbe Stunde frei für meinen Besuch in seinem Zimmer. Als er von meinem knappen Monatswechsel erfuhr, zog er da jedesmal aus seiner Aktentasche ein Paket Pumpernickel, ein Viertel Butter und eine Schmierwurst, die er vorher eigenhändig eingekauft hatte, Ecke Kaulbach- und Universitätsstraße. Einmal in der Woche wurde ich in seine Wohnung zum Mittagessen eingeladen. Ich freundete mich an, etwas schüchtern und vorsichtig, mit der kohlenäugigen Ibeth, seiner zweiten Frau, und spielte mit den Kindern Peer und Tillmann. Stark fühlte ich mich angezogen von seinem Lebensbereich, hörte sein Kolleg, las seine Bücher, spielte seine Kompositionen auf dem Flügel im Studentinnenheim. Natürlich versuchte ich auch, seinen Gedankengängen zu folgen, und geriet damit in eine Wertschätzung des Nationalen, die mir bis dahin fremd gewesen war. Pinders wissenschaftliche Arbeit legte es ja darauf an, die Theorie von den fremden Einflüssen in der deutschen Kunst zu widerlegen. Befeuert von dieser einmal für richtig befundenen Grundeinsicht, lispelnd und zwinkernd, mit einer Virtuosität und Brillanz ohnegleichen, brachte er seine Thesen vor. Ich hörte während der drei Münchner Semester drei Vorlesungen, Mittelalter, Spätgotik und die Kunst des 15. Jahrhunderts, dazu einige Vorträge, und gewann daraus wie aus den privaten Gesprächen die Überzeugung, daß man das »nationale Erwachen«, bei einigen Vorbehalten gegen die, die es inszenierten, begrüßen und fördern müsse.

Pinder wurde Parteigenosse, ich wurde Mitglied der nationalsozialistischen Studentenorganisation, was aber nichts weiter zu besagen hatte, als daß man an langweiligen Gruppenabenden teilnehmen mußte. Die Tatsache, daß es mir und meinen Freundinnen möglich war, zwischen den vaterländischen Gesängen das Marienlied »Meerstern, ich dich grüße!« in dreistimmiger Schmalzfassung vorzutragen, erhellt vielleicht die recht verschiedenen Nuancen in der keineswegs einheitlich getönten braunen Farbe.

Im übrigen war dieses erste Jahr unter Hitlers Regime ein Jahr der Freundschaften. Ursula Lewald, die ich schon aus Bonn kannte, kam nach München. Im Studentinnenheim auf der Kaulbachstraße, wo ich ein Zimmer zu fünfundzwanzig Mark bewohnte (ein Preis, der die Benutzung der kalten Dusche und des Gasherdes in der Küche einschloß), lernte ich Ilse Köhler und Jutta Oehring kennen. Wir verbanden uns miteinander und sind uns bis auf den heutigen Tag verbunden geblieben durch die Kriegs- und Nachkriegszeit, fast fünfzig Jahre lang.

Im Winter nahmen wir staunend als Neulinge am Fasching teil — auf eine Weise freilich, die die Gastronomie nur mit Kopfschütteln zur Kenntnis genommen haben kann. Selbstverständlich tranken wir keinen Alkohol — aus Abstinenzgründen wie aus Geldmangel. Im Bayrischen Hof ging ich, als mich gegen Mitternacht Durst überkam, in die Küche und erbat mir ein Glas Wasser! Und Jutta bestellte im Hofbräuhaus, dem wir einen Neugierbesuch abstatteten, Apfelsaft und Preißelbeerkompott.

Inmitten der staubigen Bücherhalden des Philosophischen Seminars und ziemlich lustlos beschäftigt mit Schellings Untersuchungen über das Wesen der menschlichen Freiheit, traf mich Joachim von Rintelens Anfrage, ob ich am Abend mit ihm in die Bayrische Reitschule käme — achtzig jungen Rheno-Bavaren fehle es für diesen Abend an Damen. Ich war entzückt und folgte auch weiteren Einladungen. Aber mit ihm zu tanzen, sich mit ihm zu unterhalten, war ein etwas mühseliges Vergnügen, und es ergab sich auch nichts weiter daraus als eine Fotografie des späteren Weltreisenden in Wertphilosophie im weißen Matrosenanzug, wie er ein etwas verwildertes Mädchen im Ballgetümmel an sich drückt.

In den Abendgesprächen der Freundinnen — wir gingen nicht ins Kino, nicht ins Theater, nur gelegentlich in Konzerte auf den Stehplatz — kam der neue Machthaber nicht vor — bis zum nächsten Sommer, als der Stabschef der SA, Ernst Röhm, ermordet wurde. Die Bewohnerinnen des Studentinnenheimes waren davon auf besondere Weise betroffen. Denn Röhm unterstand das Münchener Studentenwerk, somit auch das Heim. Als er umgebracht wurde, starben mit ihm Hunderte von völlig unschuldigen Menschen, auch der Geschäftsführer des Studentenwerks, ein gütiger väterlicher Mensch. Ich erinnere mich, daß er für uns den Nikolaus gemacht hatte; mit einem Sack voll Äpfeln und Nüssen war er fröhlich polternd im Teeraum erschienen.

Die einander jagenden Nachrichten erfüllten uns mit Entsetzen. Dem Namen nach kannten wir ja einige der Opfer: das Ehepaar Schleicher, Gregor Strasser, Erich Klausener, einen der Leiter der »Katholischen Aktion«, den Publizisten Gerlich, den Musikkritiker Willi Schmidt und den Geheimrat von Kahr, ehemaliger bayrischer Ministerpräsident; besonders furchtbar war die Vorstellung, wie dieser alte Mann tot im Moor lag. Die Todesanzeige Klauseners habe ich bis heute aufbewahrt: »Er wurde uns nach einem Leben der Liebe und des Opfers für Familie, Kirche und Vaterland am 30. Juni 1934 plötzlich entrissen.«

Der Abscheu vor den Mördern hielt an. Erst der Anschluß Österreichs und die Etablierung des Großdeutschen Reiches machte mich noch einmal schwankend. Noch einmal das Reich! Das Reich unterm Doppeladler, das Reich der Brudervölker war wiedererstanden! Das Jahr 1806 war ausgelöscht, Friedrich der Große und Maria Theresia sanken sich in die Arme. Die Nachrichten an jenem Märztag 1938 bewegten mich zu Tränen. Konnte ein Führer schlimm sein, der etwas so Erhabenes zustande brachte? Auch das muß man uns, meiner Generation, vielleicht zugute halten: Einigkeit war immer ein fast fraglos bejubelter Wert gewesen.

»Einigkeit und Recht und Freiheit« — da lag die Betonung immer auf »Einigkeit«. Was beim Anschluß Österreichs unter welchen Bedingungen unter welchen Hut gebracht wurde — das fragten wir nicht. Welches Entsetzen weite Teile des »Brudervolkes« ergriffen haben mußte und welche Machenschaften der Vereinigung vorausgegangen waren — das vergegenwärtigten wir uns nicht. Wir sahen nur die Wiederherstellung einer historischen Figur, die uns immer verehrenswert gewesen war, erkannten nicht den Popanz, zu dem die Machthaber sie verkleideten.

Aber dann kam der 9. November 1938, die Scherben klirrten aufs Pflaster, jüdische Fensterscheiben, Spiegel und Kronleuchter, die Synagogen brannten. Damit war die naive Hoffnung dahin, es möchte in Wirklichkeit nicht alles so schlimm kommen, wie es in »Mein Kampf« angedroht war. Beklommen saßen wir zu Hause zusammen, schalteten das Radio ein und aus und ließen Entsetzen und Furcht in uns wachsen. Aber als der Kollege am nächsten Tag zu Besuch kam, der Obersturmbannführer Brand, der die Kaufmännische Berufsschule leitete, und seine Befriedigung darüber ausdrückte, daß die Aktion so gut gelaufen sei, da ohrfeigten wir ihn nicht, wir setzten ihn auch nicht vor die Tür, wir widersprachen ihm nicht ins Angesicht, nicht einmal das! Wir halfen uns mit belanglosen Äußerungen über die gefährliche Lage hinweg, überzeugt davon, daß es den Vater das Amt gekostet haben würde, hätten wir gesagt, was wir dachten. Dies war der Augenblick in den zwölf Jahren nationalsozialistischer Herrschaft, dessen ich mich am meisten schäme. Wie wohl wäre mir heute, wenn ich damals wenigstens gesagt hätte: »Dies, Herr Brand, können Sie in unserem Haus und in meinem Beisein nicht äußern!« Was wir versäumten, tat ein Freund, der Studienrat Theodor Willemsen, der im Gymnasium Religion unterrichtete: ein feingeistiger Gelehrter, zu dessen Vorträgen über literarische und philosophische Themen die Zuhörer strömten; wie es sich herausstellte, war er auch ein tapferer Mann. Er nannte am nächsten Morgen im

Schulgottesdienst in zorniger Besorgnis die Schandtat beim Namen. Es geschah ihm nichts.

Bis zum Jahr 1938 hatte es beträchtliche Ortswechsel gegeben, die mitzuteilen sind. Im fünften Semester, 1934, gab ich mein Studium auf — aus mehreren Gründen. Ich sah keinen Beruf mehr, den ich mit Hilfe des Dr. phil. hätte ausüben können; Lehrerin hatte ich nie werden wollen. Mir hatte die Verlagslektorin, die Zeitungs- und Zeitschriftenredakteurin vorgeschwebt — allerdings in einem christlichen, nicht in einem völkischen Unternehmen. Aber es war abzusehen, daß die Tage der katholischen Presse gezählt waren. Mehr und mehr war mir auch klar geworden, wie wenig wissenschaftliches Arbeiten mich befriedigt hatte. Schon die Schwierigkeit, die richtige Fakultät zu finden, hatte darauf hingedeutet. Unter uns Freundinnen war häufig die Rede davon, wie wenig wir uns fürs Studium geeignet fühlten. Wir empfanden den Anspruch der Wissenschaft als Mühsal, als Belastung, als ein schwer zu tragendes Joch. Als ein Bereich strahlender Freiheit erschien uns dagegen die Ehe und Mutterschaft, voll Sehnsucht schielten wir dort hinüber — aber nur eine von uns, Jutta, hat ihn betreten dürfen. (Nach dreißig Jahren verließ sie ihn wieder; sie hatte inzwischen erfahren, wie es um die »strahlende Freiheit« in Wahrheit bestellt ist, gebeugt, geknechtet kehrte sie zur Lebensweise eines »Single« zurück.)

Heiraten also. Paul H. Darapsky, den Zimmerherrn im elterlichen Haus, einen Bankmann, verheiratet zwar, aber getrennt lebend von seiner Frau. Mir und sich selber suchte er einzureden, daß seine Ehe in Rom annulliert werden könne. Bräutlich in weißen Battist gekleidet, langte ich im Sommer 1934 in Mönchengladbach an, das seidene, reichlich bestickte Hochzeitshemd, von einer reichen Gönnerin aus Münchens feinstem Wäschegeschäft mir zum Geschenk gemacht, im Koffer. Aber wenige Wochen des Zusammenlebens unter einem Dach mit dem nahezu fünfzigjährigen Eigenbrötler machten mir klar, daß mein dringender Wunsch nach Ehe und Familie mich hier genarrt, mich eine unmögliche Wahl hatten treffen lassen.

Er hatte mit großen Worten in seiner winzigen nadelfeinen Schrift den starken Mann gemacht, den Baumeister, der für mich und sieben Kinder ein Haus errichten werde, ein Gehäuse für die Träume, die Bilder meiner Phantasie. Nichts unternahm er, saß Abend für Abend bei Tee und Schinkenbrötchen in seinem Zimmer und schalt die Zeitläufe. Kein Entschluß wurde gefaßt, kein Schritt unternommen, kein Verfahren eingeleitet. Wir gerieten miteinander ins Nörgeln, ins Zanken, in jene gegenseitigen Widerspenstigkeiten, in denen es keiner mehr dem andern recht machen kann. Die Sache ging zu Ende.

Ich schämte mich vor den Eltern, die es hatten kommen sehen. Zu erheblichen Buß- und Sühnetaten bereit, ließ ich mich freiwillig darauf ein, Handelsschülerin zu werden, den Beruf einer Kontoristin und damit einen selbständigen Broterwerb anzustreben. Der Wechsel vom hohen Roß des akademischen Studiums in die Niederungen von Buchhaltung, Stenographie und Schreibmaschine ging erstaunlich glatt vonstatten. Im Grunde weinte ich der ungeschriebenen Doktorarbeit über des Nikolaus Cusanus »Coincidentia oppositorum« keine Träne nach.

Zur Belohnung für das mit Auszeichnung bestandene Abschlußexamen an der Höheren Handelsschule in Rheydt gestattete man mir eine Reise nach Münster, zu Aggi, die inzwischen dort verheiratet und Mutter eines Sohnes geworden war. Hier bewarb ich mich um den Posten einer Verlagssekretärin bei Anton Vollmer. Ein Alter im Barte, der Typ des kleinen katholischen Verlegers, stellte mich ein. Dieser erste Weg zur Arbeitsstätte an einem schönen Morgen im Mai 1935! Ich ging die Jüdefelderstraße in Münsters Altstadt herauf und herunter, ohne zu finden, was meiner Vorstellung von einem Verlagshaus entsprach: ein mehrstöckiger, belebter Bau, in dem die Setzmaschinen ticken, die Druckerpressen rasseln, dessen Geschäftigkeit vibrierend nach draußen dringen sollte. Nichts von alledem. Unter der Nr. 33 fand ich einen ebenerdigen Schuppen, darin saßen drei Damen: Klara, Buchhalterin und Kommandeuse des Bürobetriebs, Herta, die den Versand unter sich hatte, und die blondgelockte Fakturistin Lilly, alle drei voller Spannung auf die Neue, von der sie zunächst, wie sie später mitteilten, die gestopften Fersen der Strümpfe wahrnahmen, Garderobe-Defekte, die ihnen selbst niemals hätten unterlaufen können.

Ich bekam ein separates Stübchen, aber die Tür zu den Damen stand offen. Dort hatte ich die Korrespondenz mit den Autoren zu führen, in Gedankenaustausch zu treten mit ihnen zwecks neuer Produktion, das Altbewährte zu befestigen, das Fremde sorgfältig zu prüfen, vorsichtig zu ermutigen oder abzulehnen. Ich hatte eingehende Manuskripte druckfertig zu machen, gedruckte Fahnen zu korrigieren, Einfluß zu nehmen auf die Gestaltung des Umschlags in Schrift und Bild. Publiziert wurden im Verlag Vollmer Laienspiele für die Vereins- und Volksbühne, deren Abnehmer marianische Kongregrationen waren, Heimatvereine und Spielgruppen, die sich aus Turnern, Feuerwehrleuten, Meßdienern zusammensetzten. Es bestand schon ein beträchtliches Repertoire, womit man — bei sinkender Nachfrage — noch ganz gut das eine und andere Jährchen hätte hinbringen können. (Ich nenne »Des Wilderers Weihnachtsabend«, »Wenn eine Mutter betet für ihr Kind«, »Rekrut Bemmchen in der Klemme«, »Dort liegt die Heimat mir am Rhein«, »Das Kriegerkind im Elfenreich«). Aber der Verleger, der das Unternehmen vom häuslichen Schreibtisch aus leitete und nur mittags zwischen 12 und 1 Uhr im Schuppen aufkreuzte, wollte den Topf am Kochen, die Maschinen am Laufen halten.

Er war der Meinung, es gebe für die Volksbühne eine beschränkte Anzahl publikumswirksamer Elemente; es komme nur darauf an, sie wie Bauklötze jeweils verschieden zusammenzusetzen — und das Stück sei fertig. Das Stück war um so besser, je kompletter der Satz von Klötzchen vorhanden war. Bis jetzt hatte der Verlagsleiter selbst dieses Bauklötzchenspiel betrieben: fehlende Klötzchen beigebracht, vorhandene wirkungsvoller gruppiert. Da aber seine Erfindungskraft mit zunehmendem Alter abnahm, hatte er mich angestellt, ihm die Bauklötzchenarbeit abzunehmen.

Wenn ich dem Chef den Eingang eines neuen Werkes meldete, konnte ich mit Sicherheit die Frage erwarten: »No, wie is et denn?« Ich sagte, daß ich es schlecht fände, sagte auch, warum. Dann er: »Ja, wissense, dadrauf kommt et ja jar nich an — so dat Künstlerische! Nee, dat Publikum, dat Publikum, da müssen wer uns immer nach richten. Na, schicken se't mir mal rüber!« Und dann kommt am Nachmittag sein Anruf: »Och, Fräulein Sturm, dat Stück is doch jar nich so dumm! Da können wer noch wat draus machen — da bringen wer noch ...« Und dann folgt eine lange Aufzählung dessen, was wir da noch »hereinbringen«: einen Schuß Situationskomik, eine ulkige Person oder ein rührendes Lied, einen Blumentanz oder eine salbungsvolle Predigt. Das beliebteste Requisit ist die »Komische Alte«: »Wissense, so mit 'm Kapotthütchen und nem roten Regenschirm und nem großen Taschentuch — da schreien die Leute immer vor Lachen!«

Der neuen Jugendbewegung trägt Herr Vollmer insofern

Rechnung, als er die früher weißgekleideten, stirnreifgeschmückten Jungfrauen heute »Kluft« tragen läßt — ihre Worte und Taten sind ungefähr dieselben geblieben. Überdies führen neben den BDM-Maiden die Jungfrauen ihr anämisches Dasein in schmalzigen Versen weiter.

Ganz schlimm ist, wenn ein Stück »weltanschaulich« einen Ton dunkler oder heller gefärbt werden muß. Herr W. zum Beispiel ist bekannt dafür, daß er seinem Haß auf die neue Zeit, die ihn seine Stellung kostete, in wohlgezielten Hieben und Stichen Ausdruck verleiht. Darin geht er aber dem alten Herrn manchmal zu weit. Wenn da der Führer der Jungmannen dräut: »Hebt auch ein neuer Drachen wider uns das Haupt / Bald wird er weichen dem, der kindlich glaubt!«, dann schüttelt der Chef bedenklich den Kopf und meint: »Drachen — Drachen . . . Fräulein Sturm, is dat nich 'n bisken zu stark? Dat müssen wer wohl wat abschwächen — da könnense uns sons dat janze Stück wejen verbieten.«

Wir lassen es uns nicht nur angelegen sein, das Publikum zu unterhalten — von den Lippen unserer Helden kommt erbauliche Weisheit, wir machen ernst mit dem »Theater als moralische Anstalt«, gute Literatur bringen wir unters Volk, in der natürlich alles, was mit dem Sechsten Gebot zusammenhängt, ignoriert wird. Gewiß, Menschen sind wir, und nichts Menschliches ist uns fremd; aber wenn sich einmal ein Kuß in das Happy-end verirren sollte, so geschieht es nie ohne die ausdrückliche Spielanweisung: »Küssen sich flüchtig.«

Leider muß ich bekennen, daß ich mich durch die Verfertigung eines Märchenspiels »Heiliger Schutzengel mein« an Vollmers Produktion beteiligte. Hier ließ ich Hexen, Elfen, Unholde, Mondscheinprinzen, Donner und Blitz und das Sandmännchen auftreten, die nächtlich im Walde dem guten und braven Kind Angela erscheinen. Sich der Hut des heiligen Schutzengels empfehlend, geht das Kind aus all solchen Wirren unbeschädigt hervor.

Im übrigen haßte ich das Büro, ich haßte meine Tätigkeit

dort. Nur die ungeheuren Kuchenmengen, die wir nachmittags vertilgten, wenn eine »einen austat«, oder die Reibekuchen am Freitagnachmittag, für die gesamte Belegschaft von Herrn Greulich auf einem Spirituskocher gebacken, halfen mir, die Monate in Münster zu bestehen. Schon vor ein Uhr stand Greulich dann kartoffelreibend hinter der laufenden Maschine, als Topf diente ihm ein kleiner Farbbottich, als Rührlöffel und Messer ein Spachtel; der Auslegetisch wurde zum Kochherd. Inmitten von Putzlumpen, Benzinbehältern und den Stößen fertiggedruckter Bögen vollführte er seine kulinarischen Künste, wobei man sich unter seinen Produkten nicht etwa die zarten, goldbraunen, sorgfältig abgetropften Plätzchen vorstellen darf, wie die Kölner Altstadt sie liefert — sondern schwere, dicke, grünliche Lappen, die von überschüssigem Öl nur so troffen. In diese Reibekuchen buk Greulich all seine heimliche Freude am Dasein, seine muntere Lebenszuversicht, und unsere lachenden, fettglänzenden Gesichter erleuchteten das graue Einerlei seines Tages. Greulich war inmitten der schwadronierenden, von wechselhaften Launen geplagten Damen mit ihrem Anspruch aufs »Gehobene« ein Lichtblick — der Dreck in der dreckigen Druckerei kam mir redlicher vor als das Büro.

Wie schön die Stadt war, wie anmutig ihre Umgebung — das nahm ich erst in späteren Jahren wahr, aus einer anderen Perspektive als der der Jüdefelderstraße. Blind und taub ging ich damals meiner Wege, allenfalls mit einem Blick auf die Schaufenster am Prinzipalmarkt und am Drubbel. Natürlich blieb mir auch das abendliche Münster mit seiner unerhörten Geselligkeit verschlossen. Hätte ich mich denn amüsieren können — allein? Im Töddenhoek und im Stickenkästken oder bei Pincus Müller, wo man »Pannekoken mit Pillewörmer« ißt, »Panhas mit Schriewen« und »Möppkes und Liärberbraut met Schmoräppelkes«, dazu »einen aus'n Löffel«? Zudem hatte ich damals auch noch nicht den geringsten Sinn für den Urväterhausrat aus Kacheln und Zinn, zwischen dem sie an langen Tischen auf langen Bänken saßen oder im Kreis herumstanden, ab und zu in Gesang ausbrachen (gern und immer wieder schossen sie den Hirsch im wilden Forst), sich männiglich duzten und eine große Familie waren. Was sollte ich da?«

Das tägliche Studium des Börsenblattes brachte mich schließlich auf den Gedanken, die Buchhändlerlaufbahn einzuschlagen, die Kenntnisse, die ich im Verlagswesen gewonnen hatte (wenn man denn dies hohe Wort gelten lassen will für Vollmers Devotionalien-Kramladen), zu ergänzen durch eine Tätigkeit im Buchverkauf. Ich bewarb mich um eine Lehrstelle in einem renommierten Haus, bei Hugendubel in München — ohne die geringste Ahnung von den Obliegenheiten eines Lehrlings im Buchhandel ganz allgemein und dem Hugendubelschen Unternehmen im besonderen. Die Obliegenheiten reichten vom Putzen mit Eimer und Schrubber bis zur Erledigung der Post — nach Ladenschluß. Die Aufsicht über das Putzen ebenso wie die über die Kasse unterstand der alten Frau Kommerzienrat. Desgleichen hatte sie darüber zu wachen, daß die Angestellten den Aufenthalt auf der Toilette auf das äußerste einschränkten. Ein Schlüssel war bei ihr abzuholen, ehe man den Ort aufsuchte, sie notierte die Dauer der Abwesenheit aus dem Laden. Ebenso notierte sie die Zeit, die man brauchte, um kurzfristig benötigte Bücher von der Zentrale in die Filiale auf der Residenzstraße zu tragen. Verkaufen ließ man mich ab und an ein Kinderbuch; im übrigen hatte man mir eingeschärft, daß unschlüssigem, ratsuchendem Publikum zunächst die eigene Verlagsproduktion anzubieten sei. Ich blieb dort nicht lange.

Aber vier Jahre später kam ich noch einmal wieder — in Begleitung WGs, der sich ein Vergnügen daraus machte, hier meinen Roman (obwohl er ihn längst besaß) erstehen zu wollen. Natürlich gab es ihn nicht, weder in den Regalen noch auf Lager. Da führte WG, der sofort erkannt und mit Bücklingen hofiert wurde, eine ungeheure Szene auf: was dies denn wohl für ein provinzieller Laden sei, wo man das Buch einer so allseits beachteten und gerühmten jungen Autorin nicht zur Verfügung habe! Er konnte es nicht fassen, alterierte sich immer aufs neue über die Rückständigkeit des Unternehmens und verließ grollend die Stätte meiner Leiden mit der Versicherung, hier zum letztenmal gewesen zu sein.

Ach Jakob

1935 wurde ich angestellt in der Tuchfabrik Jakob Krebs in Anrath bei Viersen, Auslandskorrespondentin, dreihundert Mark monatlich, eine hübsche Summe damals, ich trug sie zur Sparkasse.

Ach Jakob ...

Das rote Backsteingebäude liegt an der Landstraße vom Bahnhof zum Dorf, man hat das Zuchthaus zu passieren, wenn man vom Bahnhof kommt. Das große Kontor! Dort arbeiten sie alle zusammen, der Prokurist und der Oberbuchhalter am Stehpult, die Buchhalterin, die Stenotypistinnen, die Lehrlinge an ihren Tischen. Meine Schreibmaschine am Fenster, der Blick auf den Park bei der Villa und auf Jakobs Taubenschlag. Gern wäre ich eine Taube, würde täglich von ihm besucht und auch angefaßt. Auf meinem Tisch die Formulare der Auftragsbestätigungen, an die fünfzig schreibe ich an manchen Tagen, in verschiedenen Sprachen, dazu die Briefe, die Herr Lempertz mir diktiert, während ich neben ihm stehe mit dem Stenogrammblock, manchmal stößt er mir scherzhaft den Ellenbogen in die Rippen, wenn er nicht weiter weiß, oder wenn er meint, daß er eine Formulierung besonders gut getroffen hat. Er ist kein Meister der schriftlichen Ausdrucksweise, heimlich verbessere ich die ärgsten Verschrobenheiten seiner Prokuristengrammatik, manchmal fragt er, wenn er die Briefe noch einmal überfliegt vor dem Unterschreiben: »Hab ich dat wirklich tiktiert? Oder hamse da wat dran jemacht?«

Ach Jakob ...

Fünfzig Auftragsbestätigungen, nach Frankreich, nach Algerien, in die Türkei, nach Berlin, zum Hausvogteiplatz, in die Tauben-, Mauer-, Mohren- und Kronenstraße: »Bezugnehmend auf Ihr geschätztes Schreiben vom ...«, wie ich es in der Handelsschule gelernt habe. Auftragsbestätigungen, Briefe, ab und an ein Weg in den Betrieb, zu den Webstühlen, in die Färberei, in den Versand, wenn irgendeine Unstimmigkeit zu klären ist. Ab und zu ins Chefbüro, wo die drei Krebse sitzen, finster brütend bei wachsender Rohstoffknappheit — über den Problemen von Einkauf, Produktion und Vertrieb. Jakob brütet nicht, er ist auch nicht finster, er sieht eher leidend aus. Jakob ist der jüngste, schwarze Augen, schwarzes Haar mit einem einzigen weißen darin, im Schlaf noch hätte ich den Standort dieses einen weißen Haares unter den schwarzen angeben können. Er hat zierliche Hände, sie bewegen sich ruhig und geschickt. Mit M. Ipekdji aus Istanbul spricht er ein elegantes Französisch. Wenn er seinen Namen schreibt, hat das J eine lang hinuntergezogene, dickbäuchige Schlinge — aufregend.

Ich fahre mit der Eisenbahn nach Anrath, zwanzig Minuten, morgens hin, abends zurück — einen Sommer lang, einen Herbst lang, nach Weihnachten nimmt Jakob mich abends im Auto mit nach Hause. Zuerst mußte ich es so einrichten, daß ich ihm im Flur über den Weg lief, wenn er das Büro verließ, ich erledigte deshalb das Frankieren und die Ablage eilig und unordentlich, das schielende Auge der Fakturistin verfolgte mit äußerster Mißbilligung meine fahrigen Bewegungen. Später wartete er, auch wenn ich mich etwas verspätete, es wurde ein Brauch, eine Gewohnheit, meinerseits stets von Herzklopfen, wie es denn heute wohl ausgehen werde, begleitet.

Ach Jakob ...

Beim Betriebsfest, kurz vor Weihnachten, hatte ich neben ihm gesessen, da war ich in die schwarzen Augen gefallen, Moorlöcher, und darin versunken. Er war nicht gefallen — aber immerhin zeigte er ein mildes Interesse für diese Angestellte mit ihrem etwas ungewöhnlichen Lebenslauf — ehemalige Philosophiestudentinnen hat man nicht alle Tage in der Tuchfabrik. Aber im Grunde verdächtigte er diesen Lebenslauf und die Person, die ihn zurückgelegte hatte, er argwöhnte Liederliches dahinter, der solide junge Kaufmann, Sohn eines aus kleinsten Verhältnissen aufgestiegenen Vaters, Jakob, zwar wohnhaft in einem weitläufig-prächtigen Haus am Kaiserplatz, aber im Geistigen keineswegs weitläufig eingerichtet, vielmehr von eher enger, spießiger, stock-konservativer Denkart, banal in der Redeweise.

Jakob brachte mir einen Apfel ins Besucherzimmer, wenn ich dort während der Mittagspause saß und las oder schrieb — ich schrieb damals allerhand so vor mich hin. Er teilte mir mit, daß er samstagsnachmittags im Café Kremer anzutreffen sei. Ich ging dorthin, und wir führten eines jener Gespräche, in denen er mich wissen ließ, daß Leute, die Philosophie studiert und den Ehrgeiz hätten, schriftstellerisch tätig zu sein, ganz und gar nicht sein Fall wären. Bohème — nein, damit wollte er nichts zu tun haben. Unglückselige, ließ ich mir auch noch beifallen, Ehebruch nicht für die schlimmste aller denkbaren Sünden zu halten — auf jeden Fall für eine, die man zu vergeben bereit sein müsse. »Lassen Sie das nur ja nicht den Mann hören, den Sie einmal heiraten wollen«, sagte Jakob boshaft, er weidete sich geradezu an dieser Möglichkeit, mich zu tadeln, zurechtzuweisen.

Zu Karneval saß ich, in schwarz und rosa Seide, wie ich glaubte, recht anziehend, wenn auch hochgeschlossen gekleidet, die halbe Nacht auf seinen Knien und inszenierte einen Flirt, der jeden anderen umgeworfen hätte — Jakob, der Fels, ließ sich nicht umwerfen. Zwar schien es ihm zu gefallen, was sich da an seinem Hals, an seiner Schulter abspielte an kühnen Andeutungen, zaghaften Geständnissen, Honiggesäusel, höchst schmeichelhaft für den Adressaten — aber es war ihm nichts weiter anzumerken, als daß die leise, sanfte Stimme noch etwas leiser und sanfter klang. Auf dem Heimweg durch den Park erfuhr ich dann den Grund seiner Zurückhaltung: er liebte eine unerreichbare Dame, die Frau seines Bruders; nicht daran zu denken, daß er je eine andere heiraten könne, keine würde den Vergleich aushalten. Und da er mich nicht heiraten könne, wolle er auch nichts mit mir »anfangen« — es müsse bei freundschaftlichem Abstand bleiben.

Ach Jakob . . .

Ein Vierteljahr lang hielt ich ihn aus, den freundschaftlichen Abstand, begnügte mich damit, das weiße Haar zu betrachten, wenn ich ihm die Post brachte, den Stoff seines Ärmels zu spüren, wenn ich im Auto neben ihm saß, und abends lange Seiten an einen Jakob zu schreiben, als sei der mein Bräutigam. Träume vom zukünftigen Leben mit ihm zogen durch diese Seiten — davon, daß wir einmal einen Hof besitzen und Bauern werden würden — und wie wir dann im Alter Hand in Hand auf der Hausbank säßen, wie ich für ihn Musik machen, klavierspielen und singen wollte — und wie er für mich die Erscheinung Gottes hier auf Erden sei! Dies war die einzige Zeit in meinem Leben, wo mir kein Essen schmeckte, wo ich beträchtlich abnahm an Gewicht, wo mir von Tag zu Tag elender wurde. Im März kündigte ich, in der verzweifelten Hoffnung, daß Jakobs Verhältnis zu mir sich ändern würde, wenn ich erst einmal nicht mehr im Dienst der Firma stünde.

Aber nichts änderte sich. Da holte ich das ersparte Geld von der Kasse und begab mich damit nach Berlin — um hier, wenn mir denn Jakob versagt blieb, auf der journalistischen Laufbahn ein Stück voranzukommen, wobei ich so unterschiedliche Abnehmer wie die immer noch vorhandene katholische »Germania«, die »Elegante Welt« und verschiedene Filmgesellschaften im Auge hatte.

Ach Jakob . . .

Er starb kurz nach dem Krieg im Park, bei den Tauben. Sein Herz stand plötzlich still.

Ich kam nach Berlin, Berlin-Halensee, Bornstedterstraße 4, wohnte bei Kracht, Vater, Mutter und Sohn, die mit etwas belustigtem Interesse dieses rheinländische Mädchen beobachteten, das da frühmorgens aus dem Haus ging und erst abends wiederkam, oft sehr spät, das recht seriös redete, aber offensichtlich doch herumbummelte — was tat sie, was hatte sie vor, was sollte das?

Zunächst wollte sie Berlin kennenlernen, zu Fuß, sie brachte es fertig, von Halensee bis zum Schloß zu Fuß zu gehen, und abends vom Gendarmenmarkt, wo sie Gustaf Gründgens als »Hamlet« gesehen hatte, zu Fuß nach Hause, weil es ja völlig unmöglich war, in einen Bus oder in die Stadtbahn zu steigen, wenn man Gründgens gesehen hatte. Sie sah ihn auch in »Hans Sonnenstößers Höllenfahrt« und in »Konzert« von Hermann Bahr, ging in Konzerte und Vorträge, besuchte Leute, Wilhelm Pinder lehrte ja nun in Berlin, und der Onkel Alo, jetzt Hauptmann in der neuen deutschen Luftwaffe, neuverheiratet mit einer auffallend uncharmanten Frau, wohnte am Fehrbelliner Platz. Es gab auch die bisher aus der Ferne verehrte Elisabeth Brüning, Journalistin im Scherl-Verlag, allzu nahe rückte sie nach den ersten Begegnungen, ließ die Unerfahrene etwas erfahren von der Liebe unter Frauen — aber dem war diese doch nicht gewachsen, das war nicht von Dauer.

Und hätte es ihr an Bekanntschaften fehlen sollen — sie brauchte nur über den Kurfürstendamm zu gehen, weißes Kleid und roter Hut, oder im Badeanzug am Wannseestrand, dann waren da gleich genug unterhaltsame Angebote: ein Rundflug im Sportflugzeug — eine Unterweisung in der Handlesekunst — eine Autotour — ein Abendessen im Bristol — Tanz auf der Dachterrasse des »Savoy« — ein Atelierbesuch — eine Bootsfahrt nach Spandau — ein Ausflug in den Spreewald. Einiges lehnte sie gleich ab, anderes ließ sie an sich herankommen, probierte, verwarf, nichts lohnte sich. Bei alledem ließ sie das Ziel nicht aus dem Auge: Schreiben, Abnehmer suchen, Verbindungen knüpfen, auf sich aufmerksam machen.

Sie besucht Roland Schacht, den Komödienschreiber, einen der Dramaturgen bei der Tobis-Film-Gesellschaft, mit dem Entwurf zu einem Drehbuch. Es handelt von Andrea, die als Toilettenfrau bei der Eisenbahn den verschwundenen Geliebten sucht und den unbekannten Vater findet, der seinerseits nach einer heißen Liebesnacht ihrer Mutter abhanden gekommen war. Große Verwicklungen und ein, wenn auch leicht schmerzliches, gutes Ende.

Herr Schacht ist alles andere als entgegenkommend. Er

stürzt die Besucherin mit seinen Fragen, warum sie ein Drehbuch schreiben wolle, was sie alles gesehen habe und warum sie den einen oder anderen Titel gut oder schlecht finde, in die größten Verlegenheiten. Sie wird immer kleiner auf dem Stuhl ihm gegenüber an dem großen Schreibtisch, wagt schließlich überhaupt nicht mehr, den Mund aufzutun, läßt ihn reden, gibt alles verloren. Aber dann läßt er sich schließlich doch herab, den Entwurf entgegenzunehmen, verspricht baldige Prüfung und Nachricht und entläßt das Mädchen freundlich — so, als habe sein Triumph über sie ein gestörtes Wohlbefinden wiederhergestellt.

Natürlich ist es nichts mit dem Text, auch nichts mit einem zweiten, einem dritten Entwurf. Doch findet die Saga von der Toilettenfrau völlig anderen Orts unerwarteten Beifall: beim »Verleger des Heiligen Apostolischen Stuhles«, der Laumann'schen Verlagsbuchhandlung in Dülmen in Westfalen — worauf man sie in der Redaktion der »Germania« aufmerksam gemacht hatte. Dieses Unternehmen, seines christkatholischen Charakters wegen vom Untergang bedroht, mußte, um im Hitlerreich überleben zu können, seine Produktion umstellen, die Traktate und Hauspostillen durch moderne Romane ersetzen. Sie suchten Autoren. So schrieb ich denn in dem auf Berlin folgenden Winter meinen ersten Roman »Andrea irgendwoher« und konnte dreiviertel Jahre später in Salzburg, hauptpostlagernd, die Korrekturfahnen in Empfang nehmen.

Wagrainer Sommer

Ich tat die Bogen in mein Rucksäckchen, dazu etwas Proviant für einen halben Tag und begab mich auf eine Pilgerfahrt. Ihr Ziel war Wagrain, wo Karl Heinrich Waggerl lebte, ein Dichter, den ich inständig verehrte. Ich hatte alle seine Bücher gelesen, fand mein Gefallen daran, wie er alles zwinkernd betrachtete, ernsthaft, aber doch mit leiser Heiterkeit, wie er dem Schweren sein Gewicht zu geben und es trotzdem leicht zu nehmen wußte.

Das war eine Welt, die ich bis dahin mit einer Art Hochmut links liegengelassen hatte. Einmal war sie mir beinah auf den Leib gerückt: in dem winzigen Eifeldorf, in das sich die Tante Alwina zurückgezogen hatte, als das Bonner Haus verkauft worden war. Wir verbrachten dort mehrmals die Ferien, weil es an Geld für eine richtige Urlaubsreise immer fehlte. Schaudernd nahm ich hier die elenden unverputzten Behausungen aus grobem Feldstein wahr, die windschiefen Ziegen- und Hühnerställe, den Dreck, die Jauche, die Armut, aus blinden Fensterscheiben hervorlauernd, von keinem Blumentopf beschönigt. Freiwillig betrat ich keines dieser Anwesen, mied überhaupt den Ort, an dessen Ende man der Tante ein leerstehendes Haus vermietet hatte mit der Auflage, Luischen, das mutterlose Kind des Besitzers zu betreuen. Nur weil sonst nichts übrigblieb, kam ich mit nach Weidenbach, trottete mit bei den Ausflügen durch das Ginster- und Eichengestrüpp der Berglandschaft, die mir auch nicht gefiel, und lebte erst auf in Alwinas Küche, abends, wenn geschlossene Türen und Fenster uns von der Dorfwelt abschieden.

Auch Waggerls Bauern waren arm, und ihr Leben war hart, schwere Arbeit fürs Notdürftige bestimmte ihr Dasein. Kein Raum für Gedankenflüge, wie ich sie liebte, keine kunstvoll zugeschnittenen oder hochgetriebenen Empfindungen, kein

»Brennendes Geheimnis«, nicht »Unordnung und frühes Leid«. Trotzdem erschien das Dorf des österreichischen Dichters mir als ein überaus liebenswerter Lebensraum, überglänzt von seiner treuherzigen Zuwendung, die Grashalme ebenso wie Landstreicher oder ledige Mütter liebend umfing.

Nicht zuletzt war es eine mir bis dahin unbekannte Variation katholischer Frömmigkeit mit ihren poetischen Bräuchen, ihrer brüchigen Gesittung, der ich mich gern überließ — wobei ich natürlich nicht ahnen konnte, wie handfest ich mich mit ihr einmal einlassen würde. Der Weg war weit: von des Thomas von Kempen Askese über die abstrakten Lehren aus dem Religionsunterricht, die zum Abfall führten, über Rothenfels, die »mystischen Erlebnisse«, den rauschenden Neophytenjubel der Gertrud von Le Fort bis hin zum kleinen David aus dem »Jahr des Herrn«, der den Bischof zum Firmpaten bekam.

Eine Stunde Bahnfahrt von Salzburg nach St. Johann im Pongau, zwei Stunden Fußweg von dort nach Wagrain. Es wäre auch ein Bus gegangen, aber ich wollte das Fahrgeld sparen. So wanderte ich in der Mittagssonne über die gewundene, sacht aufwärts steigende Straße, zu meiner Rechten den Bachgrund, an dem Vergißmeinnicht in Fülle wuchsen. Noch nie sah ich so viele Vergißmeinnicht beisammen, es lockte mich, einen Strauß zu pflücken.

Auf dem Markt in Wagrain angekommen, bei der Linde, beim Brunnen, bei den stattlichen Häusern mit ihren schöngeschnitzten Balkonen, erfahre ich, daß der Dichter auf dem »Kirchboden« wohnt, in dem Haus mit den blauen Fensterläden. Ich steige also nach oben, noch unschlüssig, wie ich mich verhalten, wie ich die so erwünschte Begegnung herbeiführen soll, ohne ihn zu belästigen. Wenn er gerade im Garten wäre ... Er ist es, hantiert bei dem kleinen Gewächshaus voll blühender Kakteen. Als er aufblickt, halte ich ihm meine Vergißmeinnicht über den Zaun und sage, daß ich von weither, aus dem Rheinland nämlich, gekommen sei, um ihm diesen Strauß zu bringen.

Er scheint erfreut und lädt mich freundlich ein, in den Garten zu kommen. Er holt eigenhändig einen Liegestuhl und ein Glas Limonade — und nun wäre es an mir, Bewunderung, Verehrung angemessen kundzutun, kein Backfischgestammel, nein, womöglich Äußerungen, die literarische Kenntnisse verraten. Aber damit komme ich nicht weit. Er fängt an, mich auszufragen — und weiß nach wenigen Minuten vom Papier in meinem Rucksack. Er will das sehen. Er will es auch lesen, ohne Umstände, sofort, heute abend, morgen; übermorgen würde er es mir zurückschicken nach Salzburg, postlagernd, und wenn es ihm gefiele, würde er mir auch etwas dazu schreiben — er weiß doch, wie gut man am Anfang so etwas brauchen kann für den Waschzettel.

Im übrigen nimmt er für seine Person das Dichten nicht so ernst. »Ich dichte ja nur, weil ich nichts Besseres kann«, sagt er. Wenn er besser Schuhe machen könnte, wäre er wohl ein Schuster geworden. Ich, was das Dichten betrifft, den erhabensten Vorstellungen anhängend, von Stefan Georges hohepriesterlichem Selbstverständnis durchdrungen, gebe zur Antwort, daß doch ein wirklicher Dichter dichten müsse: daß er umkomme, wenn nicht aus ihm heraus dürfe, was er in sich trägt. Waggerls Gesicht ist abgründig, als er widerspricht: Er könne seine Arbeit nicht viel anders ansehen als die eines Präzisionsarbeiters, eines Feinmechanikers; auf genaue und redliche Leistung komme es an beim Dichter wie beim Handwerker. (Und das war, fast wörtlich genau, was ich dann zwei Jahre später von WG über das Klavierspielen hörte!)

Bevor ich fort mußte, führte Waggerl mich noch ins Haus. Wir gingen in sein Arbeitszimmer, eine stille, peinlich aufgeräumte Stube mit fünf kleinen vergitterten Fenstern, durch die man, über nickende Blumenköpfe hinweg, mitten hinein in die grünblauen Schatten der Bergrücken sah. Draußen plätscherte der Brunnen — sonst kein Laut. Die Bücher — ein ganzes Regal voll kostbarer Lederbände, er hat sie alle selbst hergestellt. Während ich den einen oder anderen in die Hand nehme, teilt er mit, daß er noch keine Zeile außerhalb dieses Zimmers, fern von dem kleinen Biedermeierschreibtisch, geschrieben habe. Er schlägt einen Oktavband auf, fünfzehn Seiten vollgeschrieben mit der winzigsten Schrift von der Welt: das ist das ganze Manuskript der »Mütter« — 262 Druckseiten!

Tatsächlich bekomme ich schon am übernächsten Tag in Salzburg Post aus Wagrain. Ein freundlich-ermutigendes Sätzchen, das ich an den Verleger schicken darf. Etwas von »Hoffnung«, von »echter Begabung« steht da; recht unverbindlich im Grunde, aber ich fand es schon viel. Vor allem ahnte ich ja nicht, daß es eine Lockspeise war, ein Köder, eine Falle — denn auf das Mädchen in Fleisch und Bein, mit Haut und Haaren hatte er's abgesehen, was das Mädchen dichtete, interessierte ihn nur am Rande. Listig und durchtrieben schlug er einen längeren Aufenthalt in Wagrain vor. Er bot sich an, mich im Handwerk zu unterweisen. Ich könne sein Lehrbub werden, was nicht heiße, daß ich ihm die Bleistifte anspitzen müsse. Genaugenommen bedeute es überhaupt keinerlei Verpflichtung. Aber vielleicht könne ich ihm einige Fertigkeiten abgucken mit der Zeit, mich hier und da verbessern lassen in der Redeweise; auch wolle er mir beim Absatz dieser oder jener Arbeit behilflich sein, damit ich einen Unterhalt hätte. Da ich mit meinen Eltern im Streit lag zu diesem Zeitpunkt und nach Hause nur ungern zurück wollte, schlug ich ein.

Er ging mit mir ins Dorf und handelte der Frau Kaswurm um eine geringe Miete ein Zimmerchen ab für mich. Er werde jeden Tag nach mir sehen, wenn er zur Post komme, erklärte der Lehrherr, und im übrigen werde er auch zu Hause immer für mich zu sprechen sein.

Der Ortswechsel verändert mein Dasein mehr als jeder andere zuvor. Die Landschaft, mit Bildern, Geräuschen, Gerüchen dringt in meine Sinne ein, nimmt mich in Besitz. Ich sehe das mit Entzücken: breitbrüstige Hänge, an deren Grund das Tal liegt, hoch über allen das Grieskareck, ein Zweitausender, Schneereste decken auch im Sommer noch die Mulden beim Gipfel. Auf den Hängen stattliche Höfe und geringe Lehen,

Heuschober dazwischen gestreut; hier und da tragen sie auch einen Waldschopf, ein paar Ebereschen, oft ist es sumpfiges Gelände, ich erfahre es auf zahlreichen Wegen, die alle im Nassen enden. Auf den süßen Wiesen mit ihren kunstvollen Zäunen aus schräg ineinander gesteckten Latten wächst es überschwenglich, rosa, gelb, weiß und himmelblau, brauner Sauerampfer dazwischen, Blumen, die ich nur von den Pflanzentafeln der Kinderzeit kannte, begegnen mir hier leibhaftig; so wundersame Namen wie Mannsschild und Moor-Tarant, Petersbart und Speik, Frauenmantel, Blutauge und Augentrost werden sichtbare Gestalten.

Ich bin unterwegs auf den glatten, damals noch fast unbefahrenen Straßen oder auch im Unwegsamen, auf steinigen Pfaden, einen Hang hinauf, quer herüber, einen Waldrand entlang, Mittags kaufe ich mir ein Glas Milch, ein Butterbrot, auf dem die Butter in Scheiben liegt, beim Naz, beim Obrist, am Jägersee am Ende des Kleinarltales. Dann gehe ich zum Bach hinunter, wo ich auf einem Stein mitten im Wasser liegen kann, um mich herum die Stürze und Strudel, die quirlenden grünlichen Trichter, wo es zischt und speit, kreiselt, klatscht und spritzt. Ich ziehe die Kleider aus. Die Sonne wirft sich über mich wie ein Liebhaber, ich halte ihr still.

Ich krieche durch Dickichte auf Waldlichtungen, auch da ziehe ich mich aus, lege mich auf den grünen Boden und versuche, mich als ein Geschöpf zu fühlen: ein Busch, ein Baum, eine Eidechse, ein Kaninchen, ein Ehrenpreis; versuche, nichts zu sein als Atem, Nase und Ohr, mich ganz durchlässig zu machen für die Güsse von Luft und Licht, den Klang der Stille und den Schwall der Gerüche. Furchtbar erschrecke ich, als ein Holzknecht mich entdeckt und bei mir stehenbleibt. Aber er fragt nur ganz bescheiden, ob es gefällig sei, und als ich das verneine, hinkt er davon — sie hinken alle, die Holzknechte.

Eines späten Abends wird der Doktor zu einer Frau gerufen, die eine Fehlgeburt hat. Der Bauer kam im strömenden Regen mit der Laterne vom Berghof herunter; seit Stunden schon blutete die Frau. Wir fuhren ein Stück mit dem Auto, dann mußten wir noch fast eine Stunde bergauf steigen. Nach einer Weile hörte es auf zu regnen, aber Nässe war überall. Aus der Tiefe rauschte der Bach, von den Bäumen rieselte und tropfte es, und glucksende Rinnsale kreuzten den Steig alle paar Meter. Das letzte Wegstück führte quer durch ungemähte Wiesen. Die triefenden hohen Gräser, die Schierlingsschirme, schlugen mit schleifendem Geräusch gegen meine Strümpfe, der Boden war sumpfig, von einer Grasscholle zur anderen mußten wir unsern Tritt suchen. Als ich einmal daneben trat, sank ich ein, fast bis zum Knie. Ein heftiger Wind riß uns die Worte vom Mund.

Drinnen erwarteten uns wehklagend zwei Nachbarinnen. Der Doktor verschwand in der Kammer, wo er, im Schein der Taschenlampe, die der Bauer hielt, blutige Arbeit tat. Ich blieb in der Stube, in dem dunklen, niedrigen Raum mit den kargen Gegenständen, Ofen, Tisch und Bank. Später saßen wir hier alle zusammen und warteten, bis das Leben wieder einzog auf der Bettstatt, Atem und Pulsschlag sich einfanden. Der Morgen kam schon herauf, als wir ins Dorf zurückkehrten.

Es gefällt mir, mich herumzutreiben, wie es gerade kommt, auch in dem Ort oder zwischen den oberen Höfen, die in Holunderbüsche gebettet sind, wo die Bienen um die Stöcke brausen und die blankgescheuerten Geräte beim Hauseingang in der Sonne blitzen. Alles wächst mir ans Herz, umschlingt mich mit Efeu-Armen, senkt seine Wurzeln tief in meine Rinde. Von da an wird dies das höchste erdenkliche Glück sein: mich eingeschlossen zu fühlen in die Natur mit ihren Erscheinungen, sie mit allen Sinnen zu erfahren und satt zu werden davon.

Abends esse ich beim Jüstl-Wirt. Und dann beginnt, nach dem allein verbrachten Tag, die Abendgeselligkeit in der Gaststube, in die ich mich ohne Umstände aufgenommen sehe. Eigentlich ist es nichts weiter, als daß der Dichter zum Tarockspiel herunterkommt, altbekannte Sommergäste aus Wien, lauter Lehrer, sind seine Partner. Aber oft unterbricht oder beendet er vorzeitig das Spiel, greift zur Gitarre und singt: vom

Andreas Hofer, von den wallfahrtenden Pinschgauern, auch allerlei Liebeslieder, sehnsüchtige, wehmütige, verschmitzte, in denen die Schlafkammern der Mädchen nicht verschlossen sind und auf die Schwüre der Burschen kein Verlaß ist; er singt mit einer ganz tiefen Stimme, die wie Orgelton aus seiner Brust quillt.

Manchmal ist auch Dita anwesend, Frau Waggerl, sie kennt eindrucksvolle Ober- und Unterstimmen, vorwiegend zu den traurigen Gesängen. Traurig ist sie meistens, die Ehemagd, die dem Dichter das Essen in der Stube serviert, während sie selbst in der Küche ißt; wer ihre abgearbeiteten Hausfrauenhände (von ihr selbst als »Abortdeckeln« bezeichnet) neben seinen Edelmannsfingern mit dem indischen Silberring in der Mitte ansieht, der kann vermuten, daß hier eine maßlose Verwöhnung stattfindet, eine Gewährung von Freiheit auch, in jeglichem Sinne, die selbst nicht in Anspruch genommen wird. Belohnt wird die Magd mit den allerfeinsten Dirndln und Loden vom Lanz in Salzburg, mit Hüten, Schuhen und Silberschmuck; es macht ihr offensichtlich Freude, das bei Gelegenheit zu tragen.

Manchmal versammeln wir uns auch oben in Waggerls Haus, drängen uns auf der Eckbank zusammen zum Halma-, Mensch-ärgere-dich-nicht- und Monopoly-Spiel. Ein Apfel- oder Topfenstrudel besänftigt die Habgier, die durch dieses vermaledeite Spiel in uns entbrennt. Gemeinsam wandern die Gäste wieder hinunter, ergehen sich auch noch auf dem Heimweg, wenn die Nacht lau ist und der Mond den Weg erleuchtet. Dann zieht der eine oder andere das eine oder andere Mädchen in den Baumschatten, nie weiß man genau, zu welchen Verbindungen da diese oder jene Elemente zusammenschießen. In der Unübersichtlichkeit solcher Umtriebe verloren Waggerl und ich einander schließlich, im Verlauf des Jahres, aus den Augen, kamen uns nicht mehr nahe. Trotz allem, was ich aus seinem Leben erfuhr, was ich davon miterlebte, blieb er mir eine verschlossene Kammer. Bis zum Schluß fand ich mich nicht zurecht in diesem Zwiegesicht, das Weltoffenheit und Skepsis zugleich ausdrückte. »Vorn lach i, und hint'n beiß i d' Zähn z'samm«, sagte er einmal, als er sich beim Faustballspiel verletzt hatte und es nicht merken lassen wollte. Das war wohl mehr als wörtlich zu nehmen.

In Philomenas Küche

Im darauffolgenden Winter schrieb ich in Wagrain das Buch von Sabinchen, das von den Zigeunern ins Moor entführt wurde — eine ähnlich ausschweifende Fabel wie die des Romans. Aber der Verlag war bereit, auch dieses Manuskript zu drucken. Nur mit den Zigeunern, das ging nicht. Zigeuner waren inzwischen unerwünschte Personen, sie durften nicht Gegenstand künstlerischer Darstellung sein. Das Ganze mußte umgearbeitet werden, was die Handlung noch unerhörter machte.

Auch im nächsten Sommer, 1939, war ich wieder in Wagrain. Ich wollte da bleiben, bis all mein Geld verbraucht war. Ich wollte nicht nach Hause zurück, in die Stadt. Ich wollte in den Bergen sein, beim läutenden Vieh und beim stürzenden Wildbach, bei Knabenkraut und Bergwohlverleih, im einfachen Leben bei Schuster und Schneider und Krämerin. Wie war das zu machen? Ziemlich ratlos, was die weitere Zukunft betraf, sprach ich mit diesem oder jenem von den anwesenden Bekannten. Einer machte einen Vorschlag, der mir brauchbar erschien: er habe Verwandte im oberen Pinzgau, Hotelbesitzer, die suchten jemanden für ihre vier Kinder. Bezahlen würden sie nichts, stellten nur das Bett und Mahlzeiten zur Verfügung — immerhin, es wäre ein vorübergehender Unterschlupf, bis sich etwas Besseres gefunden hätte. Wald hieß der Ort, unweit der Krimmler Wasserfälle, hart an der Grenze nach Tirol.

Ich war so töricht, mich auf diese Sache einzulassen, ohne die Leute, den Ort und die genauen Umstände der Beschäftigung zu kennen. Einer der Wiener Herren machte sich einen Spaß daraus, mich mit meinem Koffer von Wagrain nach Wald zu transportieren.

Mittags kamen wir an, speisten großspurig an weißgedeckter Tafel, der Herr und die Dame aus Wien, bitte sehr, bitte gern, und was darf es zum Nachtisch sein? Nach dem Essen wurde ich dann Strassers Kinderfräulein, leicht von oben herab begrüßt von der Hausherrin, mißtrauisch von vier schwarzäugigen Kindern zwischen drei und acht Jahren.

Es war vorgesehen, daß ich mit ihnen und einer ortskundigen Person, einer Tante, glaube ich, für einige Zeit auf eine Sennhütte gehen sollte — des Keuchhustens wegen, den sie noch nicht überstanden hatten. Mit Sack und Pack zogen wir auf die Alm — doch war mir durchaus nicht zum Jodeln zumute. Vor diesem Ortswechsel empfand ich mehr Beklemmungen als vor allen früheren. Bisher hatte es immer noch ein normales Bett, elektrisches Licht und Wasser aus der Leitung gegeben. Nun also ein Blockhaus aus altersdunklen Balken mit winzigen Fenstern, einer niederen Tür, mit Anbauten für Vieh und Gerät, zweitausend Meter hoch, auf schrägem Hang unter schneebedeckten Gipfeln. Ein Strohlager, Petroleumlicht, das Wasser aus dem nahe gelegenen Brunnen geschleppt und ein Loch im stinkenden Kasten für die Bedürfnisse. An dem rußgeschwärzten Herd in rußgeschwärzten Töpfen und Pfannen Mahlzeiten herzustellen, war mir schon gar nicht gegeben, geschweige denn die ortsüblichen Gerichte, Schmarrn und Strudel und Sterz, Polenta und Krapfen. Nun gut, das besorgte dann schließlich die Tante, nicht ohne maliziöse Seitenblicke auf meine Unfähigkeit zu resoluten Hantierungen.

Ich hatte mich um die Kinder zu kümmern, dafür zu sorgen, daß sie draußen Beschäftigungen fanden, mußte vorlesen, Spiele erfinden, ihren Zank schlichten, ihre Wege bewachen. Durchaus kein angestrengtes Leben — aber es machte mir nicht den geringsten Spaß, kostete mich vielmehr unendliche Überwindung, mit diesen Kindern umzugehen. Es fiel mir nichts ein, womit ich sie hätte erfreuen können, alle Phantasie war wie lahmgelegt durch die Mühsal der ungewohnten Lebensumstände.

Nach einigen qualvollen Tagen älplerischen Daseins ergab es sich, daß ich unten gebraucht wurde: die Bademeisterin war erkrankt. Erleichtert verließ ich die Alm, tauschte Sennhütte gegen Badezelle. Ich hatte das Eintrittsgeld zu kassieren, gewünschtes Gerät auszuleihen, die Anlage sauber und in Ordnung zu halten, die Aufsicht zu führen.

Das war kurzweilig an warmen Tagen, wenn ein paar Dutzend Leute kamen, die man betrachten konnte — daran fand ich immer Vergnügen. Bei kühlerem Wetter jedoch, wenn ich fast allein war, fühlte ich mich in dem Bezirk mit den grüngestrichenen Bretterwänden, mit dem stillen Wasser in seinem Becken wie in einem Käfig. Der Anblick der leeren, offenen Umkleidezellen bestärkte mich im Gefühl der Verlassenheit. Fröstelnd saß ich im Bademantel am Beckenrand, zu lesen gab es nichts, etwas zu schreiben war ich nicht fähig, beim Nachdenken stießen meine Gedanken an die Käfigwände versperrter Zukunft.

Die Schule begann. Die Kinder kehrten von der Alm zurück, das Bad wurde geschlossen. Nun bürdete man mir eine Menge häuslicher Pflichten auf. Die Kinder für die Schule fertigmachen: Kampf ums rechtzeitige Aufstehen, langwieriges Zöpfchenflechten, dreimal. Trink deine Milch, schmier nicht alles voll Marmelade, deine Schuhe kannst du dir wohl selber zubinden, beeilt euch, beeilt euch. Dann die Schlafzimmer. Unsäglicher Ekel vor den gefüllten Nachttöpfen der Eltern unter den Betten. Dann die Wäsche. Bügeln in der Bügelkammer. Noch nie im Leben ein Bettuch, geschweige denn ein Herrenhemd gebügelt. Flicken. »Ja, können Sie denn nicht Maschinenähen? Es hat doch geheißen, Sie wären perfekt in Hausarbeit . . .« Ich versuche es, schließlich habe ich ja in der Schule mal ein paar Nähte zustande gebracht. Aber was ich jetzt unter der galoppierenden Nadel hervorziehe, sind ausschweifende Schlangenlinien, keine Nähte. Ich lege das Wäschestück zuallerunterst hin, hoffentlich findet sie es nicht so bald.

Mittags sitze ich am untersten Ende des Tisches, wenn die Schüsseln bis zu mir kommen, sind sie fast schon leer. Keiner bemerkt es, und ich wage nichts zu sagen. Aber wenn ich abends dem Hausherrn den angemachten Gorgonzola hereintrage, dann habe ich auf dem Flur kräftig mit dem Finger hineingelangt, skrupellos. Sonst kein Gorgonzola für das Kindermädchen.

Nach dem Mittagessen muß ich mit den Kindern nach draußen, wir gehen in das Wäldchen bei der Säge, ebenfalls Strassers Besitz. Da lagern wir auf gefällten Stämmen, ich lese ihnen etwas vor. Tausendundeine Nacht, Scheherazade und Ali Baba, Sindbad und Aladin im Pinzgau, in der summenden Mittagshitze, bei der murmelnden Ache — es will nicht zusammenpassen. Wenn wir zurückkommen, hat man im Haus die Mittagsnachrichten gehört, täglich wächst die Angst. Die Gäste fangen an, unruhig zu werden, reisen ab. Die Einheimischen machen Hamsterkäufe, die alte Frau Strasser, strenge Bewacherin der Vorratskammern, öffnet und schließt, öffnet und schließt für die eintreffenden Körbe, Kisten, Pakete und Säcke. Wenn ich zufällig an der offenen Tür vorüberkomme, schwindelt es mir beim Anblick der gehorteten Güter.

Ich habe keine Mark, um mir ein Stück Seife oder ein paar Tafeln Schokolade zu kaufen.

Abends hocke ich bei der Köchin Philomena in der Küche am schwarzen Herd. Ab und an steckt sie mir einen Rest zu von den knapp bemessenen Mahlzeiten. Das Radio läuft, außer den Nachrichten hören wir auch Mozart und Schubert, aber das ist kein Trost — unter den himmlischen Tönen dröhnt schon der Kriegslärm, marschierende Truppen, rollende Panzer, Luftgeschwader. Wenn Philomena fertig ist mit ihren Hantierungen, macht sie das Licht aus. In der Schwärze sitzen wir beim schwarzen Herd, nur seine Messingknöpfe blinken schwach herüber.

Ich bin fast siebenundzwanzig Jahre alt, und alles, was ich bisher gemacht habe, war vergeblich. Studium, Büro, Schreibversuche und die zahlreichen Bemühungen, einen Mann zu finden, den ich heiraten könnte, führten zu nichts. Mutter von sieben Kindern — das wäre ich so gern gewesen! Die Namen dieser Kinder waren längst festgelegt, unzählige Wohnungen entworfen, bis in die Einzelheiten war überlegt worden, wie sie aufwachsen sollten. Ich wollte die Universalistin sein, wie Chesterton sie preist, die Innenarchitektin, Erzieherin, Köchin, Näherin, Gärtnerin, Malerin, Dichterin und Sängerin, dazu natürlich eine vollkommene Geliebte, das traute ich mir schon zu. Und nun? Nichts als liederliche Liebschaften, Seifenblasen — und die wenigen soliden Angebote in den Wind geschlagen. Morgen oder übermorgen würde der Krieg ausbrechen — nicht ausbrechen, sondern vom Zaun gebrochen werden, soviel wußte ich doch bei aller politischen Ignoranz, selbstverständlich würden wir ihn verlieren. Daß damit das schreckliche Jahr 1918 noch überboten werden würde, war auch abzusehen.

WG

In das Dunkel, das ich aus der Pinzgauer Küche mitnahm, als ich Ende September in das Rheinland zurückkehrte, traf ein Blitzstrahl: die Begegnung mit WG.

Seit je war er für mich der größte lebende Klavierspieler gewesen. Ich hatte ihn oft gehört, in verschiedenen Städten, war am Schluß seiner Darbietungen stets nach vorn, zum Podium, gestürzt, um ihn bei den Zugaben ganz aus der Nähe zu erleben: den mächtigen, fast kahlen Schädel mit dem Silberschopf und die im vollen Fleisch der Wangen arbeitenden Bewegungen; den Tanz der ungewöhnlich langen, geraden, dunkelbehaarten Finger — die ganze gewaltige Gestalt, von der Musik durchrauscht wie ein Baum.

Ich wußte, was die Welt von ihm hielt: der letzte wahre Poet der Musik — der Sieg des Geistes über die Virtuosität — der Meister der légereté — Schmetterlingszartheit und Zyklopenkraft — Dämonie und Simplizität — von einem Kunstverstand geleitet, den kein anderer lebender Pianist besitzt — so hatte ich es gelesen, und so hatte ich es auch selbst empfunden; am meisten die Einheit des Gegensätzlichen, Tschaikowsky und Debussy, Bach und Liszt, und beides vollkommen. Das Ausmaß der Verehrung, der Anbetung, kann nur ermessen, wer sich die Empfindungen eines heutigen Elvis-Presley-Fans vergegenwärtigt.

Ich hatte es, mit übermäßigen Anstrengungen, über einen Musikkritiker zu einem geringen Grad von Bekanntschaft gebracht; dabei war das Gespräch über Belanglosigkeiten nicht hinausgekommen. Schließlich hatte ich ihm das eine oder andere musikalische Feuilleton zugehen lassen, wie ich sie damals verfertigte, auch wohl ein freundliches Antwortkärtchen erhalten. Aber ich konnte mir nicht schmeicheln, einen Platz in seinem Gedächtnis einzunehmen, so weit verstieg ich mich nicht. So traf mich sein Anruf am Morgen eines Konzertes in der Nachbarstadt ganz und gar unvorbereitet.

Er fragte, warum ich nicht zur Probe gekommen sei — ich habe doch einmal geäußert, daß mir daran etwas liege.

Ich weiß nicht mehr, was ich stammelte.

Er darauf: Ob man sich trotzdem einmal sähe, heute — oder gleich?

Ja, war es denn noch nicht zu spät?

»Das Orchester packt eben zusammen, aber ich übe noch ein bißchen für mich — wenn Sie da zuhören wollen?«

(Damals wußte ich noch nicht, daß er das niemals notwendig hatte, vor einem Konzert zu üben. Auch Tonleitern oder Fingerübungen gab es seit den ersten Konservatoriumsjahren nicht mehr. Was er einmal konnte, das konnte er. Seine Fertigkeit war selbstverständlich wie Atmen und genauso mühelos. Deshalb kannte er auch kein Lampenfieber, keine Nervosität vor dem Auftreten.)

Obwohl höchste Eile geboten war, denn der Weg war weit, blieb ich regungslos am Telefon stehen, benommen von dem Ereignis. Die technische Einrichtung hatte einen mythologischen Vorgang vermittelt: über den Draht, durch die Muschel, war der Gott herniedergestiegen und hatte zu einer Sterblichen gesprochen! Würde die Sache ein entsprechendes Ende nehmen?

Leda, Niobe, Danae und Semele in einer Person, erhob sich schließlich die Sterbliche, um etwas Make-up aufzulegen, ein wenig nur, denn sie hielt es — fälschlicherweise, wie es sich herausstellen sollte — für ausgemacht, daß der Gott Puder und Lippenstift verabscheuen müsse.

Eine halbe Stunde später öffnete sie vorsichtig die Tür zum Konzertsaal.

Der Ort, die Rheydter Stadthalle nämlich, die Zeus für die Begegnung zu bestimmen geruht hatte, war, was auch immer er im Sinn haben mochte, nicht eben günstig gewählt: grau im Licht eines grauen Januartages, bitterkalt, denn es würde erst abends geheizt werden, und keineswegs abgeschieden — soeben verließen ihn die letzten Orchestermusiker mit ihren eingepackten Instrumenten, dafür rückten die Putzfrauen ein, der Staubsauger schnarrte die Begleitung zu den Kadenzen des Schumann-Konzerts, die vom Flügel herunterfielen. Nach Schumann Debussy — eine Musik, aus der ich mir wenig machte. Ich sagte das auch.

Was die Dame denn gerne hören möchte?

Irgendeine ganz einfache Melodie, ein Volkslied vielleicht. Später hat er mir aus dem Gedächtnis aufgeschrieben, was er damals spielte. Ich trug das Notenblatt durch alle Umzüge, es überstand auch die Bomben. Es war eine Improvisation über die Kinderweise vom Männlein im Walde: die Melodie von der Linken gespielt, von der Rechten in impressionistischer Manier ein Waldstück angedeutet, silbernes Flimmern zwischen besonnten Stämmen, würziger Hauch, betautes Gras, dämmriges Licht, das alles entlockte er dem Rätselreim. Die Frage, wer denn das purpurne Männlein sein möge, verwehte ungewiß in den Wipfeln des Diskants oder rollte durchs Unterholz der Bässe, die Antwort erklang in Dur und in Moll — Blumen und Tränen, Lächeln und Wehmut, Neckerei und Abgrundtiefe webte er aus dem Faden der Melodie — zu meinem grenzenlosen Entzücken.

Ein Gespräch wollte danach nicht zustande kommen. Wenn ich glaubte, etwas von Belang gesagt zu haben, antwortete er mir mit einer Anekdote, beiläufig. Wir froren. Wir wußten nicht, ob wir bleiben oder fortgehen sollten. Als wir uns eben zum Gehen anschickten, kam auch noch der Stimmer. Nie hätte ich es für möglich gehalten, daß mit einem Klavierstimmer so vieles so umständlich zu bereden ist. Dann standen wir auf der Treppe. Dann öffnete er eine Tür in der Meinung, es sei die zum Künstlerzimmer. Es war aber der Vorplatz zu einer Loge im Theater. Unten auf der Bühne wurde geprobt. Könige im Straßenanzug und Prinzessinnen in Rock und Bluse saßen auf Rohrstühlen, und eine vom Dichter nicht vorgesehene Person unterbrach die Verse mit Armschwenken und Fußstampfen. Der Marquis Posa, statt an eine Säule des königlichen Palastes an eine häßliche, graugrün gestrichene Wand gelehnt, verteilte Hustenbonbons, und die Eboli betrachtete seufzend ein Loch in der Ferse ihres linken Strumpfes. Das alles sahen wir, und wir hörten sie auch sprechen. Von einem Kabinett war die Rede, ich habe es später nachgeschlagen: II. Aufzug, 4. Auftritt, Don Carlos liest sein Briefchen:

»... ein Kabinett, wohin
noch keines Horchers Fußtritt sich verloren.
Hier darf die Liebe frei und laut gestehen,
was sie so lange Winken nur vertraute,
Erhörung wartet auf den Furchtsamen,
und schöner Lohn auf den bescheidnen Dulder.«

In der Tat, so geschah es. Und einige Seiten weiter in Schillers Text, deklamierte die Eboli, wiederum nicht unpassend:

»... Sie leiden —
bei Gott, Sie leiden ja wohl gar. Ist's möglich?
Und warum leiden, Prinz? Bei diesem lauten
Berufe zum Genuß der Welt, bei allen
Geschenken der verschwendrischen Natur
Und allem Anspruch auf des Lebens Freuden?
... der Mann,
Den die Natur zum Glück von Tausenden
und wenige mit gleichen Gaben schmückte?
Er selber sollte elend sein?«

Nicht unpassend, denn ich sah Tränen in seinen Augen, als seine Arme mich losließen. Darum glaubte ich ihm, als er sagte, daß er lange und sehnsüchtig auf diesen Augenblick gewartet habe.

Wir gingen zum Essen ins Hotel. Wie leicht gerieten nun auf dem Weg und bei Tisch die Gespräche. Aber mit keiner Silbe erwähnten wir die Loge und was darin vorgefallen war. Um die Wahrheit zu sagen, ich hätte es gern beredet, des langen und breiten, aber ich bezwang diesen Wunsch, gab dafür einem anderen Verlangen nach: mit meinen frommen Kunsttheorien aufzuwarten, auf die ich mir etwas zugute tat. Kunst-als-Gottesdienst, Kunst-als-Gebet, Kunst-als-Eingebung-von-oben oder Kunst-als-Ehrfurcht, Kunst-als-Dankbarkeit, vermutete ich da, auf ein geneigtes Ohr zu stoßen?

Das Ohr war ungeneigt, der Mund hart, der zu verstehen gab, daß er das alles für ziemlich törichtes Gerede halte. Die Form ist es, die das Kunstwerk macht, es bedarf des goldenen Hintergrundes von Gott und allen Heiligen nicht. Bach? Der ist nur deshalb der Größte, weil er so viel konnte; was wir da an Frömmigkeit vermuten, ist eine persönliche Illusion — wirklich und unvergänglich ist die Meisterschaft, mit der Bach die Formen des musikalischen Ausdrucks beherrschte, die Meisterschaft, mit der er das Erlernbare tatsächlich lernte und das Gelernte immer aufs neue abwandelte, auf das vielfältigste ineinander wirkte.

»Aus all dem Geschwätz von ›Eingebung‹ und ›Begnadung‹, Teuerste, mußt du dir nichts machen. Und auch das mußt du mir glauben: wenn ich vor dem Flügel sitze und meinen Einsatz erwarte und dabei ganz still bin und die Augen zumache, dann ist das keineswegs, weil ich jetzt die Herabkunft des Heiligen Geistes erflehe — sondern ich konzentriere mich mit schärfster Anspannung auf das, was jetzt von mir verlangt wird. Mein Gehirn arbeitet wie eine Präzisionsmaschine, ich denke angestrengt — jawohl, so ist das, und den Leuten, die da große Worte machen und unbedingt irgendein himmlisches oder dämonisches Wesen an diesen Vorgängen beteiligen wollen, ist mit dem allergrößten Mißtrauen zu begegnen.«

So wird sie abgefertigt, die gläubige Kunstverehrerin, wieder ist sie an einen geraten, der die Fetzen fliegen läßt von den feierlichen Gewändern, an ihren Altären nicht kniet, vor ihren Heiligen nicht betet. Er erscheint ihr fremd, kalt, in der Einöde behaust. Wird sie je die Stelle finden, wo das Herz schlägt?

Wenn sie nach dem Essen mit ihm nach oben geht, so tut sie es nicht nur, aber hauptsächlich deswegen, um diese Stelle zu finden.

Auf dem Heimweg am späten Nachmittag machte ich große Anstrengungen, das unerhörte Ereignis als das zu sehen, was es für den berühmten Mann sein mußte: ein liebenswürdiges Abenteuer, wie man es so mitnimmt, wenn sich die Gelegenheit bietet. Natürlich konnte er jede Frau haben, die er wollte, die heutige Begegnung gehörte zum Üblichen, wenn er ohne Begleitung reiste und sich langweilte an unwirtlichen Tagen. Ich fand mich tapfer, wie ich da der Flüchtigkeit der Beziehung ins Auge sah, herunterspielte, was mir hoch und heilig war, mit nichts weiterem rechnete, mit dem »carpe diem« vorliebnahm.

Immerhin hatte er darauf bestanden, mich, auch wenn ich nicht allein wäre, nach dem Konzert noch einmal zu sehen; im Foyer sollte ich auf ihn warten. Dort, im Beisein meiner Eltern und eines lästigen Verehrers, der mitgekommen war, tauschten wir noch ein paar belanglose Worte. Aber in meine Hand wurde, als wir uns verabschiedeten, ein Zettelchen gedrückt, zu Briefmarkengröße zusammengefaltet, darauf stand, wie glücklich er sei, wie die Stunde ihn sozusagen aus den Angeln gehoben habe, wie all seine Erwartungen so weit, weit übertroffen worden seien und daß er mich unbedingt und so schnell wie möglich wiedersehen müsse. Er werde versuchen, eine Verabredung mit mir zu treffen. Und er gab eine Zahl an, unter der ich binnen kurzem einen Brief von ihm postlagernd würde abholen können, es war das Datum dieses Tages, 20140. Der Zettel endete mit einem Hymnus auf die Darbietungen, die ihm zuteil geworden waren, und auf die Vorzüge von deren Urheberin.

Auf den Zeilen dieses Zettels stieg ich zu alpinen Höhen empor, sah von ganz oben auf das Mädchen herunter, das ich vordem gewesen war: verkrachte Studentin, freudlose Kontoristin, von Jakob verschmäht, danach jahrelang vergeblich auf der Suche nach einem Ehemann, Autorin des lächerlichen Laumann-Verlages, wenig erfolgreiche Literatin. Jetzt also im Rang von Hetären und Kurtisanen, von vielbewunderten Bettgefährtinnen hoher Herren! Wie gern hätte ich's erzählt, mitgeteilt, an die große Glocke gehängt den schwindelnden Aufstieg! Aber das durfte ich ja nicht, nur Geheimhaltung gewährleistete die Fortdauer des Verhältnisses. So war da am Anfang, vermute ich, kaum mehr als Eitelkeit, maßlose Befriedigung jenes von Jugend auf gehegten Verlangens, mehr und anders als andere zu sein.

In Wien, wo das Gespräch vom Abend bis zum Morgen kein Ende nahm, sprechen wir über Anna G. Ich hatte sie einige Male gesehen, eine etwas unförmige Erscheinung, die ihren Nerzmantel, damals noch eine unerhörte Kostbarkeit, auch im Konzertsaal nicht auszog. Brille, kleine Löckchen, die auf ungeschickte Art etwas abstanden vom Kopf — sie hatte mir nicht gefallen, und es schien mir rätselhaft, wie es zu dieser Verbindung hatte kommen können. Sie war es, etliche Jahre älter als er, die ihn nahm; er hatte nichts dagegen. Er fühlte sich als junger Mensch über die Maßen schutzlos den Lebensumständen preisgegeben, allzu dünnhäutig, um allein zu bestehen, auch heute noch versteckt er sich ja gern hinter Kälte und Gleichgültigkeit, um nicht in Wallungen und Erregungen gänzlich verloren zu gehen.

Anna G. führte, sicherlich nicht ohne Grund, ein strenges Regiment. Es gab nichts in seinem Dasein, was nicht ihrer Aufsicht unterstanden hätte (»Ich lebe wie ein Schuljunge in meinem eigenen Haus«). Auf alle seine Verbindungen zur Außenwelt hatte sie ein wachsames Auge. Keine selbständige Unternehmung war möglich, nicht einmal ein Gang zur Post, um etwa einen dort lagernden Brief abzuholen. Auch einen Brief ungesehen zu expedieren, hätte besonderer Künste bedurft — was unsere Korrespondenz beträchtlich erschwerte.

»Es war von Anfang an alles falsch«, sagte er, »wenn man die ersten paar Jahre ausnimmt, in denen wir uns gut vertrugen und dann die Zeit, als die Kinder kamen, als ich ihr so dankbar war. Später hatte ich immer nur Sehnsucht, ihr zu entkommen. Aber natürlich wagte ich nicht, ihr das einzugestehen.«

Jetzt ist er wundgerieben von der Kette, die an ihm zerrt, und spürt kaum etwas anderes mehr als diese Wunde, kennt kaum einen anderen Wunsch, als wie die Fesseln zu lockern wären. Keine Verbotstafeln mehr, kein Zaun, kein wachsamer Hund — wenn er das doch haben könnte! Nicht, daß er ganz und gar von zu Hause fort wollte — denn da sind ja die Töchter, zehn- und zwölfjährig jetzt, an ihnen hängt er zärtlich, nicht auszudenken, daß er sich von ihnen trennen könnte. Von Anna hatte er die Trennung längst vollzogen.

So liegen die Dinge, und deshalb darf er sich auch nirgends mit der Gefährtin sehen lassen, das muß sie in Kauf nehmen. Denn wenn Anna etwas erfährt, dann ist alles aus. Dann geht sie fort von ihm mit den Kindern. Das hat sie ihm einmal angedroht, das würde sie auch halten. Vielleicht erschießt sie ihn vorher noch, das kann man nicht wissen. Aber auch wenn sie ihn nicht umbringt — er würde das nicht ertragen. So weit darf es nie kommen, nie. Denn wenn er sich auch jetzt schon kaum vorstellen kann, daß einmal zu Ende gehen könnte, was soeben da mit ihr begonnen hat, so kann er doch um ihretwillen seine Familie nicht verlassen. Er kann sein Leben nicht mehr über den Haufen werfen, dazu ist er zu alt. Wenn er auch meint, es wäre nicht mehr auszuhalten mit Anna, mit Annas Fürsorge und Annas Vorwürfen, mit diesem ganzen Netz, in dessen Mitte sie selber sitzt, sie und der Anspruch, den er nicht mehr erfüllen kann — es muß eben ausgehalten werden wegen der Kinder.

In Hamburg sprechen wir über die Herkunft — er redet so obenhin davon, als ginge ihn selbst das nichts an. Ich erfahre, daß der Großvater zwischen Bückeburg und Minden einen Bauernhof besaß. Der Vater verließ den Hof und führte ein unstetes Wanderleben — besessen von der Jagd nach Schmetterlingen. Seine Frau zog er hinter sich her, da machte er nicht viel Umstände. Er hatte sie sich eines Tages hinterm Ladentisch weggeholt im Vorbeigehen, sie hatte ihm eine Rolle Schnur verkauft und so süß gelächelt dazu. Dann war sie mit ihm gezogen zu Jagd und Fang, und als das Kind da war, zog auch das Kind mit, irgendwo an die Küste, wo das blaue Meer zu seinen ersten Worten sang und Palmen seine ersten Schritte beschatteten. Zwischen Gebirge und Meer wuchs er auf, im Freien sozusagen, er hat nie eine Schule besucht.

Lesen und Schreiben konnte er aber schon mit fünf Jahren. Auch Klavierspielen, er erinnert sich, daß er etwa in diesem Alter in Neapel etwas vorspielte. Wie er es lernte? Ach, es floß ihm so zu, niemand brauchte ihm das beizubringen. Es höre sich romantisch an, er müsse das zugeben, sagt der Erzähler. Dafür verläuft sein Leben jetzt — von den jüngsten Ereignissen abgesehen — so nüchtern wie nur irgendeines, nichts, als daß er einer Arbeit nachgeht, die mit peinlichster Sorgfalt zu verrichten ist, aus der er ein durchnäßtes Frackhemd und einige tausend Mark bezieht — wenn es hochkommt.

So ist das?

Ja. Sie stellt sich wohl Gott weiß was vor unter einer prominenten Lebensweise? In Wirklichkeit heißt das: tagsüber Bahnfahrten, Ausruhen im Hotelzimmer und notwendige Besorgungen in der fremden Stadt; Umziehen, eine Kleinigkeit essen, zum Konzert fahren, spielen und den Abend mit irgendwelchen Menschen verbringen, die einem alle höchst gleichgültig sind, Fassaden, die eine Fassade betrachten. Fällt es jemandem ein, zu fragen, was im Haus drinnen vor sich geht, ob da die Mäuse an den Balken nagen, ob da die Diebe hinter den Schränken hocken, ob es da vielleicht brennt? Wer ahnt es auch nur, daß da ein Kellerbrand schwelt, der dem Bewohner mit seinem beizenden Rauch den Atem nimmt? »Wie steht es mit dem Magen?« fragen die, die ihn und das empfindliche Organ kennen, und haben Besorgnis im Gesicht. Wer früge: »Wie steht es mit dem Herzen?« Hier und da, freilich selten genug, kommt einer, dem man Aufmerksamkeit schenken möchte. Aber dann sagt Anna nein. Mit jungen Talenten soll er sich nicht belasten, der spanische Graf ist exaltiert, der russische Arzt eingebildet, und seit wann interessiert er sich für Wirtschaftsfragen? Sich malen lassen? Dummes Zeug — solchen Künstlerinnen ist es ja immer mehr um ein Abenteuer als um ernsthafte Arbeit zu tun. Und er wird es doch nun wohl endlich drangeben, die Briefe zu beantworten, die er nach der »Appassionata« bekommt — undenkbar, daß er keine bekäme, wenn er die leidenschaftliche Sonate gespielt hat! So geht es, und sie hat nie unrecht mit dem, was sie sagt, es hat darum auch keinen Zweck, sich zu widersetzen und dem eigenen Wunsch zu folgen — es kommt nachher doch immer auf das heraus, was sie vorhergesagt hatte. Er ist ja auch manchmal nicht ungern in ihrer Gesellschaft, ihr schneller Witz, mit dem sie an niemandem ein gutes Haar läßt, ist zuweilen recht vergnüglich, wenn auch von einer einförmigen Unterhaltsamkeit auf die Dauer — und eigentlich das einzige, was ihm an ihr noch Spaß macht.

In der Eisenbahn von Frankfurt nach Berlin frage ich, was er glaubt.

Nichts.

Aber er ist doch wohl in einem bestimmten Glauben aufgewachsen? Nein. Seine Eltern hatten die Taufe verbummelt, sie nahmen das nicht wichtig.

Glaubt er denn wenigstens an Gott, an die Unsterblichkeit?

Unsterblichkeit? Daran mochte vielleicht etwas sein — aber natürlich nicht in der Art, wie es dem einfältigen Verstand der Gläubigen erscheint, als Fortbestehen eines persönlichen Bewußtseins womöglich, eines Bewußtseins ewiger Freuden oder ewiger Höllenpein —

Sondern?

Nun, Unsterblichkeit etwa so, wie sie die Naturwissenschaft lehrt im Gesetz von der Erhaltung der Energie: es geht nichts verloren von dem, was einmal besteht, alles Vergehen ist nur ein Übergehen, alles Sterben ist nur Verwandlung. Aber er will sich da nicht festlegen. Für gewiß hält er nur, was nachprüfbar ist.

Dann zieht er ein Stück Notenpapier aus der Tasche, halbbeschrieben. Wußte sie das noch nicht, daß er auch komponiert? Schon als Kind tat er das, seine Noten habe er gerade im Keller in Sicherheit gebracht. Es ist auch schon einiges von ihm aufgeführt worden — geschmackvolle Musik, nichts weiter.

Im Stehen, eingezwängt zwischen Koffern, Taschen, Schultern und Ellenbogen, den Rücken ans Abteil gelehnt, den Fuß auf die Heizung gestellt, so daß das Blatt auf seinen Knien liegt, malt er die Noten — die Köpfe mit den Fahnen entspringen dem Stift wie Pferdchen dem Stall, unfaßbar für die Zuschauerin. Ein Scherzo entsteht da, bis jetzt erkennt man zwei Stimmen, eine eigenwillige, launenhafte Querfeldein-Melodie und ihren standhaften Widerpart in den tiefen Tönen, die sich beide auf muntere Art ineinanderhäkeln. So mühelos sieht es sich an und wird doch nicht ohne die genaueste Sammlung geleistet, nicht ohne die Einkehr zum innersten Mittelpunkt. Für WG ist das die unabdingbare Voraussetzung all seines künstlerischen Tuns, ob er nun Klavier spielt oder ein Scherzo komponiert.

»Aber wie oft«, sagt er, »kann ich diesen Mittelpunkt nicht finden, wie oft fühle ich mich herausgerissen aus mir selber, weil ich nie ich selber sein darf, ich, der berühmte Mann — für die Menschen; der aufmerksame und beständige Ehemann — für Anna; der zärtliche Vater — für die Kinder; bei ihnen, da bin ich noch am ehesten ich selber.«

Wien ... Berlin ... Hamburg ... München ... Hannover ... wir sehen nicht viel von den Städten. Der arme Heinrich an meiner Seite ist nicht an ihnen interessiert, weder an ihrem Aussehen, noch an ihrer Geschichte noch an ihren Menschen. Allenfalls ist es eine ungewöhnliche Kopfbedeckung, die ihm Aufmerksamkeit abgewinnt, ab und zu kauft er etwas Nützliches ein — Rollenschnur zum Beispiel — »die muß man immer im Haus haben«. Er kennt sich überhaupt aus im Haushälterischen. Seinen abgetragenen Anzug, sieben Jahre alt, hat er selbst mit Zwirn geflickt, das findet er patriotisch. Er macht sich nichts aus Theater, er kann nicht tanzen. Er ist auch kein

Freund der feinen Küche, vielmehr ein strenger Vegetarier, wir beschränken uns auf Gemüseplatten in bescheidenen Lokalen, im übrigen waren ja in diesem ersten Kriegsjahr die Angebote auf den Speisekarten schon stark herabgesetzt.

Vom Krieg sprechen wir kaum, auch nicht von Hitler. Wir verachten ihn, sehen in ihm eher eine quantité négligeable als den Herrn unseres Schicksals. Wir sind beide nicht darin geübt, die Mitwelt zu bedenken, er hochmütig, ich gleichgültig, beide mit all unserem Denken und Fühlen auf uns selber gerichtet.

Wir fahren durch Deutschland von Süden nach Norden, von Osten nach Westen. Vieles kommt mir in den Sinn, wenn ich die Namen der Stationen lese, Gelerntes und Gedachtes; gern würde ich darüber reden.

Aber für derlei Gespräche hat er nichts übrig. Er lebt nicht im Raum des Vaterlandes, nicht in der Zeit des Vaterlandes, was sich in dieser Zeit begab, fand keinen Eingang in seine Gedanken. Sein Raum ist der Raum seines Wirkens, seine Geschichte ist die Geschichte seiner Erfolge — wenn ihm überhaupt Geschehenes gegenwärtig ist, nicht nur Tag und Stunde und Augenblick.

»Leben?« sagt er, »Leben? Es kommt ja nur darauf an, daß man es einigermaßen vorteilhaft zu Ende bringt. Einen Sinn hat das nicht, und alles, was die Menschen hinzutun an Gedanken, Hoffnungen, Wünschen und Träumen, ist überflüssig.«

»Aber die wahrhaft großen Dinge«, werfe ich ein, »das, was wirklich Wert und Bestand hat über die bloße Daseinserhaltung hinaus —«

»Nenne mir solche Dinge, nenne sie mir, ich weiß keine!«

Nun — Liebe und Treue, die mochten in seinen Augen vielleicht als allzu abgegriffene Münzen erscheinen, so wie ihm zumute war. Aber Freundschaft und Dankbarkeit und das Staunen vor dem Schönen — die lassen sich doch nicht wegleugnen, das sind die Perlen in der Muschel, die jeder einmal findet, wenn er auch für gewöhnlich nichts als Sand sieht, Sand und Wasser.

»Freundschaft, meinst du? Ich habe keinen Freund, ich besaß nie einen, es ist mir nie einer teuer gewesen von denen, die mir begegneten. Auch Dankbarkeit kenne ich kaum — ich selbst habe niemandem etwas zu verdanken, und in den wenigen Fällen, wo ich jemandem beigesprungen bin in der Not — ach, weißt du, edel, hilfreich und gut, das bin ich eigentlich nie gewesen. Nein, es läuft schon darauf hinaus, daß es nichts gibt, was Sinn hätte, das Klavierspiel ausgenommen, das macht immerhin den Leuten Spaß und bringt viel ein. Ja, das ist überhaupt das einzige, was mir gewiß und verläßlich erscheint: das ich gut Klavier spielen kann. Alles andere sind Illusionen, Gaukeleien, Seifenblasen.«

Furchtbar ist es, und ich könnte nicht leben, wenn ich das für wahr halten sollte. Nein, ohne Boden unter den Füßen und ohne Himmel über dem Kopf könnte ich nicht leben, und ich begreife nicht, wie er überhaupt auch nur ein einziges Mal lachen kann mit solchen Gedanken.

»Man denkt sie ja nicht immer, diese Gedanken«, gibt er zur Antwort. »Aber das ändert nichts daran, daß dies die Wahrheit ist, eine harte und erbarmungslose Wahrheit, über die man sich manchmal Rechenschaft ablegen soll.«

Wie lebte ich damals?

Ich weiß davon nicht mehr viel. Ich schrieb, machte den Garten, besorgte die Einkäufe, versuchte, mit den eingeschränkten Lebensmitteln einfallsreiche Gerichte herzustellen, traf Leute, nahm wieder Klavierstunde. Aber das war das Leben nicht. Leben, das war die Erinnerung an eine Hand, die unablässig über meine Haut glitt, die Erinnerung an eine Stimme, die immer wieder flüsterte: »Du bist schön. Und ich bin so glücklich durch dich.« Zwar war da kein Himmel über dem, was die Hände taten, was die Worte sagten; kein Engel stand neben dem Lager. Dauer war nicht zu erwarten für das, was da im

Schatten von Sünde, von Lüge und Betrug geschah. Aber diese Gedanken schob ich von mir.

Ich wurde zur Hochzeit einer Schulfreundin eingeladen. Es war alles so, wie ich es mir tausendmal ausgemalt hatte für meine eigene Hochzeit: zwei kleine Mädchen mit Blumenkörben gingen voran, es folgte die Braut in weißer Seide, den myrthengeschmückten Kopf über die Lilien in ihrem Arm geneigt. Am Altar erwartete sie der Bräutigam, sie knieten nebeneinander nieder, der Brautvater ordnete den langen Schleier auf dem Boden, ein winziges Zipfelchen bedeckte Eugens Lackschuhe, anders berührten sich Brautleute nicht.

Wie hatte ich mir einmal so zu knien gewünscht, unberührt und fromm an der Seite des Mannes, der vor aller Welt, vor den Menschen und vor Gott der meine sein würde! War dies noch denkbar nach den vergangenen Tagen und Nächten?

Konnte je noch an mich die Frage gerichtet werden, die der kleine Kaplan soeben der Braut stellte? Konnte je noch an meinen Finger der goldene Reif gesteckt werden, das Unterpfand der Treue, das Sinnbild unauflöslicher Einigkeit? Die Vorstellungen, die mir von Jugend auf teuer waren, hatte ich aufgegeben; eine gute und redliche Gemeinschaft unter dem Schutz des Väterglaubens, ein gesegneter Bund, über den so kräftige Worte gesprochen wurden wie diese: »Schau voll Huld herab auf deine Dienerin; sie will sich binden durch die eheliche Gemeinschaft und bittet, daß du sie unter deinen Schutz nimmst ... Sie stütze ihre Schwachheit durch die Kraft zuchtvollen Lebens; sie sei gesegnet mit Kindern, sie sei erprobt und makellos und möge gelangen zur Ruhe der Seligen und zum himmlischen Reiche. Beide mögen ihre Kindeskinder schauen bis ins dritte und vierte Glied und nach ihrem Wunsche ein hohes Alter erreichen ... Wir bitten dich, allmächtiger Gott: begleite mit väterlicher Huld das Werk, das deine Vorsehung eingesetzt hat und bewahre die beiden, die du in dieser rechtmäßigen Gemeinschaft miteinander verbindest, während eines langen Lebens in Frieden.«

In meinen Tränen verschwimmen die Buchstaben des Gebetbuchs. In was für einen Tausch habe ich eingewilligt! Ein gehütetes Dasein für ein Abenteuer, Ordnung für Aufruhr, festen Boden für ungewisses Land! Und mit wem habe ich mich eingelassen?

Mit einem Alternden, der Jugend will, um sich neu zu beleben. War ich ihm mehr als ein Glas Wasser auf dem Weg?

Mit einem leichtherzigen Verführer, einem Lügenheld, dem das betrügerische Wort schnell von der Zunge geht. Er belog seine Frau, ersann Ausflüchte und Heimlichkeiten, wand sich mit List auf verbotenen Wegen — wann würde ich es sein, die seiner leichtfertigen Bosheit zum Opfer fiel?

Auf jeden Fall war er ein Fremder, hergereist aus kalten Regionen, aus einer Ferne, die mir oft Angst machte. Mit all seinen Leugnungen fiel er ins Gehege meines Glaubens ein, mit all seinen ausschweifenden Gedanken überrannte er Zucht und Sitte, riß mich aus dem Wurzelboden aller Ordnungen und ins Ungewisse — wem, wem habe ich mich da ausgeliefert? Er weiß nicht, was ein Elternhaus ist und was Bruder und Schwester; er weiß nicht, was ein mühsamer Broterwerb ist, was ein treuer Kamerad bei jeglichem Wetter. Er kennt nicht die gemeinsamen Lieder an den Winterabenden oder auf sommerlicher Fahrt, nicht die Gespräche, die die Welt aus den Angeln heben. Und er weiß nicht, was das rote Licht vor dem Altar bedeutet und die Stille, in die der letzte Orgelton wie in einen großen Schoß fällt — nein, das alles weiß er nicht.

Ist er der Widersacher?

Ich frage dich, Gott, ist er der Widersacher, der in meinem Arm liegt wie ein Kind, das nach Schutz und Wärme verlangt? Der an meinem Hals hängt wie ein Verzweifelter und sich in meinem Schoß versteckt wie ein endlich heimgekehrter Wanderer? Der nach der Zärtlichkeit meiner Worte verlangt wie ein Verschmachteter und nach der Nähe meiner Haut wie ein Verbannter, der lange Jahre die Heimat nicht sah? Ist das der Widersacher, der mein enges Dasein aufriß in seinen Nähten, der mir Gedanken und Empfindungen eingab, die ich nicht kannte, und mich mit Freuden beschenkte, von denen ich mir nichts hätte träumen lassen — o Gott, ich frage dich!

Aber da vorn, wo Braut und Bräutigam vor dem Altar knien, vor Gottes funkelnder Wohnung, da bleibt es still. Die Frage wird nicht beantwortet.

In Berlin gehen wir über den Kurfürstendamm. Er zieht mich zu einer Litfaßsäule: »Laß mich sehen, was ich heute abend spielen muß!«

Wie — das weiß er noch nicht? Hat er denn nicht ein Programm seiner Konzerte in der Aktentasche?

Wieder eine völlig falsche Vorstellung. Jede Konzertagentur besitzt ein Verzeichnis der Stücke, etwa fünfzig, aus WGs Repertoire; daraus stellt sie das jeweilige Programm zusammen. Er hat ja alles parat. Aber heute — hier in Berlin — die Mondscheinsonate? Da muß er sich doch die Noten noch einmal ansehen. Er liegt angekleidet auf dem Bett, er hat ein wenig geschlafen. Ich suche ihm den Band heraus und will mich zurückziehen. Nein, ich soll nur bleiben, ich soll bei ihm sitzen auf dem Bettrand. Er hält die Noten so, daß ich auch hineinsehen kann. Er stützt sich auf den Ellenbogen und schließt die Augen. Dann blättert er um. Dann spielt er ein paar Takte in der Luft, auf meinem Rücken. Dann lehnt er sich wieder zurück. Er überschlägt drei, vier Seiten auf einmal — »So, jetzt weiß ich wieder alles. Es wird dir gefallen!«

Er blätterte und schloß die Augen und spielte ein paar Takte — er sah die Noten, ohne hinzusehen — er hörte die Töne, ohne daß sie erklangen — er griff die Akkorde ohne Tasten — er hatte Augen und Ohren und Hände in seinem Geist. Er hatte die Gestalt des Werkes in seinem Geist, ihren großen Umriß, aber auch den geringsten Schattenzug.

In solchen Augenblicken brach alles zusammen, was ich als

Notwehr gegen die niedermähenden Meinungen dieses kalten Skeptikers aufgebaut hatte. Mochte er denken, reden und handeln, wie immer er wollte — ich war ihm verfallen wie an dem Tag, als ich ihn auf einem der letzten Plätze des ausverkauften Saales zum erstenmal spielen hörte, war ihm verfallen, weil er das, was er konnte, auf so unüberbietbare Weise konnte. Was er war, das kümmerte mich nicht. Vielleicht war er ungebildet und eitel, leichtfertig und gewissenlos, auf Geld und Ruhm bedacht, gleichgültig gegen die Leiden der Welt — das war alles belanglos. Mein Verlangen, Größeres anzubeten, fand hier endlich Genügen, wurde satt.

In Münster sage ich ihm, daß ich ein Kind haben möchte. Er ist entsetzt. Er stellt sich streng und böse. Abenteuerlich, verstiegen — das sind noch die gelindesten Worte. Vergebens versuche ich, mich ihm begreiflich zu machen. Nein, ich weiß es doch, daß er alt und müde und hoffnungslos ist, daß er an nichts glaubt und daß ihm nichts sinnvoll erscheinen will und daß er sich schon der Aufgabe, zwei ehelichen Töchtern auf den Weg zu helfen, nicht gewachsen fühlt. Immerhin gelingt es mir schließlich, ihn dazu zu bringen, daß wir mit dem haarsträubenden Vorhaben scherzhaft umgehen. (»Hast du nicht vielleicht auch schon die Geburtsanzeige entworfen?« fragt er, als ich den Namen Benedikt vorschlage.) Ich fahre nach Hause und denke, daß ich mir das ganz und gar aus dem Kopf schlagen muß, ihn damit nie mehr bedrängen darf. Aber vierzehn Tage später schickt er ein Telegramm: »Bitte heute nach Hannover kommen. Benedikt senior.« Von da an wollen wir Benedikt haben. Daß es dann, sechs Jahre später, mit voller Absicht, aber von einem anderen Vater, nicht Benedikt wurde, sondern Christiane, ist eine Laune der Natur, über die ich Stillschweigen breiten möchte.

Das Frühjahr kommt. Wir können in den Anlagen sitzen, im Englischen Garten herumgehen, draußen sein an einem der Seen, in der Landschaft, über die holder Frohsinn ausgebreitet liegt; können uns ergehen im Wald, im grünen Gras, bei den

Blumen und Schmetterlingen. Die Lust an Schmetterlingen hat er vom Vater übernommen, auch die große berühmte Sammlung; die Kästen sind auf dem Speicher untergebracht, da versteckt er meine Briefe. Was die Blumen angeht, so ist das nicht lockere Liebhaberei — nein, im Sommer ist er ein tüchtiger und beständiger Gartenarbeiter im Overall und mit allem notwendigen Gerät; er macht alles allein auf dem weitläufigen Grundstück. Sät und pflanzt, gräbt und jätet und erntet das Obst von Bäumen und Sträuchern. Er beschreibt mir die Anlage, macht auch eine Zeichnung davon, und als im Mai der Tag des vorläufigen Abschieds gekommen ist (denn im Sommer reist er kaum), schlägt er vor, daß wir zusammen in Wiesbaden aussteigen, daß ich dort übernachte und am anderen Morgen in aller Frühe an den Zaun komme zum letzten Lebewohl — Anna schläft lange. Bei der Einfahrt in Wiesbaden umarmt er mich vor allen Leuten und drückt mir einen Zettel in die Hand: »Die Dankbarkeit darüber, daß ein solches Glück möglich war, ist so übergroß, daß dies Gefühl mir wie die äußerste Annäherung an ein Gebet vorkommt — soweit ein Ungläubiger wie ich denn beten könnte. Aber so stelle ich mir das Gebet vor: als Dank an die Natur, die so unerhörte, so maßlose Beglückung zu verschenken hat . . .«

Er hatte ein paar kleine Stauden ausgegraben, die er mir mitgeben wollte für meinen Garten, er reichte sie mir über den Zaun. Brieflich wollte er mich über Namen und Art der verschiedenen Pflanzen unterrichten. Dann schwieg er und sah mich an, voll großer Schwermut. Auch ich wußte nichts zu sagen.

Aber bald wurde er unruhig, spähte zum Haus hinüber, ob dort alles still blieb. So standen wir eine Weile. In den kühlen Gründen des Gartens rauschten Melodien, auf dem Asphalt der Straße lag grell die Sonne, mit dem Schein einer Jupiterlampe beleuchtete sie die Szene. Ich empfand mich irgendwo zwischen Theater und Traum, ausgestiegen aus der Realität in eine Dimension, in der sich Schmerz und Glück auf unbeschreibliche Weise vermischten.

Dann ging ich fort. Nach seiner Anweisung folgte ich dem Draht, der bald in ein hölzernes Gitter überging. Dann kam ich zum Tor. Es war an beiden Seiten mit Kletterrosen berankt, denen im harten Winter des Vorjahres viele Triebe erfroren waren. Hier hantierte er mit der Schere, hier winkte er mir den Abschied zu. Den Anblick wollte ich nie vergessen: wie sich da sein großer Kopf über den Sträuchern erhob, die im ersten Grün schimmerten, wie er mit der Schere winkte, wieder und wieder, so oft ich mich umdrehte.

Ich bekam lange Briefe, in seiner kleinen, eiligen, dahintanzenden, aber überaus deutlichen Schrift, tägliche Eintragungen, in ein blaues Vokabelheft geschrieben, acht Pfennige hatte es gekostet. Der erste Brief enthielt eine Liste der Pflanzen, die er mir mitgegeben und die ich zu Hause in den Garten gesetzt hatte. WG notierte aus dem Gedächtnis:

»Ich gab Dir zwei Sorten Akelei, die mit den hellgrünen Blättern blüht weiß, die andere gelb-rot; zwei Sorten Astern, solche mit lanzettlichen behaarten Blättern, die niedrig bleiben, beide blühen spät; Ehrenpreis, der blau blüht, die Höhe wechselt, die Blätter sind eiförmig, leicht gezähnt, mehrere kleine Pflanzen gab ich Dir davon. Eine Rosette mit großen Blättern stellt eine amerikanische Nachtkerze vor, die bis zu zwei Metern hoch wird; kleine fleischige Rosetten sind dagegen ein Steinbrechgewächs, das am besten schattig wächst. Vom Leinkraut gab ich Dir winzige Sämlinge der niedrigen Art tristis, außerdem je eine rosa und eine gelbe Art, die höher wird. Die Glockenblumen erkennst Du als ein kleines Blättergewirr mit weißen Wurzeln: dies ist die zierliche Pulsatilla, außerdem hast Du noch drei höhere Arten und Königskerzen mit flachen Blattrosetten, die etwas wie Maroquinleder aussehen. Endlich findest Du Nelken, an einigen seh ich schon Knospen, die bleiben niedrig, die anderen Sorten werden höher. Was sonst noch dabei war, weiß ich nicht mehr, aber ich hoffe, daß Du dich mit diesen Angaben schon zurechtfindest.«

Er schickte mir auch ein Notenblatt: Goethes Gedicht »Sag

ich's euch, geliebte Bäume« hatte er für mich vertont, die Komposition mit einer Widmung versehen. »Nimm das Lied in Gnaden auf«, schrieb er, »es ist im Stil nicht zu Goethe passend — aber die Harmonien sind zärtlich, wenn auch längst nicht genug.«

In das Heft schrieb er, wenn er allein im Garten war. Es enthielt, außer einigen Mitteilungen, sein Tun und Treiben betreffend, nichts als, in unzähligen Variationen, die Bekräftigung seines Gefühls für die Empfängerin. Ich konnte mich nicht sattlesen an den Vokabeln im Vokabelheft. Wenn auch leidlich einverstanden mit meiner Erscheinung, konnte ich es nur schwer begreifen, daß ein Mann, der sich die Schönen der halben Welt in sein Bett hätte holen können, an mir so außerordentliches Wohlgefallen fand. Daß er's mit den überschwenglichsten Worten pries, war mir ebenso süß wie unfaßlich. Und vollends rätselhaft blieb, woher ihm, da wir doch nach Herkunft, Tätigkeit, Lebensgefühl und Wertbewußtsein so verschieden waren, dies Vertrauen kam, dies »immerwährend wortlose Gespräch«, dies tiefe Einverständnis, das ihm über alles ging. Er schrieb: »Du bist der einzige Mensch, dem ich alles sagen kann, wenn ich auch diese Neigung zur Aussprache zu den schwächeren Geisteszuständen zähle oder vielmehr für eine Schwäche überhaupt halte; trotzdem ist es Dir vielleicht nicht unangenehm, dies zu wissen«. Und: »So ganz still glücklich zu sein, übertrifft eben doch noch um ein Tausendfaches jedes Erlebnis, das Kunst geben kann.«

Vor allem aber machte das Heftchen die Veränderung offensichtlich, die sich schon auf den letzten Reisen angekündigt hatte: die Verwandlung eines müden, resignierten Skeptikers in einen Begeisterten, der sich dem einst so verachteten Überschwang der Gefühle willig überließ. Die großen Worte aller Liebenden, über die er sich immer lustig gemacht hatte, gingen ihm zu seinem Erstaunen von der Hand, als sei es nie anders gewesen, von Freude, Dankbarkeit, Verehrung, Gebet, Tränen war die Rede. Für ihn, der auf nichts gesetzt hatte als aufs

Klavierspielen, war es nun das einzige, worum sich zu leben lohnte, die Geliebte in den Armen zu halten. Und es war immer häufiger, immer ernster davon die Rede, daß es ihm auf die Dauer unmöglich würde, auf das neue Leben zu verzichten, in dem solche Vokabeln vorkamen — oder, ich sage es vorsichtig: er beschäftigte sich damit, das Bleiben und Gehen gegeneinander abzuwägen. Er ließ sich in das Für und Wider ein, machte sein Herz zum Schauplatz des Kampfes, aus dem er nicht anders als blutig hervorgehen konnte. Manchmal äußerte er sich hoffnungsvoll und zuversichtlich. Wenn nur erst der Krieg zu Ende wäre . . . Aber er hatte auch Angst. (»Gib mir keine Antwort auf dieses alles — aber laß mir Zeit. Und verzeih mir, wenn ich überhaupt diese inneren Kämpfe erwähnte; es bedeutet ja alles dieses keineswegs, daß ich Dich weniger liebe, denn nur, weil ich Dich so unendlich liebe, sind diese Kämpfe vorhanden. Wenn es nur ein Vergnügen wäre und keine drohende Umwälzung eines ganzen Lebens, wäre es ja alles eher einfach.«)

Ende Mai drängte ihn seine Konzert-Direktion wieder einmal wegen einer neuen Amerika-Reise. »Ich versuchte mir«, so schrieb er dazu, »allen Ernstes vorzustellen, wie es wäre, wenn ich zusagen würde. Da wurde es mir ganz klar, daß das unmöglich ist. Entweder reise ich, wenn gewisse Entscheidungen gefallen sind, mit Dir zusammen nach Amerika oder gar nicht mehr. Nein. Ein Tag mit Dir irgendwo an einem See, wo Schilf im Wind rauscht und Wildenten schreiend einfallen, oder im Wald, im Frühling, wenn Anemonen und Veilchen blühen, oder im Herbst zur Pilzzeit, wenn die Sonne in betauten Spinnweben blinkt — das ist mehr, als das Land jenseits des Ozeans, wo alles grell und laut ist, im Lauf eines ganzen Jahres zu verschenken hat.

Früher schwärmte ich ja noch nicht für rauschendes Schilf und betaute Spinnweben — wenn man mir auch eine gewisse Vorliebe für die Wesen der Natur nicht absprechen kann. Aber diese Vorliebe galt den einzelnen Blumen und Schmetterlingen; das Ganze liebe ich erst, seitdem Du da bist — oder besser: seitdem wir so uneingeschränkt und vorbehaltlos füreinander da sind.«

Kann ich sagen, daß auch in mir Veränderungen stattfanden? Oder blieb es beim gesättigten Ehrgeiz, bei der befriedigten Eitelkeit, in ein prominentes Bett aufgenommen, im Schatten einer weltberühmten Existenz angesiedelt worden zu sein?

Bei der Geheimhaltung, die uns auferlegt war, kann man sich den Schatten nicht weitläufig genug vorstellen. Es hatte, in all den Wochen, nur zwei Gelegenheiten gegeben, bei denen wir uns zusammen öffentlich zeigten: als wir in München die Buchhandlung Hugendubel besuchten und ein andermal, als WG, nachdem er gespielt hatte, für den zweiten Teil eines Konzertes mit Furtwängler einen Stuhl neben den meinigen in den Saal stellen ließ — »Jetzt ist mir alles egal, ich muß dich bei mir haben bei dieser Musik.«

Sonst nichts als Schatten, die Abgeschlossenheit der Schlafzimmer, die Unauffälligkeit der Frühstückstische in der hintersten Ecke, der Heimweg nach den Konzerten allein, während er noch eine Pflichtstunde mit den Leuten absolviert. Das Warten auf seine Rückkehr im Hotel, jede verstreichende Minute mindert die Nachtstunden, ich zähle sie mit Ungeduld, unfähig, etwas zu lesen oder zu schreiben. Einmal war es besonders schlimm nach einem Konzert, bei dem er die »Winterreise« begleitet hatte, einem befreundeten Sänger zuliebe. Es war verabredet, daß ich schon zum Bahnhof gehen und in den Zug einsteigen sollte, der dort lange vor der Abfahrt hielt. Angst befiel mich, je weiter die Zeit vorrückte, daß er nicht mehr kommen würde. Da drang das »Fremd bin ich eingezogen, fremd zieh ich wieder aus«, das ich soeben zum erstenmal gehört hatte, mit all seinem Weh ins Warten ein, und ich durchlitt in dieser Stunde auf dem Anhalter Bahnhof im kalten Zug alle Schmerzen des armen Müllerburschen mit seinen erfrorenen Tränen.

Zwangsläufig, da ich ja zu Hause wohnte, wußten die Eltern

von der Beziehung, der Vater äußerte Unmut darüber, die Mutter einen etwas ratlosen Stolz (mit ihr hatten WG und ich einmal ein gemeinsames Mittagessen). Die Tante Alwina wußte es, bei der ich manchmal Station machte zwischen den Reisen, streng und traurig prophezeite sie mir das ewige Feuer. Im übrigen blieb alles so verborgen, daß da Eitelkeit wohl kaum auf ihre Kosten kommen konnte.

Am stärksten empfand ich das Glück, eines eigentlich unerreichbaren, von fernher angebeteten Gegenstandes habhaft geworden zu sein, ihn leibhaftig berühren zu können. Und das Erlebnis, den Mann, der am Flügel so Außerordentliches vollbrachte, wenig später in meinen Armen zu halten, war wohl die Quintessenz meiner Gefühle. Ich hoffe — aber ich weiß es nicht —, daß da mit der Zeit auch liebevolles Wohlwollen wuchs; daß ich nicht nur dem Klavierspieler und seinen Künsten anhing, sondern auch den geschundenen Menschen in mein Herz schloß; daß ich ihm Glück wünschte — auch wenn dies Glück in anderen als in meinen Armen hätte liegen sollen. Wünschte ich wohl aufrichtig, ihn frei zu wissen, für welches Leben auch immer? Ich hoffe, daß ich das wünschte.

Aber dann wurde er »entdeckt«, ertappt beim Eintrag in das Groschenheftchen. Er mußte versprechen und tat es, mich ein halbes Jahr lang nicht zu sehen. Wenn er danach immer noch glaubte, ohne mich nicht leben zu können, wollte Anna bereit sein, auf ihn zu verzichten.

Nach einem halben Jahr schrieb er. Er ließ mich wissen, daß es ihm unter den obwaltenden Zeitumständen unmöglich sei, seine Kinder zu verlassen. Auch fürchtete er, ein zweites Mal als »Familienoberhaupt« noch unbrauchbarer zu sein, als er es jetzt schon wäre. Noch mehr Unglück und Unzufriedenheit dürfe er nicht noch über andere bringen. »Es hört sich banal an, wenn man sagt: ich wünsche Dir viel Glück für Deine Zukunft — aber ich wünsche es Dir wirklich mit leidenschaftlicher Aufrichtigkeit, daß Du glücklich werden mögest! Auch gutes Arbeiten wünsche ich Dir, denn ich hoffe, daß Du noch gute

Bücher schreiben und Dir und anderen damit Freude machen wirst.«

Nicht ganze drei Jahre später fing alles wieder von vorne an.

Soldaten von Paris bis Riga

Ich war dreißig und trieb mich herum: in Deutschland, in Luxemburg, Frankreich und Belgien, dienstverpflichtet bei der Wehrmachtbetreuung. Schließlich verschlug es mich bis nach Lettland, wo der Bruder im Kriegslazarett lag, schwerverwundet, in Lebensgefahr. All diese Veränderungen waren lokaler Art, der innere Stand-Ort blieb immer der gleiche: tränenlose Trauer um den Verlorenen, Versuche, mich mit anderen zu trösten, zu einer festen Verbindung zu kommen, zu einem Ehemann, zu Kindern; selbst vor Zuschriften auf Heiratsanzeigen schreckte ich da nicht zurück.

Als die deutschen Armeen in Rußland vorrückten, geriet ich wieder einmal in eine Küche, diesmal in Lippoldsberg an der Weser, eine Küche, nicht schwarz, sondern grau, vollgestellt mit Möbeln und Gerät, unordentlich, verkommen. Hier lebte, evakuiert aus Hamburg, Johannes Pfeiffer mit seiner Familie. Dieser literarische Experte, Herausgeber poetischer Anthologien, hatte mir einmal etwas Freundliches geschrieben zu einer Veröffentlichung, da entstand ein Briefwechsel, der mit der Zeit auch persönliche Mitteilungen enthielt. So erfuhr ich eines Tages, daß seiner Frau eine Operation bevorstünde und daß sich damit für ihn und die beiden Kinder eine schwierige Lage ergäbe. Ich bot mich an, ihnen zu helfen. Auf solche Weise kam ich in die Küche, wo ich unentwegt Kohlrabi kochen mußte, die hatte Frau Pfeiffer reichlich eingeweckt, und wo ich mich vergeblich mühte, die abgelagerten Schmutzschichten an Wänden, Böden, Fenstern und Türen zu entfernen. Auch den zerlöcherten Strümpfen, der zerrissenen Wäsche war nur schwer beizukommen. Manchmal stand ich mitten im Wust, schadhaftes Geschirr, Putzgeräte, Abfall, Kinderkram um mich herum, ließ die Arme hängen, starrte ins Leere und wußte nicht, warum ich mir das angetan hatte. Wenn dann aber die Fanfare für eine

Sondermeldung aus dem Volksempfänger kam — im Raum Bialystok — Nowogrodek vierzig Divisionen eingekesselt, dreihundertsechsundzwanzigtausend Gefangene — die 16. Armee erreicht den Ilmensee — Smolensk genommen —, griff ich aufs neue nach Schaufel und Besen, fühlte mich als Ameise im Bau, in den ein gewaltiger Stiefel getreten ist und damit die Katastrophe verursachte, deren Folgen nun auszutragen waren. Auf die Ameise kam es da nicht an.

Ich hatte im Lauf der beiden ersten Kriegsjahre ein Verhältnis zu den politischen Vorgängen gewonnen, das ich patriotisch nennen sollte. Von der Schicksalsnotwendigkeit dessen, was über uns gekommen war, war ich überzeugt. Daß es inszeniert war, erkannte ich nicht. Es mußte mit zusammengebissenen Zähnen durchgestanden werden. Wer sich als Soldat beteiligte, war aller Verehrung, wer sich zu drücken versuchte, aller Verachtung wert. Wie Europa nach einem gewonnenen Krieg aussehen würde, fragte ich nicht. Im Traum vom Reich, das als eine gewaltige Seifenblase über den geographischen, den völkischen Gegebenheiten schwebte, war Hitler nur der vergängliche Handlanger; die Partei war nicht Deutschland, sie war ein ziemlich widerwärtiges Instrument, um Deutschlands Herrlichkeit nach der Versailler Schmach wiederherzustellen.

Johannes Pfeiffer trug sich mit dem Gedanken, die Stelle eines Deutschlehrers in einem Mädchen-Internat anzunehmen; man hatte ihm das angeboten. Ebenso wie ich fühlte er sich oft als unnützer Schreiberling, das Brot nicht wert, das die Lebensmittelkarten unsereinem zugestanden. Er reiste nach Kassel, um sich vorzustellen und kehrte zurück mit der Nachricht, daß man dort auch eine Musiklehrerin suche — ob ich mir das zutraue? Ich traute es mir zu, war verwegen genug, die vergangene Liebesbeziehung zu einem berühmten Pianisten als Ersatz für fachliches, pädagogisches Wissen zu nehmen, und die Schulleiterin, mit Blindheit geschlagen, ließ sich von einigen eleganten Anmerkungen zu zeitgenössischen Interpreten blenden und stellte mich ein.

Unmittelbar darauf bezog ich eines der zellenähnlichen Gelasse in dem weitläufigen Schulkomplex — mit Dürers Veilchensträußchen und der Uta von Naumburg an der Wand, einem Webteppich vor dem Bett und einem handgedrechselten Kerzenleuchter auf dem Schreibtisch. Ich hatte gerade zwei Tage Zeit bis zum Schulanfang, um mich auf die zukünftige Aufgabe vorzubereiten.

Und dann mogelte ich mich durch von einer Stunde zur anderen, ebenso zitternd wie unverfroren — aber daß ich binnen kurzem scheiterte, lag nicht an meinen mangelnden Fähigkeiten und Kenntnissen, sondern daran, daß ich in aller Unschuld nachmittags und abends mit Pfeiffer im Park spazierenging oder auf einer Bank saß. Diesem anstößigem Verhalten sah man nicht lange zu, bedeutete vielmehr uns beiden, daß wir ein Ärgernis seien und als solches für die Schule nicht tragbar.

Im übrigen waren die Kriegsjahre bestimmt von Begegnungen mit Soldaten. Ich lernte davon eine ganze Menge der verschiedensten Art kennen, Landser und Stabsoffiziere, Ärzte und Kriegsrichter, Angehörige der sogenannten Propaganda-Kompanien, pazifistische junge Leutnants, sorgenvolle Kompaniechefs und frisch-fröhliche Regimentskommandeure — aber die Sorgenvollen waren überall in der Mehrzahl.

Einige der Begegnungen, die wichtigsten, vergegenwärtige ich mir an dieser Stelle.

Das Gastzimmer in dem schönen großbürgerlichen Haus in München-Bogenhausen hatte eine Tür zum Nebenzimmer, da schlief Hans. Schon am ersten Abend machten wir die Tür auf, und ich schlüpfte zu ihm herüber. Wir lagen beisammen und führten die Gespräche des Tages fort, wir konnten davon nicht genug bekommen. Wir waren auch zärtlich miteinander, soweit uns das erlaubt schien. In diesem Haus war man streng katholisch, auch der Fähnrich Hans war es geblieben, trotz Kaserne und Front, er nahm seinen Glauben ernst, er war fromm, leuchtend vor Unschuld. Er hatte mein Buch »Mädchen und Soldaten« gelesen und daraufhin eine Korrespondenz mit mir angefangen. Die einfache Klugheit, die Unversehrtheit der Empfindung, die aus seinen Briefen sprach, hatte mich angezogen, ich war der Einladung, ihn während eines Heimaturlaubs in seinem Elternhaus zu besuchen, gern gefolgt, von schwesterlichen Gefühlen für den um zehn Jahre Jüngeren erfüllt.

Wir lagen beisammen, man soll nicht glauben, daß uns der Verzicht leichtgefallen wäre, weder mir noch dem Hans, er war ein gesunder junger Mann, lebensvoll, zärtlich, zugewandt. Aber er wollte sich aufheben für das Mädchen, das er einmal heiraten würde. Dazu kam es nicht. Er fiel in Rußland. —

Ein Biedermeierzimmer in Dresden-Loschwitz, im dritten Kriegsjahr. Auf dem Mahagonischreibtisch die Uhr, deren Zifferblatt von zwei Delphinen getragen wird; auf lindgrüner Wand vier Frucht- und Blütenkränze, Meissner Porzellan. Hier wohnen Martin und Jutta Raschke mit ihren beiden Töchtern. Auch hier bin ich eingeladen nach vorausgegangenem Briefwechsel. Ich hatte »Die Flöten« gelesen, einen Essay über die Ahnenschaft des Liedes, dessen Gedankenreichtum, mich neugierig gemacht hatte auf den Autor.

Ein helles Gesicht mitteldeutscher Prägung, darüber ein dunkler Haarschopf, der ihm in die Stirn fiel. Ein Freund der Steine war er, den strengen, schweren Geschöpfen kenntnisreich zugewandt, selbst aber dem Wasser ähnlicher als den schweigenden Kristallen, ein Springbrunnen voller Einfälle, voll schneller, witziger Anmerkungen. Bald erkannte ich, daß unter dem Apriltreiben der Späße und Alfanzereien ein großer Ernst lebte — der machte das Spiel mit den Seifenblasen um so anziehender. Seine Bücher, geschrieben in einer erhöhten, umschweifigen, Stifters Vorbild folgenden Sprache, die im »Inneren Reich« gang und gäbe war, mag ich heute nicht mehr lesen. Aber was mich immer noch wärmt bei der Erinnerung an den damals sehr gefeierten Autor, ist die aufmerksame Zugewandtheit für meine Arbeiten, wie ich sie vorher oder nachher nie wieder erfuhr. Er beschäftigte sich — in seiner gleichmäßigen, runden, von großem Schönheitssinn zeugenden Schrift —

aufs gründlichste mit den Manuskripten und Büchern, über die ich ihn befragte, ein großer Bruder, dem daran gelegen war, der Jüngeren auf die Beine zu helfen. Auch er fiel, als Kriegsberichter, in Rußland. —

Das Zimmer im Hotel Raphael war hoch, hatte hohe Fenster, von dunkelroten Portieren eingerahmt. Vor dem Fenster der Schreibtisch, dort saß er mit dem Rücken zum Licht, außen so undurchdringlich wie innen, Ernst Jünger.

In der ersten Ausgabe seiner »Strahlungen« war unterm 2. August 1942 eingetragen:

»Im Raphael traf ich auf meinem Zimmer ein Fräulein Sturm, das mich dort als Auguren aufsuchte.«

Diese für das Fräulein Sturm nicht eben ruhmreiche Eintragung beruhte darauf, daß ich mich mit ihm angelegt hatte, wenige Wochen zuvor. Ich hatte mich erkühnt, seinen Essay »Über den Schmerz« kritisch zu befragen in der »Kölnischen Zeitung«, deren Redakteure, Ernst Johann und Georg F. Hering, meine Mitarbeit zu schätzen begonnen hatten. Ernst Jünger hatte dem Beitrag in einem Brief an mich mit einigen unverbindlichen Sätzen Beachtung geschenkt. Daraufhin entstand das verwegene Vorhaben, ihn in Paris zu besuchen. Dort nämlich begann die Tournee mit dem Gürzenich-Quartett und einer Sängerin, für die ich als Rezitatorin verpflichtet worden war.

Was ich denn bei ihm wolle, hatte die erste Geige gefragt, die darauf aus war, den heiteren Nachmittag gemeinsam auf den Champs-Elysées zu verbummeln. Ich konnte es nicht erklären. Dachte ich, auf sozusagen höherer Ebene ein neues Lehrverhältnis einzugehen, statt des dörflichen Poeten aus Wagrain den weitläufigen Denker, den Herrn der »Marmorklippen«, den scharfsinnigen Analytiker des »Arbeiters«, den Beobachter und Erleider der »Stahlgewitter«, den Kardiographen des »Abenteuerlichen Herzens« um Unterweisung im Handwerk anzugehen? Ich wollte wohl seiner, einer hochgeschätzten Figur, irgendwie habhaft werden, durch Sehen, Hören, Berühren, durch das Ausbreiten meiner Angelegenheiten vor ihm mich wichtig machen, Anteilnahme herausfordern für meine Besorgnisse, die dahin gingen, ob man sich eine bloß schreibende Existenz noch leisten dürfe zu einer Zeit, da an den Fronten so viel auf dem Spiel stand. Mußten nicht die ungeheuren Anstrengungen der in Rußland kämpfenden Armeen mit einem freiwilligen Beitrag im Dienst des großen Ganzen unterstützt werden? Ich trug mich sehr ernsthaft mit dem Gedanken, mich als Krankenschwester ausbilden zu lassen, in der Heimat oder an der Front zum Wohl der Verwundeten zu wirken. Was meinte der große Krieger dazu?

Er antwortete eher ausweichend, bekräftigte mich jedoch keinesfalls in meinen Überlegungen, riet eher ab mit Hinweisen auf die Vorzüge des noch vorhandenen privaten Spielraums, den man sich keineswegs einengen lassen solle. Mich zum Schreiben auch weiterhin von ihm ermutigt zu sehen, tat mir wohl, wenngleich ich andererseits die Aufforderung zu einem heroischen Entschluß nicht ungern gehört hätte.

Etwas zwiegespalten, eindeutig überzeugt nur davon, daß ich seine Zeit vergeudet hatte, verließ ich den Raum mit den roten Vorhängen. Doch verzog sich die Beklemmung rasch in der fröhlichen Kameraderie der folgenden Reisetage und -wochen.

Die Reisebilder von Lorient bis Lille sind verblaßt, verblaßt die Gesichter und Namen der vielen Soldaten, die in Kasinos und Kantinen neben mir, mir gegenüber saßen und, nachdem sie Musik und Poesie genossen, zu später Stunde auch noch fleischlicher Freuden habhaft zu werden trachteten. Unauslöschlich blieb, am Ende der Marketenderei, das Bild des Krankenzimmers im Kriegslazarett von Riga. Dort lag der Bruder, sie hatten ihm den Arm zerschossen am Ilmensee, der Arm war abgenommen worden. Durch Rundfunk-Beziehungen war es möglich gewesen, zu ihm zu reisen, auch den Aufenthalt in Lettland zu bestreiten. Zwei Monate lang saß ich jeden Nachmittag am Krankenbett, ängstlich und tief verstört gegenüber dem eingefallenen, von Schmerzen gekerbten Gesicht des Bruders auf dem mit grobem grauen Zeug bezogenen Kissen, im

Schlaf der Erschöpfung oder im Fieberglanz. Eine Sepsis war eingetreten und machte immer neue Operationen notwendig, immer wieder schnitten sie ein weiteres Stück Fleisch aus der Schulter, um den Eiterherd einzugrenzen.

Einmal war es gerade geschehen, als ich ankam, ein anderes Mal stand es bevor für den nächsten Tag, ein drittes Mal brachten sie ihn vor meinen Augen heraus, nicht auf der Bahre, nein, ein Pfleger hob ihn auf seine Arme, leichtes Bündel, und trug ihn davon. Das Fieber wollte und wollte nicht weichen. Ich saß da, die Strümpfe, die täglich neu zu stopfen waren, glitten mir aus den Händen, ich konnte den Anblick der Nadel zwischen den Fäden, auf und ab, auf und ab, nicht mehr aushalten, versenkte mich einzig in das Gesicht auf dem Kissen, so, als könnte ich mit meinem Blick das Leben festhalten, das sich daraus zu entfernen drohte.

Auf dem Flur hielt der Arzt mich an. »Ihre Besuche sind nicht gut für Ihren Bruder. Sie haben zuviel Angst, und Sie zeigen ihm das. Das überträgt sich auf sein Befinden und verhindert die Heilung. Wenn Sie sich nicht zusammennehmen können, muß ich Ihnen verbieten, weiterhin zu kommen!«

Entsetzen. Tränen. Ratlosigkeit. Wie soll ich das machen: meine Angst, meine Besorgnis, meine Hoffnungslosigkeit zu verstecken? Aber es muß mir gelungen sein. Ich wurde nicht wieder zur Rede gestellt. Der Bruder genas.

Die Soldaten, die ich traf, waren keine Hitler-Anhänger und dienten dem Führer nur unwillig. Aber den Krieg als unentbehrliches Lebensphänomen bejahten sie alle, am ausdrücklichsten Martin Raschke (»wenn ich auch nur allzu gern an einem Herde sitze, von Fabeln umsponnen«, schrieb er). Der Krieg als äußerste Anspannung, der man sich nicht entziehen darf — das Bild saß in ihnen fest. Auch in mir befestigten sie eine solche Vorstellung. Aber ich änderte nichts an meinen Lebensumständen.

Für den Juni und Juli 1943 notiert die Kriegsgeschichte den Beginn der alliierten Großlandung auf Sizilien.

Ich saß in Wagrain am Bach und schrieb.

Im Juli trat Mussolini zurück und wurde verhaftet.

Ich saß in Wagrain am Bach und schrieb.

Am 5. August wurde Orel genommen. Damit war die letzte deutsche Offensive im Osten gescheitert.

Ich lag in Wagrain in der Sonne.

Charkow wird geräumt, Stalino verloren, desgleichen der Kubanbrückenkopf und Dnjepropetrowsk. Für den 8. September wird die Besetzung Roms notiert.

Ich wanderte nach Kleinarl und zum Jägersee, sang dazu Arien aus »Figaros Hochzeit«, insbesondere die »Rosenarie«, und freute mich, wie mühelos meine Stimme, selbst im Gehen, die Höhen erklomm.

Nie dazu angehalten, die res publica ins Auge zu fassen, war ich verkrochen in mein privates Dasein, in die Anbetung von Sonne und Wasser und Gras und Bäumen, genoß die Lust am Gehen und Singen, als gäbe es nicht Blut und Trauer um mich herum.

Am Ende jenes Sommers saß ich im Foyer des Salzburger Parkhotels und sah WG hereinkommen, allein, und ging ihm entgegen und war wieder bei ihm — für ein erstohlenes halbes Jahr: das letzte Mal, im Frühjahr 1944, als man eigentlich schon gar nicht mehr reisen konnte, in Brandenburg an der Havel. Ich glaube, ich mußte einen Tag und eine Nacht lang fahren, oft stehend, über zerstörte Bahnhöfe, bei Tieffliegeralarm, mit einer denkbar geringen Menge an Proviant — und das bei völliger Unsicherheit, ob der Erwartete allein sein würde oder nicht. Lange vor der Ankunft seines Zuges stand ich in der kleinen Bahnhofshalle, versteckt hinter einem Pfeiler, den Blick auf die Sperre gerichtet — am Ende hatte ich einen Zustand äußerster Gleichgültigkeit erreicht, ein taubstummes Einverständnis auch mit dem Schlimmsten.

Er kam allein. Es wurde die zärtlichste, die schmerzlichste Begegnung. Ahnungen davon, daß es die letzte sein würde, durchzogen das Gespinst dieser Nacht. Wir sprachen nicht viel, blieben aber wie immer ohne Schlaf, stumm einander zugetan in unüberbietbarer Nähe.

Indes hielt jene Nähe den Wochen und Monaten des Zusammenbruchs nicht stand. Sie löste sich auf, verflüchtigte sich in den turbulenten Strömungen der Katastrophe, in der niemand über die tägliche Notdurft hinaus zu denken vermochte.

Als ich WG wiedersah, im Krankenhaus, nach dem Bus-Unglück, bei dem seine Frau ums Leben kam, war ich dick und alt und hatte ein Kind von einem andern Mann. Da wurde es nichts mehr mit uns. Ein Jahr später starb er an den Folgen einer Bauchfelloperation in London.

In Wagrain erwartete mich ein bedeutendes Unternehmen: die Errichtung eines Behelfsheims, wie es den vor den Bomben geflüchteten Leuten aus dem »Reich« angeboten wurde. Für zweitausend Reichsmark wurden da Einzelteile einer zwanzig Quadratmeter großen Baracke geliefert, man mußte sie selbst zusammenbauen. Der Bürgermeister hatte mir ein Stück am Wegrain, beim Armenhaus, verpachtet; dort stellte ich mit Hilfe zweier Zimmerleute die Hütte auf.

In mühseliger Handarbeit wurden neun Pfähle ins Erdreich gerammt, die Bodenplatten darüber befestigt, die Wände in ihren Falz gesetzt. Die schräg verlaufenden Dachplatten wurden aufgelegt, mit Pappe gedeckt und geteert, der Blechkamin in seine Öffnung eingepaßt.

Das hatte zwei Tage gedauert. Dann verließen mich die Zimmerleute, und ich mußte sehen, wie ich mit dem übrigen allein fertig wurde: das Holzwerk mit Karbolineum wetterfest tränken, ein scheußliches Geschäft, aus dem ich braungesprenkelt wie ein Stieglitzei hervorging; Tür und Fenster mit Ölfarbe streichen — statt eines Pinsels, weit und breit nicht mehr aufzutreiben, blieb mir nur ein Holzscheit, mit ein paar alten Strümpfen umwickelt!

Für den Gartenfleck mußte ich Erde und Mist herbeischaffen, die Erde trug ich Eimer für Eimer aus dem Dorf herauf. Den Sägemüller galt es zu überreden, einen Stamm herzugeben für die Dachrinne, dem Schmied mußte ich schöntun, damit er die Haken dazu lieferte. Ein Ofensetzer war zu gewinnen, der aus einem Haufen alter Kacheln noch einen brauchbaren Ofen mauern würde. Am umständlichsten war die Beschaffung eines Mastes für den elektrischen Strom. Daran waren beteiligt: eine Waldbesitzersgattin, die gegen Überlassung einer Dirndlschürze bei ihrem Mann die Fürsprecherin machte, mir einen Stamm zu übereignen; der Förster, der gegen viele Zigaretten zwei Holzarbeiter zur Verfügung stellte, am Samstagnachmittag den Stamm zu schlagen; der Nachbar, der die Kuh auslieh, die den Stamm zu Tal zog.

Als das alles geschafft war nach zahllosen Gängen und Fahrten und natürlich ganz ohne Telefon, konnte ich eines Tages tatsächlich einziehen: mit Tisch und Bett und Schrank, Stühlen und Bücherregalen, die im Bahnbehälter aus Mönchengladbach angekommen waren. Der Boden hatte einen Teppich, die Decke eine Lampe, am Fenster hingen Vorhänge, und draußen gab es einen Gartenzaun, eine Hausbank, einen Schuppen und ein Aborthäuschen.

Freilich war der Haushalt mühselig. Ich mußte das Wasser in zwei Kannen aus dem Waschhaus des Pfarrers holen, mußte auch dort waschen. Was da im Winter an Kälte zu bestehen war, ist heute kaum vorstellbar. Das eisige Kabuff, an dessen Wänden die Kristalle glitzerten, eisiges Wasser, worin die Bettlaken geschwenkt und gewrungen werden mußten, sofort erstarrten sie zu weißen Brettern, wenn man sie aufhängte. Mit der Stromzufuhr haperte es oft; drehte ich beide Kochplatten an, hatten sie im Armenhaus Kurzschluß. Ich mußte hinüber und die oberhalb eines Schrankes gelegene Sicherung auf halsbrecherischem Wege wieder eindrücken.

Aber nicht nur technische Mängel waren zu bestehen. Auch die Natur machte mir zu schaffen: in Gestalt einer dicken Traube von Ohrwürmern, die eines Nachts im Winkel zwischen Wand und Decke hing, einer um den andern lösten sich die Käfer aus der Traube und fielen auf mein Bett. Diesem Ereignis war ich allein nicht gewachsen, holte vielmehr am andern Morgen geistlichen Beistand. Der Kooperator und sein Gehilfe, beide schon in einigen anderen Notfällen hilfreich, rückten mit allerhand Gerät an, klopften die Wände gründlich ab und behandelten sie mit Salmiaklösung. Am Ende stellte der Kooperator, mittels eines Segensspruches, in einer Blumenvase etwas Weihwasser her und besprengte damit den ganzen Raum. Das Ungeziefer respektierte den Ritus.

In diesen erbärmlichen zwanzig Quadratmetern wurde mir zum ersten Mal deutlich, wie wichtig mir Wohnen ist. Hier am Wegrain zu Hause zu sein, beim Weizenfeld, bei den Vogelbeerbäumen, abends auf der Hausbank zu sitzen, wenn die heimkehrenden Kühe vorüberläuteten, und dann später meine Bücher und Papiere um mich zu haben — das machte mich überaus glücklich. Weder der Wehrmachtsbericht von der Landung der Alliierten an der nordfranzösischen Küste noch die Trennung von dem geliebten Mann konnten diesem Glück etwas anhaben.

Im Oktober 1944 bekam ich ein Telegramm aus Mönchengladbach: »Total ausgebombt stop wir leben stop bitte kommen«.

Mein erstes Gefühl war eine Art Erleichterung. Wie oft hatte ich die Eltern gebeten, die durch Luftangriffe, Tieffliegerbeschuß und eine immer näher rückende Front gefährdete Zone zu verlassen! Sie wollten sich von ihrer Wohnung nicht trennen. Jetzt hatten sie keine Wohnung mehr — jetzt mußte es gelingen, sie in Sicherheit zu bringen. Noch am selben Abend setzte ich mich in den Zug, um sie abzuholen.

Fetzen von Erinnerungen an diese Tage fliegen an mir vorbei. Das Zimmer in Viersen, das der hilfsbereite Hausbesitzer ihnen nach dem Unglück zur Verfügung gestellt hatte und in das ich noch hineinkriechen mußte. Die Wege mit dem Fahrrad hin und her zwischen Mönchengladbach und Viersen, absteigen, in den Straßengraben vor den nahenden Feindfliegern, wieder aufsteigen, weiterfahren bis zum nächsten Angriff. Der Besuch auf der Brandstätte: die Treppe war noch unbeschädigt, wir kamen bis zu unserm Stockwerk, scharrten mit den Füßen durch Asche und verkohlte Reste wie durch welkes Laub; ich nahm eine geschwärzte silberne Gabel mit, einen Löffel, das tönerne Köpfchen des Jesuskindes aus der Krippe. Das Holz des Flügels war verbrannt, aber der Metallrahmen mit den zerrissenen Saiten lag da noch, Bauchhöhle, aus der zerfetzte Eingeweide hervorquollen.

Kein Buch, kein Bild, kein Teppich, keine Tasse, kein Teller, außer dem Porzellan, das man mit der Truhe in den Keller gebracht hatte, wo es dann gestohlen und von der Mutter später mit detektivischem Spürsinn wieder ausfindig gemacht wurde (»Und wovon sollen wir dann essen?« fragten empört die Leute, als sie es abholen wollte.)

Auch die Berufsschule war bei diesem Angriff zerstört worden. Es gab keinen Grund mehr zum Bleiben. Siebenundsechzig war der Vater, sie mußten seinem Pensionierungsgesuch stattgeben. Viele Wege zu Ämtern und Behörden, Anmeldung des Schadens, Anträge auf Bezugscheine für notwendigste Kleidungs- und Wäschestücke, letzte Besuche bei Freunden und Bekannten — würde man sich denn jemals wiedersehen? Unbeschreibliche Mühsal der Reise mit dem Gepäck aus den letzten Habseligkeiten. Nacht und Tag und wieder eine Nacht unterwegs — und es war keineswegs gut bei der endlichen Ankunft in Wagrain, kein erleichtertes Aufatmen, kein Fallenlassen in ruhigen Schlaf, seit Jahren entbehrt, kein Gott Lob und

-Dank, wir sind gerettet. Das Zimmer, das mir wunderbarerweise zu besorgen gelungen war — wie soll es schon gewesen sein? Zwei Betten, zwei Stühle, Schrank, Tisch und Waschkommode, alles eng zueinandergestellt — dieses Zimmer paßte ihnen ganz und gar nicht, es stimmte sie trübsinnig, sie konnten es darin nicht aushalten. Nach einigen Tagen des Jammerns, des Ach-wären-wir-doch-geblieben-wo-wir-waren, wurde eine Veränderung beschlossen: Dita Waggerl bot an, meine Mutter und mich in ihr Gastzimmer aufzunehmen (sie fürchtete sonst anderweitige Einquartierung), und ich überließ dem Vater — sehr schweren Herzens — die Hütte, in der ich nun gerade ein paar Wochen hatte wohnen können. Er nahm sie mit einer Vehemenz, einer Ausschließlichkeit in Besitz, die mich so zornig wie traurig machte. Er werkelte und bosselte im Schuppen, im Klo, schichtete das Brennholz um und um, machte sich überhaupt zum Herrn und Meister dieser armseligen, mir ans Herz gewachsenen zwanzig Quadratmeter. Ich war darin nichts als ein Gast — eine Rolle, in die ich mich lange nicht zu schicken wußte.

Keineswegs aber verbrachten wir diesen letzten Kriegswinter und das Frühjahr vor dem Zusammenbruch in Trübsal und Traurigkeit. Unten beim Jüstlwirt, wo wir zu Mittag aßen, gab es interessante Gäste: eine große Familie aus Siebenbürgen, neun oder zehn Personen, erfüllte den Speiseraum mit fremdartigem Sprachklang, schnell wurden wir einbezogen in ihre geräuschvolle und intensive Existenz. Bald waren meine Mutter und Gina Ferenczi, die der Sippe vorstand, herzlich miteinander vertraut; dem Vater war Gina ein dankbares Objekt für seine Galanterien, sie genoß es, daß er ihr den Hof machte. Fast ausgelassen feierten wir zusammen Weihnachten und Silvester — bis dann endlich im Frühjahr die immer sichtbarer werdende Katastrophe auch unsere Scherze verstummen, unsere abendlichen Spiele einfrieren ließ.

Es kam ein Brief vom Onkel Paul aus Mönchengladbach, der vom Heranrücken der Front, vom näher kommenden Artilleriebeschuß berichtete — ich las ihn beim Abholen an der Post laut vor. Jemand meldete das beim Ortsgruppenleiter als defaitistische Handlung, als Zersetzung der Heimatfront. Es gelang mir mittels eines beredten, alle Schreibkünste einsetzenden Briefes, mich vor drohender Haft zu bewahren.

Ein Leiterwägelchen wurde auf dem Tauschwege erstanden, wichtigstes Fluchtgepäck bereitgestellt, ein Wegeplan nach Westen ausgearbeitet. Denn die Russen näherten sich unaufhaltsam, am 13. April hatten sie Wien erobert. Ich für meine Person gedachte auf jeden Fall, Wagrain zu verlassen, bevor sie kamen — nach allem, was über die Anwesenheit von Russen im besetzten Gebiet zu hören und zu lesen gewesen war. Die Eltern wollten bleiben. Sie hatten vom Fliehen genug.

Aber statt der Russen bewegte sich eines Tages Anfang Mai eine motorisierte Einheit von Amerikanern auf der Straße nach Radstadt. Ich beobachtete sie von meinem Krautacker aus, oben auf dem Hügel. Ich empfand nichts dabei, jedenfalls hielt das Gedächtnis keinerlei ungewöhnliche Regung fest. Seit Wochen von Gerüchten lebend — denn Zeitungen gab es nicht mehr, und welchem Rundfunksender sollte man glauben? —, befanden wir uns ja in einer Art Taubheit der Außenwelt gegenüber, auf alles Ungeheuerliche gefaßt, aber auch wieder kaum erleichtert, wenn es nicht eintrat. Heute erscheint es mir unbegreiflich, daß die tägliche Nahrungssuche alle Anteilnahme an den Ereignissen verschlang. Aber so war es.

Nachdem ich die Amerikaner gesehen hatte, widmete ich mich, als sei nichts geschehen, aufs neue dem Kohl auf meinem Acker, ärgerlich über die Raupen, die sich an ihm gütlich taten.

Am 9. Mai 0.01 Uhr war der Krieg beendet.

Am 13. Mai hatte das Deutsche Reich keine Regierung mehr. An diesem Tag kamen Soldaten eines Panzerkorps, die in Ungarn gekämpft hatten, über die Demarkationslinie in das Wagrainer Tal und blieben dort bis zu ihrer Überführung in amerikanische Gefangenenlager. Einer von ihnen, ein Edelmann, hoch zu Roß, dessen Gestalt, dessen Stimme, dessen

Bildung und Belesenheit, dessen Intelligenz mich berückte, wurde der Vater meines Kindes. Es war sein ausdrücklicher Wunsch, neben dem Sohn, den er aus geschiedener Ehe besaß, ein zweites Kind zu haben.

Zu erklären, warum er nicht mein Ehemann wurde, fällt mir nicht leicht. Es genügt nicht, darauf hinzuweisen, daß mein Glaube mir verbot, ihn zu heiraten. Denn WG hätte ich doch wohl geheiratet, auch gegen das Verbot der Kirche. Es verhielt sich anders.

Mein heftiges Gefühl für ihn, schnell angefacht, lichterloh brennend, ein Strohfeuer, war nicht von Dauer. Schon als er mich, nach wenigen gemeinsamen Tagen, verlassen mußte, empfand ich Erleichterung. Er hatte Gewohnheiten, die mich irritierten, Ansichten und Wertschätzungen, die ich nicht teilen konnte, eine Selbstsicherheit, die mir fremd war, die wilde Aggressionen hervorrief. Ich hoffte fest, ihn nie wiedersehen zu müssen, damit mir das Geständnis erspart blieb, daß die Kraft, mit der er mich angezogen hatte, nicht mehr wirkte, daß, im Gegenteil, feindliche Empfindungen vorherrschten.

Seinem Wiedereintritt in mein Leben nach der Rückkehr aus Österreich war ich überhaupt nicht gewachsen, verhedderte mich vielmehr in einem Gestrüpp aus halben Eingeständnissen und dem Bemühen, meine Verfassung zu verschweigen, umgab mich mit einem Gespinst aus Heuchelei, durchstieß es aber auch immer wieder mit hitzigen Ausfällen gegen Geringfügigkeiten: bemängelte das Rauchen, das Teetrinken, die Kleidung, den unachtsamen Umgang mit Gegenständen.

Ich hätte so gern die Tür zugemacht zwischen uns, wie man es nach beendeten Affären zu tun pflegt. Aber diese hier war eben nicht beendet, sie lebte fort in dem Kind, das ja wohl einen Anspruch darauf hatte, mit seinem Vater umzugehen. Oder wäre da besser kein Vater gewesen als einer, den die Mutter ablehnte? Das weiß ich bis heute nicht.

Viele Jahre quälte ich mich mit diesem Konflikt, gelangte nicht weiter als bis zu halbherzigen Lösungen. Ich empfing den

Vater, wenn er kommen wollte, brachte ihm auch gelegentlich das Kind, wenn er darauf drängte, ließ es zu ihm reisen, später, als es größer war, setzte es damit einem Einfluß aus, den ich für schädlich hielt: dem Einfluß eines sehr konservativen, politisch rechtsgerichteten Mannes, dem nationale Gesinnung über alles ging, der Geschichte, Gegenwart und Zukunft anders beurteilte als ich — seine Urteile aber, im Gegensatz zu mir, mit unerhörter Beredsamkeit begründen konnte. In jeder Auseinandersetzung war er mir überlegen. Er hinwiederum, Sohn eines hohen Offiziers, im spartanisch-preußischen Drill aufgewachsen, mißbilligte die Art und Weise, wie das Kind aufgezogen wurde, er nannte Verwöhnung, was mir als Respekt vor berechtigten Bedürfnissen erschien. Er nörgelte und mäkelte an all meinen Maßnahmen (sofern von »Maßnahmen« überhaupt die Rede sein konnte), brachte Verwirrung und Unsicherheit in ein ohnehin nicht stabiles Seelengefüge.

Viele Briefseiten lang schriftlich und viele Nachtstunden lang mündlich stritten wir über das, was dem Kind bekömmlich wäre und was nicht, fanden nie eine Brücke über das Wasser, das uns schied. Natürlich begriff er, nicht gewohnt, sich und sein Denken und Handeln je in Frage zu stellen, meinen Widerstand nicht, fühlte sich auf die unverständlichste Weise gequält und um das so sehr ersehnte Glück des Einverständnisses mit einer kleinen Tochter gebracht. Sah auch wohl mit Trauer, daß die strahlende Frau, die er sich da vom Wegrain gepflückt hatte, in eine höchst unangenehme, ständig gereizte Person sich verwandelt hatte, deren Äußerungen ihm schief und krumm erscheinen mußten — denn ich wand mich ja in seiner Gegenwart wie ein Wurm auf der Nadel, unfähig zu jeglicher aufrichtigen, freimütigen Begegnung.

So scheiterte ich denn in der allerwichtigsten Beziehung, die mir aufgetragen war, und belastete das Kind mit ungelösten Konflikten. Selbst wenn ich einrechne, daß auch der Vater Schuld trug, so wenig bereit, das Kind anzuerkennen, wie es war — so muß ich doch mir selbst die größere Schuld beimessen.

Schwimmend im Meer der Mutter-und-Kind-Zärtlichkeiten, des Einverständnisses mit einem geliebten Wesen, hätte ich ihn, der allein war und von den Anstrengungen um eine neue Existenz aufs äußerste beansprucht, nicht wegstoßen dürfen. Aber das weiß ich erst heute.

Christiane

Nach vier Wochen Übelkeit, täglichen Würgens und Erbrechens, Ekel vor nahezu allen Speisen, insbesondere vor der Brühe aus Pferdeknochen, die uns tagelang nährte, suchte ich zur Bestätigung meiner Vermutung das Krankenhaus in Markt Pongau auf, das nun wieder St. Johann hieß. Die Mutter machte derweil Besorgungen im Ort. Als wir uns wiedertrafen, teilte ich ihr die ärztliche Voraussage mit. Und sie, die Tochter aus der Tuchhandlung von der Mönchengladbacher Königstraße, ihr Leben lang den Textilien zugetan, was sagte sie? »O Kind«, sagte sie, »was willst du denn da im Winter anziehen?«

Rückblickend kann ich es nur schwer begreifen, warum ich nicht auf WG wartete, der doch immer einen Entschluß, unsere Zukunft betreffend, nach dem Ende des Krieges in Aussicht gestellt hatte. Meine Ungeduld mag wohl aus der apokalyptischen Stimmung jener Maiwochen zu erklären sein, in denen das ganze Gebäude, in dem wir gewohnt hatten, krachte, barst und stürzte: die Heimat fern und verwüstet; das Vaterland ein Götze, der seine Kinder verschlungen hatte, Millionen; keine Existenz, kein Beruf, kein Lebensraum außer diesen zwanzig Quadratmetern am Wegrain, auf geliehenem Boden — und der geliebte Mann gefangen im Netz seiner Pflichten, vermessen die Hoffnung, er werde sich in solchen Zeitläufen daraus befreien können. Daß ich im Berstenden, Krachenden, Stürzenden Halt suchte beim Schwächsten, bei einem noch nicht vorhandenen Wesen, mich anklammerte an ein Schleimklümpchen in meinem Leib, erscheint mir zwar geheimnisvoll, aber nicht ohne Sinn.

Gewollt hatte ich das Kind seit Jahren — nun wollte ich es erst recht, weil ich weniger denn je glaubte, allein bestehen zu können.

Die Mutter wußte es also, aber wir sprachen nicht viel darüber. Vor dem Vater sollte es zunächst geheimgehalten bleiben — ich fürchtete weniger seinen Unwillen als seine Verletzlichkeit. Im übrigen bereiteten beide ihre Abreise vor. Denn die sogenannte Ostmark, die uns aufgenommen hatte, fand sich im Handumdrehen zurückverwandelt in ein Österreich, das den »Reichsdeutschen« keineswegs wohlgesinnt war — gerade, daß man uns noch die Lebensmittelkarten zugestand. Aber wir hatten hier nichts zu lachen, fanden uns überraschenderweise umgeben von Leuten, die immer gegen den »Anschluß« gewesen waren und gegen den Hitler, obwohl ihr Land ihn uns doch beschert hatte.

Im September bestiegen die Eltern am Bahnhof von St. Johann einen bereitstehenden Güterwagen, wo sie sich mit ihren Koffern und Decken in eine Ecke hockten und weinten. Als Reiseziel hatten sie Bullay an der Mosel angegeben, die Tante Alwina wohnte da seit Jahren. Das Haus, in einer Siedlung über dem Ort gelegen, vermuteten sie unversehrt und hofften, darin fürs erste Platz zu finden.

Ich weinte nicht. Ich hatte die Hände voll zu tun mit den Dingen, die ich bis zur Abreise der Eltern aufgeschoben hatte, um sie nicht zu beunruhigen. Die Beschaffung einer Baby-Ausstattung einschließlich Badewanne und Schlafkörbchen war ein fast ebenso langwieriges und mühevolles Unternehmen, wie die Errichtung der Hütte es gewesen war. Ich machte die Runden und bettelte.

Die Näherin, selbst eine ledige Mutter, gab mir die Badewanne sofort und wollte nichts dafür.

Der Korbmacher fertigte eine zierliche Schlafstatt gegen silberne Ohrringe. Für je sechs Windeln und Moltontücher, Hemdchen und Jäckchen gab es Bezugscheine, wobei man sich unter Windeln graue Lappen aus einem baumwollähnlichen Gewebe vorzustellen hat. Mehrmalige Reisen nach Salzburg waren notwendig, um die Sachen zu bekommen. Dafür mußte mir Mädy Schlatter, mit der ich nicht die geringste Ähnlichkeit hatte, den Personalausweis leihen. An Reichsdeutsche wurde kein Ausweis ausgegeben. Ich trennte die von der Urgroßmutter gestrickte Bettspreite teilweise auf und fertigte Höschen; die Winterabende gingen hin mit dieser Beschäftigung. Vor dem Einschlafen aber gönnte ich mir eine Stunde Lektüre: Thomas Manns »Josefsroman« war es, der mich während mehrerer Wochen mit atemloser Bewunderung erfüllte.

Ich ging, entsprechend den Befürchtungen meiner Mutter, recht unzulänglich gekleidet: in einem schwarzseidenen Kleid, rüschengeschmückt, aus dem Pariser Schwarzhandel, und mit meinem alten Mantel aus der Oberprima, mir von der Selbstmörderin Liane Zimmer hinterlassen — beide Stücke ließen sich glücklicherweise immer wieder nach dem zunehmenden Bedarf erweitern. Es muß ein seltsamer Anblick gewesen sein, mich im tiefen Winter in diesen Gewändern die steilen, vereisten Bergpfade zu den Milch- und Butterquellen erklimmen zu sehen.

So weit die Textilien. Sie waren nicht die Hauptsache. Die Hauptsache war die Orgel.

Seit dem ersten Gottesdienst in der Wagrainer Kirche vor sieben Jahren hatte ich mit dem Kirchenbesuch an diesem Ort die größten Schwierigkeiten. Eine Mesnerin war es, die auf der Orgelbühne herrschte, über Manuale und Pedale und über einen Chor von etwa einem Dutzend ungeschlachter Kehlen, die nichtsdestoweniger — Gott sei ihnen allen gnädig — auf anspruchsvolle Darbietungen aus waren: Messen von Haydn, Mozart, Schubert. Gelegentlich gesellten sich ein paar Geigen, Flöten und Trompeten auf höchst eigenwillige Weise dazu.

Am allerschlimmsten war das langsame Tempo. Ton vor Ton setzten sie, wie ein bedächtig bergauf schlurfender Alter seine Füße; statt daß die Melodien dahinflossen, glichen sie mühselig im Sand mahlenden Karrenrädern. Für ein musikalisches Ohr war das, was sie da oben trieben, die Hölle. Überbot da die Orgel die falsche Vierstimmigkeit oder waren nicht doch die älplerischen Soprane, Tenöre und Bässe noch schlimmer anzuhören als das kurzatmige Instrument? Ich weiß es nicht mehr. Jedenfalls begann ich, in Wagrain mein Fehlen beim sonntäglichen Gottesdienst für entschuldbar zu halten — ich blieb fern. Das ging viele Jahre so bis zu dem Sommer, in dem die Hütte entstand. Da war der Wiener Arzt anwesend, der so gern Orgel spielte, daß selbst unser ächzendes Pfeifenwerk ihn nicht schreckte. Immer wieder saß er auf dem Bänkchen und ließ von einem angeheuerten Armenhausmandl die Bälge treten. Da klang auf einmal der alte Klapperkasten gar nicht so übel.

Eines Tages durfte ich es auch einmal versuchen. Der Doktor hatte alle Register gezogen. Irgendein ganz einfaches Präludium in C-Dur war aufgeschlagen — aber zuerst fand ich mich auf dem Manuale gar nicht zurecht, so anders erschien dem klaviergewohnten Auge die Anordnung mit der weit geringeren Tastenzahl. Als es mir schließlich gelang, die ersten Töne hervorzubringen, da war es mir, als ob diese überhaupt keinen Zusammenhang hätten mit meinen Händen, als ob der volle, dröhnende Klang mit mir davon wolle in die Lüfte. Nicht ich beherrschte ihn, er beherrschte mich. Ich griff einen Akkord, der aus drei Noten bestand — doch quoll von überallher ein Vielfaches an Tönen, es hüllte mich ein, deckte mich zu, ich war ganz machtlos auf meinem Sitz. Da entstand der Wunsch, das Orgelspiel zu erlernen, diese Gewalten zu zähmen, sie nach meinem Willen zu lenken. Und so kam es, daß ich, als die Mesnerin starb, mich antrug, den Gottesdienst auf der Orgel zu begleiten — das »Et cum spiritu tuo« und das »Deo gratias« hoffte ich mit ein wenig Glück zustande zu bringen.

Es war ähnlich verwegen wie das Unterfangen des Musikunterrichts im Mädcheninternat. Aber ich konnte mir ja Zeit nehmen zum Üben. Zunächst begleitete ich, nach den vorhandenen Noten, den Gemeindegesang, später auch die eine oder andere Schubert-Messe, besser, auf jeden Fall schneller als die Mesnerin. Trotzdem stand zu fürchten, daß sich die heilige Cäcilia über unseren Bemühungen immer noch die Ohren zuhalten mußte. Denn während ich spielte, ängstlich an den Noten klebend, mußten Chor und Orchester sehen, wo sie blieben, um sie konnte ich mich nicht kümmern.

Da griff der neubestellte Kooperator ein, so lang, wie der Pfarrer kurz, so ungeschlacht, wie der Pfarrer zierlich war, redete uns die ganze Kunstmusik aus und fing an, für das kommende Fest weihnachtliche Folklore mit uns zu üben. Wir versammelten uns abends bei der Riepler-Nani um den Tisch mit der Eckbank beim Enzian- oder Vogelbeerschnaps, der Kooperator teilte die handgeschriebenen Noten aus. Und dann waren wir die Hirten-steht-auf-vom-Schlaf, die Gloria-Gloria-Gott-in-der-Höh-Engel, wiegten das Kindlein, bogen das Herz zum Kripplein und kamen zum Stall mit dem Hackbrettl, dem Klarinettl und dem großen Sumsasumsei.

Die tiefe Freude dieser Weihnachtsnacht! Ich hatte mit den Freunden im Dorf gegessen und war dann in meine Hütte gegangen, um vor der Mitternachtsmette noch etwas allein zu sein. Ich hatte einen kleinen Baum mit ein paar Kerzen besteckt, irgendein freundlicher Mensch hatte ihn gebracht. Unter dem Baum stand der Korb mit den Babysachen, alles war bereit. Ein Stück nach dem andern nahm ich zur Hand, bedachte den Erwerb und wie es sich denn wohl ausnehmen würde an den Ärmchen und Beinchen, die sich in mir kräftig rührten. Freude — das ist zu wenig. Es war die reine Seligkeit, das unüberbietbare Einverständnis mit allem, was geschehen war. Ich trauerte nicht mehr um WG — die Fülle der mit ihm verbrachten Tage und Nächte reichte aus, um mich für ein ganzes Leben beschenkt zu fühlen. Ich willigte ein, daß er mir nach dem Gesetz meiner Kirche niemals würde gehören dürfen — ich wollte ja nun dieses Gesetz so treu, so genau befolgen wie zu der Zeit, als ich Annie Bender meine Mutter nannte. Ich trauerte nicht um unser verlorenes Hab und Gut — ich saß in der warmen Stube bei meinen Büchern, schlief in meinem schönen breiten Bett — brauchte ich mehr? Um niemanden mußte ich zittern. Die Eltern waren heil an der Mosel angekommen und hatten dort eine Bleibe gefunden. Günter und seine Frau hatten das Inferno von Dresden überstanden, wohnten bei Lores Eltern in der Nähe von München — auch dort wurde ein Kind erwartet. Ich hatte auch keine Angst vor der Zukunft. Was auch immer ich würde tun müssen, um meinen Unterhalt zu verdienen — das mir nun anvertraute Leben würde mir die Kraft dazu geben. Ich würde nie mehr allein sein. Ein Baby, ein kleines Kind, ein Schulkind, ein junger Mensch, ein Erwachsener würde, wenn kein Unglück geschah, mich begleiten, und jeder Abschnitt unseres gemeinsamen Weges würde voll sein von Überraschungen — gewiß auch von solchen schmerzlicher Art, aber das focht mich nicht an. Vielleicht würde ich auch Enkel noch erleben. Auch wenn das Kind nicht bei mir wäre — es wäre aber da. Sein Dasein würde meiner unordentlichen, schwankenden, ungenauen Existenz ein Gewicht geben, würde mich festhalten bei Pflichten, mich bewahren vor Abenteuern — keine Abenteuer mehr für eine gute Mutter!

Eines Tages fragte mich die erwachsene, in Liebesdingen nicht mehr unerfahrene Tochter, wie es denn nur möglich gewesen sei, bei diesem Entschluß zu bleiben. Die Erklärung ist fast lächerlich: die Brille, die ich seit Christianes Geburt trug, der widerwärtige Bauch, das dünn gewordene Haar — es schien mir undenkbar, daß jemand eine solche Person noch begehrenswert finden könnte; hier war also nicht Heroismus, hier war tiefe Resignation am Werke.

Zur Entbindung mußte ich nach Seekirchen bei Salzburg. Der Klinikbetrieb hatte sich noch nicht wieder in der Stadt eingerichtet, benutzte vielmehr eine ausgeräumte Schule, wo ich, vorsichtshalber, drei Tage zu früh eintraf. Mein Zimmer, vier Betten, befand sich in der Klasse Vb im zweiten Stock.

Am Tag vor der Geburt hatte ich seit dem Morgen leichte Wehen. Ich las, stopfte Strümpfe und schrieb Noten, Kontrapunktübungen — aber es wurde mir immer unbehaglicher dabei. Ich wußte nicht genau, ob das nun Wehen waren, es war ja eigentlich kein Schmerz, sondern mehr ein unangenehmer Drang nach unten.

Mir selbst überlassen, verbrachte ich den Nachmittag in einiger Unruhe. Gegen Abend ging ich dann in den Kreißsaal, da das Wehengefühl jetzt in ziemlich kurzen Abständen wiederkam. Dr. Palmrich untersuchte mich gleich und meinte, daß es gegen zwei Uhr in der Nacht soweit sein würde; bei der Aussicht auf so viele Stunden erschrak ich.

Da allerlei Leute im Kreißsaal anwesend waren, gab es zunächst eine ganz lebhafte Unterhaltung. Aber alle fünf Minuten mußte ich mich in einen Winkel zurückziehen, wo ich ungestört seufzen und ächzen konnte. Eine der beiden Gefährtinnen, eine ältere, sehr verkümmerte Frau, ging ebenfalls stöhnend auf und ab; die andere lag, bis zum Hals zugedeckt, und rührte sich nicht.

Gegen elf Uhr legte ich mich auf das Bett. Mir kam vor, als ob die Wehen am besten zu ertragen seien, wenn man ganz regungslos liegt und nur die Hände nach hinten gegen das Bettgitter stemmt. Wieder untersuchte der Doktor und sagte sehr liebreich: »Morgen habens' Ihr Kinderl!«

Die Hebamme zog sich in einen Nebenraum zurück, nachdem sie noch einige Fragen, vorzüglich die nach den Kindsvätern, an uns gestellt hatte. Meine Nachbarin wußte den Namen des ihrigen nicht, die andere wußte zwar seinen Namen, aber nicht seinen Aufenthalt. Mir legte Frau Eckardt diskret einen Notizblock und einen Bleistift hin für den Fall, daß ich den Namen aufzuschreiben wünschte. Aber ich wollte es nicht.

Unvermittelt war es bei der Regungslosen soweit. Etwa eine halbe Stunde brachte die Hebamme bei ihr zu. Dann geriet sie plötzlich in Aufregung, schickte nach den Ärzten, lief, in äußerster Geschäftigkeit mit Instrumenten hantierend, hin und her — ich vergaß fast meine Schmerzen vor Schreck und Aufregung. Was war geschehen? Was würde es geben? Die Ärzte kamen, die Patientin wurde auf den Operationstisch gehoben, durch einen Wandschirm für uns verdeckt. Ich versank im Abgrund einer Wehe, und als ich wieder auftauchte, hatte die Frau im allerletzten Augenblick vor dem Eingriff ihr Kind geboren.

Und dann widerfuhr mir dasselbe. Die Hebamme hatte nach den Herztönen gehorcht, sie waren nur noch schwach erkennbar, wieder wurde der Doktor gerufen, Wasser lief, Instrumente flogen, Lichter wurden eingeschaltet, während ich verzweifelt fragte, was mit mir geschehen würde. Es dauerte etwas, bis ich begriff, daß man das Kind mit der Zange holen wollte, weil die Herztöne schwach waren und manchmal ganz aussetzten. Dem zu entgehen, bot ich das Letzte an Willens- und Körperkräften auf — nicht, weil ich mich fürchtete, sondern weil ich besessen war von dem Wunsch, das Kind auf natürliche und normale Weise zur Welt zu bringen. Aber dann sagte der Doktor auf einmal sehr bestimmt: »Frau Sturm — es muß sein — Sie wollen doch ein lebendiges Kind zur Welt bringen.«

Die Hebamme kam mit der Spritze. Ich weinte, ich flehte, ich jammerte — wir hatten doch vorher ausgemacht, daß ich nur im alleräußersten Notfall betäubt werden sollte. Sie versprach ganz ausdrücklich, daß der Schlaf nur zwei Minuten dauern und ich den ersten Schrei meines Kindes ganz bestimmt hören sollte. Dann glitt die Nadel in meinen Arm.

»Frau Sturm, ein Mädchen!«

Das waren die Worte, unter denen ich aus der Tiefe des Schlafs heraufstieg. Was empfand ich? Eigentlich nichts, auch nichts, als dann das kleine Geschrei an mein Ohr drang. Aber als die Hebamme mir das Winzige, Rote hinreichte, dicht zu meinem Gesicht hin, als ich ihm das Kreuzzeichen auf Stirn, Mund und Brust machen konnte, da mußte ich ein bißchen weinen vor Freude.

Allerdings reichten zu einem richtigen vollen Glücksgefühl die Kräfte nicht aus. Außerdem wurde ich unten vernäht — und das tat weh.

Bevor ich den Kreißsaal verließ, wünschte ich mir, vom Doktor dazu aufgefordert, zur Belohnung für die Leistungen dieser Nacht zwei Roggenweckerl und einen Sandsack — jedoch wurde mir nur der zweite Wunsch erfüllt.

Es folgten Tage voller Schmerzen, an denen ich fast mehr litt als während der Entbindung. Unten reißt und brennt und zieht es, ich weiß nicht, wie ich liegen soll, ein Gummiring wäre gut, ist aber natürlich nicht aufzutreiben. Der Sandsack drückt und wird oft beiseite gelegt, das Wickeln ist wahrscheinlich überflüssig, es macht nur heiß. Am vierten Tag wirkt das Rhizinusöl und bereitet mir Qualen, die Brüste sind zu voll und müssen des öfteren abgepumpt werden. Das Essen ist grauslich, irgendeine zusammengemantschte Suppe, ein wässriger Brei aus Kartoffeln oder Erbsen, dick eingebranntes Sauerkraut, harte Knödel und Rüben, Rüben, Rüben. Die anderen essen Äpfel und Apfelsinen, Ananas und Pflaumenkompott, Kuchen und Keks, sie trinken Bier, Himbeersaft und Bohnenkaffee und verkünden es auch jedesmal laut, wenn sie etwas von diesen Herrlichkeiten zu sich nehmen.

Ich bin sehr allein mit meinen Gedanken, meinen Schmerzen und meiner Freude. Wie sehr wünsche ich mir, gepflegt, verwöhnt und geliebt zu werden! Aber ich habe es so gewollt, wie es gekommen ist — es ist gut, wenn ich mich vom ersten Tag an daran gewöhne, daß ich in dieser Hinsicht nichts zu erwarten habe.

Am 21. März 1946, dem Fest des heiligen Benedikt, wurde Christiane getauft. Sie trug sehr feine, wenn auch geliehene Sachen und ruhte in einem kostbaren Steckkissen, über hellblauer Seide weiße Stickerei mit der Darstellung des Crucifixus; ein Gebinde aus Palmkätzchen lag ihr auf der Brust. Die Taufkerze hatte ich mit dem goldenen Band von dem Honigglas umwunden, das mir der Kooperator am Josephitag schenkte.

Ich gab mir Mühe, auf die erhabenen Worte der Liturgie zu achten, aber die aufsteigenden Tränen hinderten mich daran. Am meisten ergriff es mich, als uns der Pfarrer, die Stola um das Steckkissen geschlungen, in die Kirche hineinführte, wo ein

Spalier von Kindern mit gefalteten Händen wartete und von der Orgel der Choral: »Brich an, du schönes Morgenlicht« herunterbrauste. Während es gesalbt und mit Wasser begossen wurde, weinte das Kind, wurde aber still, als die Orgel sich wieder hören ließ. Nach den letzten Gebeten, während wir zur Sakristei gingen, ertönte: »Wer nur den lieben Gott läßt walten!« Wie fraglos war ich bereit, ihn walten zu lassen!

Am nächsten Tag war ich mittags in der Kirche und spielte die Choräle, die der neue Mesner mir in ein Notenheftchen geschrieben hatte — als Taufgeschenk. Zum Schluß »Nun danket alle Gott«, pleno organo. Anschließend gab mir der Kooperator die Aussegnung für ledige Mütter, die mit den Worten schließt: »Vade in pace et noli peccare!«

In den folgenden Monaten wurde die Frage der Abreise nach Deutschland immer dringlicher. Nach langen Überlegungen, an welchen Ort ich denn gehen solle, erschien es mir als das einzig Mögliche, bei den Eltern an der Mosel unterzuschlüpfen. Auf meine vorsichtige Anfrage deswegen schrieb der Vater eine Karte; sie schloß mit der Versicherung, daß Christiane und ich mit vorbehaltloser Liebe erwartet würden.

Aber das Fortkommen war nicht einfach. Es ging wochenlang kein Zug aus Salzburg in die französisch besetzte Zone. Der Mai, der Juni, der Juli verstrichen. Schon bereit, gegen ein erhebliches Entgelt mit dem Kind auf dem Arm und einem Rucksack auf dem Rücken mich illegal über die Grenze führen zu lassen, bekam ich dann doch endlich einen Platz in einem legitimen Transport.

Abschied von Wagrain im Morgengrauen. Möbel und Hausrat im Güterwagen verladen, die Abfahrt, um Stunden verspätet, gegen Abend. An den folgenden Tagen Hitze, Lärm, Schmutz, entnervendes Warten auf den Bahnhöfen, Rangieren.

Das Kind schrie. Heißes Wasser zum Baden und Windelwaschen aus der Lokomotive, Fläschchenkochen auf offenem Feuer, zwischen den Schienen. Das Kind schrie. Vier Tage Lager in Lindau, ein überfüllter Schlafsaal, in dem es schnarchte und gähnte und flüsterte und sich auf knisternden Strohsäcken herumwarf. Das Kind schrie. Zwei Tage Lager in Offenburg. Das Kind schrie. Nach sechzehn Tagen Ankunft in Bullay, das letzte Stück auf dem Lastwagen mit Sack und Pack.

Da legte ich den Großeltern das Kind in die Arme, und sie liebten es sofort und über alle Maßen.

Bullay

Das Haus, rosa angestrichen, stand in einer Reihe mit zwölf anderen auf dem Hang oberhalb des Dorfes; man nannte das »die Siedlung«.

Aus den vorderen Fenstern hatten wir eine schöne Aussicht, die wuchs mir mit den Jahren ans Herz. Aber das ist fast auch schon das einzige, was zum Lob des Hauses zu sagen wäre. Es hatte den kleinlichen Zuschnitt eines Eisenbahner-Eigenheims, denn Bullay beschäftigte deren viele, es war D-Zug-Haltestelle und Beginn der Moseltal-Bahn, die von hier aus über sechzehn Stationen nach Trier rollte.

Eingerichtet war das Haus mit den Resten der Bonner Endenicher Straße: mit Sofa und Sesseln aus gepreßtem grünen Plüsch, mit Kredenz und Vertiko; mit des Großvaters Sekretär, Schreibtisch und Schrank aus Nußbaumholz; mit weißlackierten Doppelbetten und Waschkommode, mit Linoleumteppichen. Ein Bad gab es nicht. Man wusch sich in der Küche.

Alwina schlief dort auf einer Chaiselongue, der Vater im ersten Stock, die Mutter in der Dachkammer; die war ungelüftet, das Bett ungemacht, abends kroch sie hinein, wie sie morgens herausgestiegen war. Außerdem lebte in dem Haus Franziska, Alwinas Lebensfreundin und Sklavin, eine Person, deren armseliger Lebenslauf als früh aus dem Dienst geschiedene Postangestellte mit achtzig Mark Rente nur durch ihre leidenschaftliche Neigung zum Theaterspiel ein wenig erhellt wurde; dieser Neigung frönte sie, wo sie auch nur einer Jugendgruppe, eines Vereins, eines geselligen Zirkels habhaft werden konnte. Dann ließ sie ihr krauses schwarzes Haar herunter und war eine Salome, eine Potiphar, eine Stiefmutter, eine böse Fee, die Heftiges und Unheilvolles ins Publikum schleuderte.

Je länger ich in dem Haus wohnte, desto erbärmlicher kam es mir vor. Aber zuerst war es, für mich aus der Baracke, der

Himmel: das große, helle, reinliche Zimmer mit dem Kinderbettchen zu Füßen des meinigen; das Wasser aus der Leitung, die Waschmaschine im Keller, die Wasserspülung im Klosett. Und vier Menschen, die sich entzückt zeigten von dem Baby (wenn auch auf Alwinas Stimme ein ganz leichter Belag von moralischem Vorbehalt sich bemerkbar machte), vier, die bereit waren, mir zu helfen, mir eine Menge lästiger Obliegenheiten abzunehmen — es war der Himmel.

Die Meinen jedoch hatten sich eine ganz ansehnliche Hölle hergerichtet aus ihrem gemeinsamen Dasein. Nachdem man sich während der letzten zwanzig Jahre, in vielen gemeinsam verbrachten Ferientagen, aufs beste verstanden hatte, auch die beiden Schwägerinnen ein Herz und eine Seele schienen, hatten sie sich nun über den Lebensmittelzuteilungen fürchterlich entzweit. Schon als ich meine Vorräte aus der Mütter-Zulage, Zucker, Mehl und amerikanische Keks, arglos in die Küche trug, zischte mir die Mutter zu, ich solle das lassen, sonst sähen wir nichts davon wieder! Von Natur alle vier eher zur Großherzigkeit neigend, beargwöhnten sie jetzt einander auf das kleinlichste, hatten es schließlich so weit gebracht, daß getrennt gekocht und gegessen wurde. Die Gift- und Sumpfblüten aus der Endenicher Straße hatten sich fortgesät in die Bullayer Wohnküche hinein, wucherten weiter, und kein Mensch wußte, warum.

Ich war nach Deutschland mit der festsitzenden Vorstellung zurückgekehrt, als könne ich nur mit schwerer körperlicher Arbeit, mit Steineklopfen etwa oder Holzhacken, mein Dasein fristen. Statt dessen wurde ich Redakteurin beim »Rheinischen Merkur«.

Der »Rheinische Merkur« war eine der ersten Zeitungen, der nach Beendigung des Krieges eine Lizenz erteilt wurde: der ehemalige Auslandskorrespondent deutscher Blätter in London, Paris, Rom und Bern, der Emigrant F. A. Kramer, hatte sie bekommen. Am 15. März 1946 erschien die erste Nummer. Der erste Satz auf der ersten Seite lautete: »Es gibt keinen größeren Namen, zu dem wir greifen könnten —«, und es folgte eine Huldigung an Joseph von Görres, den Begründer des »Rheinischen Merkur« von 1814.

Für mich war es eine freudige Überraschung, in unserer total zertrümmerten Welt eine Zeitung in der Hand halten zu können. Ich schickte zwei Arbeiten hin: ein kleines Stück von Claudel, das ich einmal übersetzt hatte, und den »Pilzspaziergang«, eine Naturbetrachtung feuilletonistischer Art. Nicht nur, daß diese beiden Sachen sofort gedruckt wurden — sie trugen mir auch die Aufforderung ein, so bald wie möglich zum Verlagsort, nach Koblenz, zu kommen; der Herausgeber wolle mich kennenlernen. Die Erdarbeiten an unserm verstopften Abflußkanal unterbrechend, unternahm ich sogleich diese Reise, die wegen der zerstörten Moselbrücken langwierig und umständlich war, gelangte an deren Ende vor einen dicken kleinen Herrn mit blondem Schnurrbart, der sich über die Mitteilungen betreffs meines Lebensverlaufes höchst befriedigt zeigte und die Unterhaltung mit der Frage beendete, ob ich in die Feuilletonredaktion eintreten wolle.

Ich erbat mir Bedenkzeit und kehrte mit beschwertem Herzen nach Hause zurück.

Das Angebot war in vielfacher, besonders in materieller Hinsicht verlockend. Zwar würde es sich wieder einmal um eine Tätigkeit handeln, für die ich weder Vorbildung noch fachliche Kompetenz besaß — doch war dies die geringste Sorge. Aber das Kind! Das acht Monate alte Baby, das mich brauchte, dessen Aufwachsen zu erleben und zu lenken Sinn und Zweck meines Daseins war! War es denn möglich, es den Alten zu überlassen?

Nach vielen beklemmenden Überlegungen bot ich F. A. Kramer einen Kompromiß an. Drei Tage in der Woche

Koblenz, während der übrigen Zeit Arbeit am häuslichen Schreib- bzw. Küchentisch; der Kompromiß wurde angenommen.

Es ging, es ging so einigermaßen. Da der Herausgeber vor allem meine eigenen Beiträge schätzte, konnte ich noch etwas öfter als veranschlagt zu Hause bleiben und diese Beiträge in der Küche, nachts, am erkaltenden Herd, anfertigen, von dem Maisbrot kauend, das den Redakteuren zweimal wöchentlich als Sonderration zugeteilt wurde. Vor allem schrieb ich die Leitartikel zu den großen Festen des Kirchenjahres, Martin, Michael und Cäcilia eingeschlossen. Die erste Weihnachtsbetrachtung, von den Liedern handelnd, wurde ein übermäßiger Erfolg. Er veranlaßte wildfremde Menschen zu mitleidsvoller Anteilnahme in Gestalt von Briefen und Geschenken; noch Jahre später schickte man daraufhin Kleider und Wäschestücke für Christiane, selbstgenäht!

Neben der Herstellung gemütvoller und gedankenreicher Prosa war es meine Aufgabe, die Korrespondenz mit den Autoren und mit solchen, die es gern gewesen wären, zu führen. Schriftlich und mündlich hatte ich mich da der dichtenden Kleinbürgerinnen zu erwehren. Am schlimmsten waren die alten Füchsinnen, die im Presseklüngel der zwanziger Jahre zu lokaler Bedeutung gelangt waren, mit ihren abgetakelten Gäulen auf allen Allgemeinplätzen das Rennen gemacht hatten, nun unverdrossen unterwegs von Redaktion zu Redaktion, die Veröffentlichung ihrer Gartenlauben-Idyllen heischend. Sie bedrängten mich, wenn ich sie, geduckt hinter meinem Schreibtisch, in Fülle und Beredsamkeit mir gegenüber sah, ich versicherte ihnen, bald zu schreiben und verwünschte meine Schwäche, die der Beharrlichkeit ihrer Ansprüche nicht gewachsen war.

Dann schon lieber Briefe, die gelegentlich rührend waren. Der Schüler mit seiner ungelenken Baudelaire-Übersetzung (alle Welt übersetzte auf einmal Baudelaire!), der kranke alte Mann, dem die Fütterung der Vögel so sehr am Herzen lag, daß er das in Reime bringen mußte; die Lehrerstochter vom Hunsrück, die sich »demnächst der schriftstellerischen Laufbahn« widmen wollte und Verse schickte, eine Kreuzung von Rilke und Emmanuel Geibel; der geflüchtete Schlesier, der sich in das »kulturelle Leben« wieder einschalten wollte, und die alte Heimatdichterin aus dem Sudetenland, die nicht begreifen konnte, daß auf den rauchenden Trümmern eine andere Literatur wuchs als die Wald- und Wiesenlyrik ihrer Generation. Ich gab mir mit allen unendliche Mühe, glaubte, dazu verpflichtet zu sein, auch dem unfähigsten Schreiber auf verbindliche Weise mitzuteilen, warum wir ihn nicht drucken konnten. Schließlich galt es, mit Hilfe des Adlatus Eduard, nach einem strengen Schema die Kulturseiten mit Väterweisheit und -kurzweil zu füllen: »Die gute Einkehr« mit den Untertiteln »Von Frauenlob und Treue — Besinnung im Heim — Ausblick in die Welt«, das allgemeine Feuilleton »Am silbernen Strom« und für die Jugend die Seite »Kume, kum, Geselle mîn«. Bevorzugt waren rheinische Autoren wie Jakob Kneip, Stefan Andres, Johannes Kirschweng, Elisabeth Langgässer, Leute, die makellos durchs Dritte Reich gekommen waren. Aber deren hatten wir nicht allzu viele. Deshalb plünderten wir noch vorhandene Bibliotheken in Koblenz und Umgebung, um daraus Altbewährtes zu entnehmen und abzudrucken. Wir druckten Selma Lagerlöfs »Mädchen vom Moorhof«, Dostojewskis »Raskolnikow« und Hilaire Bellocs »Lateinschüler« als Fortsetzungsromane, außerdem viel Französisches aus dem Renouveau Catholique. Wir druckten nichts aus dem Gebiet der Naturwissenschaften, der Psychologie, der Psychoanalyse; Kramer hatte nichts übrig für Leute, die einem »in die Seelenfalten kriechen«. Gegenüber »moderner« Kunst war er skeptisch, es gab Streit, wenn Autoren wie Anouilh, Thornton Wilder oder Carl Zuckmayer positiv beurteilt wurden. Schriftstellern wie Thomas Mann und André Gide galten starke Vorbehalte. Später änderte sich das natürlich ein wenig; aber in den ersten zwei, drei Jahren wurden wir alle in das Korsett einer provinziellen weltanschaulichpolitischen Konzeption gezwängt, bei jedem zaghaften Ausbruchsversuch herrschte Angst, und die wenigsten von uns waren imstande, Kramer ins Angesicht zu widerstehen. Das alles ging mir gegen den Strich, mein Geist war angelegt auf Experimentieren und Ausprobieren, auf Umschauhalten und Wählen; je länger ich mit Kramer umging, desto weniger mochte ich den Mann.

Wie alle damaligen Zeitungen wurde auch der »Rheinische Merkur« zensiert: von einem Presse-Offizier der Besatzungsmacht, einem französischen Juden elsässischer Abstammung, M. Bing. Der Zugang zu seinem Zimmer führte durch die Feuilletonredaktion. Eines Tages schmiß er mir, unfreundlich wie immer (er hatte jeden Grund, unfreundlich zu sein!), ein Heft auf den Schreibtisch — es war ein Auszug aus Artur Koestlers »Abreise und Ankunft«. Artur Koestler war für uns damals eine der Sensationen Europas, dieser verlorene Sohn, verloren aus dem bürgerlichen ins proletarische Lager und von da in ein politisches und weltanschauliches Niemandsland gefallen. Ich sollte mir das mal ansehen, sagte M. Bing, und den angekreuzten Text zu übersetzen versuchen — er würde das gern in unserer Zeitung sehen. Das Heft enthielt Zeichnungen französischer Künstler aus Konzentrationslagern. Es war das erste Mal, daß ich so etwas zu Gesicht bekam, es traf mich bis ins Mark.

Die Konzentrationslager. Für mich waren sie bis zum Ende des Krieges, bis zum Nürnberger Prozeß, nichts als ein Gegenstand von Gemunkel gewesen — bis auf zwei mit eigenen Augen gesehene, mit eigenen Ohren gehörte Fakten: die Kolonne in gestreiften Anzügen, an der ich in Riga mittags mit der Straßenbahn vorüberfuhr und von der es hieß, das seien KZ-Häftlinge; ferner die hin und wieder in der Familie erwähnte Tatsache, daß eine Schwester des angeheirateten Onkels befreundet sei mit einem SS-Mann, der ein Konzentrationslager im Hunsrück bewache. Da aber die Schwester leitende Angestellte in einem überaus katholischen Unternehmen war, dachte niemand daran, in diesem Fall Verbrechen, wie sie später offenbar wurden, in Betracht zu ziehen. Die Schwester des Onkels hat den Kommandanten nach dem Krieg geheiratet und ihn in ihrem Schlafzimmer, notfalls im Kleiderschrank, versteckt gehalten. Er starb, bevor er zur Rechenschaft gezogen werden konnte.

Mittlerweile wußte ich mehr. Oder wußte ich doch nicht? Zum mindesten lag das Gewußte fast noch hinter der Schwelle zum Bewußtsein, vielleicht, weil man sonst gar nicht hätte leben können? Man wußte — aber das Gewußte war kein Bild. Jetzt lagen die Bilder auf meinem Schreibtisch. Erhängte, Verhungerte, Erfrorene, Mißhandelte, Gruben voller Leichen, Betten voller Gerippe, Großaufnahmen von Gesichtern, aus deren Augen der nahe Hungertod glomm, Stacheldrahtzäune, in deren Maschen die Hände von Toten verkrallt waren. Dazu ein Stück aus Artur Koestlers Roman. Darin wurde beschrieben, wie einige Eisenbahnwaggons voll Juden bei einem verlassenen Steinbruch in Lastwagen mit Hilfe der nach innen gelenkten Auspuffgase umgebracht wurden. Es war eine in ihrer unsentimentalen Genauigkeit meisterhafte Schilderung. Ich übersetzte sie aus dem Französischen, geschüttelt von Grauen über jedes Wort, schließlich zu Boden geworfen und wieder auf die Füße kommend als eine andere, endlich, endlich nicht mehr schwankend zwischen ja-aber und nein-vielleicht-doch, sondern die geöffneten Augen nun ohne Blinzeln und Schielen auf den teuflischen Wahnsinn gerichtet, der es mit uns zwölf Jahre lang getrieben hatte.

Von diesem Tag an war das »Vaterland« seiner schmerzlichen Glorie beraubt, klang mir das stolze Wort »national« schrill in den Ohren, wurde mir Soldatentum zum Handlangerdienst am Verbrechen. Dem Krieg war seine Maske als Verteidigung höherer Werte abgerissen, er war nichts als Massenmord, und als wenig später, im November 1948, F. A. Kramer in einem seiner Kommentare vorschlug, es solle sich im Notfall eine Art Landwehr mit Dreschflegeln auf die Koblenzer

Rheinbrücke begeben, um den Russen entgegenzutreten, da war er für mich gestorben. Am Schreibtisch in der Koblenzer Görresstraße wurde ich für den Rest meines Lebens gefeit gegen alle Anfechtungen aus dem rechten Lager. Ich erkannte es als die Brut- und Niststätte der ruchlosen Gedanken und Taten, die uns zugrunde gerichtet hatten.

Wahrscheinlich half mir das reinigende und befestigende Erlebnis mit seinen Schmerzen von Scham und Reue, ziemlich klaglos die Unbilden zu ertragen, denen wir in den drei ersten Jahren nach dem Krieg ausgesetzt waren; sie waren ja auch nur Nadelstiche, verglichen mit dem Keller- und Bunkerelend, das so viele Flüchtlinge zu erdulden hatten. Flüchtlinge allerdings waren auch wir, dazu noch Flüchtlinge in der französischen Zone, die bei weitem die am schlechtesten versorgte war; beispielsweise gab es hier überhaupt keinen Zucker. Auch wir lebten als Fremde unter Nachbarn, die alle über eine hervorragende Tauschware verfügten: über Wein. Wir hatten keinen Wein. Wir hatten auch nicht: Teppiche, Bilder, Silber, Porzellan, Kleider, Schuhe und Wäsche zum Tauschen. Wir hatten nichts als drei Raucherkarten. Dafür handelten wir am Ort Gemüse und Kartoffeln ein. Nach etwa einem Jahr erfuhr ich von der Existenz des schwarzen Marktes in Koblenz. Bei Luise setzte ich mein Gehalt, dreizehnhundert Mark, in Butter und Kaffee um. Auch die Winterkartoffeln bezog ich von dort, lagerte sie unterm Bett im Zimmer eines Kollegen und schleppte sie rucksackweise nach Haus, desgleichen ein Fäßchen Heringe, einen Eimer Marmelade und vom Westerwald ein Steingutfaß für saure Bohnen, einen Sack voll Möhren, Vitamine für das Kind.

Was für eine Aufgabe, die ersten Schuhe für Christiane zu besorgen! Ich drängte mich zu einer Reportage über eine Stuttgarter Schuhfabrik in der Hoffnung, es könne da etwas für mich abfallen — umsonst. Eine Bekannte mit internationalen Verbindungen brachte mir ein Stückchen Ziegenleder. Der Schuster sagte für dreißig Zigaretten die Anfertigung zu — aber

Schäfte müsse er haben; der Schäftemacher, endlich ausfindig gemacht, war Nichtraucher, er wollte Lebensmittel. Der Erwerb auch nur der geringsten Ware setzte Schlangestehen, Betteln, mehrmalige Gänge und Verabredungen voraus, eine Häufung unzähliger unscheinbarer Schwierigkeiten machte den Alltag zermürbend.

Hinzu kam die Kälte des ersten Nachkriegswinters, Schnee und Frost. Der Weg zum Bahnhof, morgens um sechs, war völlig vereist, ich zog Heinrichs wollene Socken über die Schuhe, um herunterzukommen. Die Züge ungeheizt, Holzbretter statt der Fensterscheiben, nach zwei Stunden Fahrzeit mit Halt auf jeder Station war man ein Eisklotz. Die Rückfahrt am Abend bot Schwierigkeiten anderer Art: Massen von Reisenden mit ungefügem Gepäck, die den Zug stürmten, so daß manchmal nur ein Platz auf dem Trittbrett blieb, und nicht selten mußten wir uns in einen leeren Güterwagen drängen.

Wenn ich mir vorstelle, mit welchen politischen, wirtschaftlichen und kulturellen Ereignissen die Jahre nach dem Zusammenbruch ausgefüllt waren, dann kann ich es kaum fassen, wie wenig davon für mein Dasein Gewicht hatte. Die Aburteilung und Hinrichtung der führenden Nationalsozialisten, das Bekanntwerden vom Ausmaß des Widerstandes, das Hereinströmen der zehn Millionen Flüchtlinge aus dem Osten, die Demontagen im Ruhrgebiet, die Entnazifizierung mit ihren so anfechtbaren Spruchkammerverfahren, insbesondere für Künstler; die Berliner Blockade, die Vorbereitungen für eine föderalistische Verfassung, die Annahme des Grundgesetzes und die Ernennung Konrad Adenauers zum Bundeskanzler, die Währungsreform, die Diskussion über eine deutsche Wiederbewaffung, die Begegnung mit Existentialismus und Surrealismus ebenso wie die mit den angelsächsischen Realisten Hemingway und Graham Greene, die Auseinandersetzungen um die littérature pure und die littérature engagée — das alles fiel in die ersten Lebensjahre meiner Tochter, und ich nahm es kaum zur Kenntnis. Das Kind anzuschauen, seine Schritte zu lenken, mseine Sprache zu bilden — davon war ich erfüllt. Aber vielleicht war meine Teilnahmlosigkeit an den öffentlichen Vorgängen nicht einmal so ungewöhnlich. Die meisten von uns brauchten ja all ihre Kraft zur Bewältigung des Alltags, man interessierte sich kaum für die Entwicklung des politischen Lebens. Müde, zerbrochen, den Sinn auf Banalitäten gerichtet, schlugen wir uns durch die Tage. Verstrickt in Notdurft und Sorgen, erlebten wir die Befreiung nicht als Befreite — ganz abgesehen davon, daß viele nicht wahrhaben wollten, mit dem Ausgang des Krieges vom Übel befreit zu sein.

Aber das Kind gedieh. Es wurde während meiner Abwesenheit von den Großeltern liebevoll versorgt. Morgens stand die rothaarige Hanna, nachmittags die blonde Gertrud ihnen zur Seite, zwei Vierzehnjährige, die sich gern etwas verdienen wollten. Auf diese Weise konnte ich den doppelten Verpflichtungen zu Hause und in Koblenz einigermaßen nachkommen.

War der Alltag verworren, schwierig, mühevoll und kräftezehrend, so lebten wir dafür andererseits unter dem schützenden Dach des christlichen Glaubens in friedlicher Unangefochtenheit. Es hatten sich ja die alten kirchlichen Strukturen mit der erstaunlichsten Schnelligkeit wiederhergestellt (was von manchen beklagt wurde). Der sensationelle Brief »Über die Kirche« der Ida Friederike Görres in den »Frankfurter Heften«, November 1946, deckte es auf, daß die alten Züge auf den erneuerten Geleisen über die alten Strecken fuhren. Der Brief übte harte Kritik an der seelsorgerischen Praxis, am Predigtstil, an der selbstsüchtigen Bequemlichkeit in so vielen Pfarrhäusern, an den Versuchen der Anbiederung durch gespieltmondänes Auftreten. Trotzdem war der Zulauf zu den so unangefochten aus Verfemung und Verachtung hervorgegangenen alten Glaubensgemeinschaften beträchtlich, aus opportunistischen Gründen, aber auch, weil es einem inneren Bedürfnis entsprach. Mein Vater zum Beispiel wurde in jenen Jahren in Bullay zum Kirchgänger, Beichtstuhl und Kommunionbank hatten ihn wieder.

Mit starker Gemütsbewegung, aber auch mit wohlbegründeten Argumenten feierten sowohl die schlichteren Geister als auch viele intellektuelle Zeitgenossen die Wiedereinsetzung der Idee vom christlichen Abendland als der Grund- und Prägeform unseres gesellschaftlichen und politischen Lebens. Aber Walter Dirks wollte davon schon damals nichts wissen, die Formel »christliches Abendland« ersetzte er durch den Begriff »sozialistisches Europa«. Er erkannte auch scharfsichtig die »leere, fiebrige Geschäftigkeit der Nachkriegsgesellschaft«, an deren Grundantrieben sich auch durch die überstandene Katastrophe nicht viel geändert habe.

Wir im »Rheinischen Merkur« erblickten in der christlichen Religion den fraglos geglaubten Überbau über all unserm Denken und Tun. Alles, was ich damals schrieb, durfte diesen Überbau voraussetzen: ob es sich um Berichte über Dichter- oder Philosphentagungen, um Natur- oder Musikbetrachtungen, um Weidenkätzchen oder Glockenguß handeln mochte. Ich beschwor die Vision des Erzengels Michael, Schutzpatrons der Deutschen, wie er unser Land »in seinen Händen trägt«. Zum Neujahrsfest, was damals noch das »Fest des hl. Namens Jesu« war, erklärte ich auf der ersten Seite des Blattes: »Zum Fest des Namens läuten die Glocken, auf daß wir dessen eingedenk seien, welch große und heilige Bewandtnis es mit dem Namen hat. Zunächst und vor allem mit dem Namen dessen, vor dem sich ›jedes Knie beugt im Himmel, auf Erden und unter der Erde‹ ...« Eine Ostermeditation berief sich auf die Verchristlichung der Wissenschaften, vor allem durch Planck, Jordan und Weizsäcker, die die mechanische Anschauung der Welt durch die kosmozentrische, auf Schöpfung hinweisende, abgelöst hätten. Möglicherweise am Rand dieses Weltbildes sich aufhaltende Ungläubige betrachteten wir mit mitleidigem Staunen, überzeugt, daß sie binnen kurzem ebenfalls unter unser herrliches, geräumiges, wärmendes Dach schlüpfen würden.

Wir dachten nicht nur, wir lebten auch mit den Glaubensinhalten. Die Feste des Kirchenjahres, lange vorbereitet, lange nachwirkend, glichen Überschwemmungen mit Frömmigkeit, durch und durch wurden wir damit getränkt. Auch als es nach der Währungsreform wieder zu essen gab, hielten wir das Fasten- und Abstinenzgebot, übten in der vorösterlichen sowohl wie in der vorweihnachtlichen Zeit Enthaltsamkeit von süßen Sachen, nur an den Sonntagen Gaudete und Laetare durfte sie durchbrochen werden.

Wir sahen den heiligen Martin in goldenen Wolken aus Fackelschein und Novembernebel dahinreiten; mit dem Kind auf dem Arm ging ich in der Fronleichnamsprozession hinter den weißgekleideten Mädchen, die Blumensträuße trugen und auf blauen Samtkissen Lämmer, Herzen und Rosetten aus Gips. An Dreikönigen schrieben wir mit Kreide die heiligen Buchstaben C+B+M über unsere Türen; zu Lichtmeß zogen wir mit brennenden Kerzen durchs Haus vom Keller bis zum Speicher. Selbstverständlich trug ich das Kreuz aus Asche am Aschermittwoch und wischte es nicht weg beim Verlassen der Kirche. Am Karfreitag, wenn »die Glocken nach Rom geflogen« waren und die Meßdiener mit hölzernen Ratschen durchs Dorf zogen, durfte nichts gearbeitet, nicht einmal eine Nähnadel angefaßt werden. Mittags um drei herrschte Grabesstille — wer hätte es gewagt, auch nur den Lautsprecher anzumachen?

Der Höhepunkt aller Festlichkeiten war die Auferstehungsfeier in der Osternacht. War das Haus von oben bis unten geputzt, alle Wäsche gewaschen, waren alle Betten geklopft, alle Kuchen gebacken, die Eier gefärbt und die ausgeblasenen an einer Pyramide aus Palmzweigen aufgehängt, gab man sich dem Ereignis aus Leibeskräften hin. Um Mitternacht beginnend, dauerte die Feier damals an die drei Stunden. sie begann mit dem Anzünden des Osterfeuers vor dem geschlossenen Portal, mit dem Einzug der Lichter in den dunklen Kirchenraum, dem dreimaligen, jedesmal um einen Ton höher gesungenen Osterruf »Lumen Christi!«; das weitere vollzog sich in aller Breite: der herrliche Gesang des Exsultet, zahlreiche Lesungen, die Allerheiligenlitanei, ungekürzt; die Zeremonien um das Wasser, das »heilige und unschuldige Geschöpf Gottes« — ja, die Elemente waren noch anwesend in dieser Liturgie, auch der fleißigen Biene wurde gedacht, der wir das Wachs der Kerzen verdanken. Und dann der unerhörte, der herzsprengende Augenblick, wenn nach den kargen Trauerwochen mit dem Gloria der Jubel ausbricht, die Glocken vom Turm, die Klingeln der Meßdiener und die Orgel mit allen Registern sich hören lassen und nach vollbrachtem Latein das Kirchenvolk sich voll hineinwirft in das trierische Osterlied »Preis dem Todesüberwinder«. Ich kenne Woodstock nicht, aber so ähnlich muß das damals in Bullay gewesen sein, Weihrauch und Orgelbraus berauschten uns die Sinne. Nie wieder haben ich später Ähnliches erlebt.

Man kann mir sagen, das alles habe mit wahrer Frömmigkeit nichts zu tun. Da müßte ich fragen, was denn wohl dem Ereignis der Auferstehung — sofern man vorbehaltlos daran glaubt — angemessener ist: der Jubel der Leute von der Mosel im Jahr 1952 oder unsere heutige, so viel gemessenere Art, das Ereignis zu begehen? Mit reduzierten Texten und verkürzter Handlung, vielfach ohne Osterfeuer, ohne daß die Osterkerze ins Wasser getaucht würde, ohne diesen Akt von so hoher und einprägsamer Sinnbildlichkeit? Walter Dirks sagt, nur durch Kürzung und Straffung sei die Karsamstags-Liturgie für die Volkskirche vollziehbar geworden. Damit mag er recht haben. Trotzdem bleibt daran zu erinnern, daß eines der wesentlichen Elemente des Festes seine Dauer ist. Von den Äußerungen jüdischer Frömmigkeit ergreift mich am meisten der Feiertag Yom Kippur, den die Gläubigen von morgens bis abends betend in der Synagoge verbringen.

Zudem möchte ich darauf bestehen, daß Ekstasen unerläßlich sind. Nur wer außer sich sein kann, ist wirklich bei sich, bei sich und bei denen, die ihn brauchen.

Auch wenn ich mir damals der Bedeutung von Fest und Feier nicht so bewußt war wie heute, nachdem ich darüber viel gelesen und nachgedacht habe und von dem schmerzlichen, so oft durch Drogen gestillten Bedürfnis junger Leute nach ekstatischen Momenten weiß — ich habe mich schon damals bemüht, der kleinen Tochter etwas davon zu vermitteln, sie mit festlichen Worten, Gebärden und Taten zu sättigen. Sonntags nahm ich sie mit in den Gottesdienst — allerdings ersparte ich ihr die Predigt, die ein Ekzess an Gelehrsamkeit war, eine Suada, die Gemeinde niederwalzend, ein Panzerfahrzeug.

Ein Teil des Nachmittags war der Heiligenverehrung gewidmet. Ich erzählte eine Legende und konterfeite mit Buntstiften dann die betreffende Person — wobei es auf abwechslungsreiche und prunkvolle Kleidung und die »Attribute« ankam: St. Gertrud mit Spaten und Maus, St. Agnes mit dem Lämmchen, St. Joseph mit der Lilie, St. Veronika mit dem Tüchlein, St. Georg mit dem Drachen — ein Haupt- und Glanzstück meiner Zeichenkunst.

Anschließend gab es simple, aber ausgiebige Spiele mit den Puppen, Besuchen und Verreisen rund um den Küchentisch. In späteren Jahren fragte mich Christiane einmal, ob ich das eigentlich gern getan hätte. Darauf gibt es keine eindeutige Antwort. Die Nähe zu meinem Kind, das Bewußtsein, etwas Liebes, etwas Förderliches für es zu tun, seine Fantasie anzuregen, in Spiel Leben vorwegzunehmen und es so Umgang mit Menschen und Dingen zu lehren — das war mir eine starke Freude. Hingegen hätte ich manchmal gern mehr mir selber gelebt, mich all den Erscheinungen zugewandt, die, nachdem die ersten Notjahre überstanden waren, am Horizont heraufzogen und bedacht und beredet sein wollten. Ich muß gestehen, daß Abende in Koblenz, Andernach, Trier oder Bonn, im Theater, im Konzert, in Vorträgen oder in Gesprächen mir nicht weniger bedeuteten als die mit dem Kind verbrachte Zeit. Unvergeßlich das Doppelzimmer im Koblenzer »Kleinen Riesen«, das die Kollegen Manes Kadow und Gustaf Zerres, der eine im Feuilleton, der andere in der Politik beschäftigt, zusammen bewohnten. Ich kam gelegentlich dazu, und wir durchmaßen zu dritt, untergehakt wegen der Kälte, der Schräge nach das Zimmer wohl an die hundertmal, schossen, eifrige Weberschiffchen, unsere Ideen und Vorstellungen durch die Kette der Zeitläufe und dachten wunders, was wir da woben. Wir entwarfen eine Tageszeitung, das Blatt einer christlichen Avantgarde — statt der Nachhut, in die wir uns momentan eingereiht sahen. Es sollte in einer rein und genau formulierten ziemlich nahen Verbindung zur politischen Linken stehen. Eine harte, klare, unverblümte, keine Schatzkästlein-Sprache sollte darin gesprochen werden, scharf, aber mit aller journalistischen Eleganz und Fixigkeit sollte es die Dinge beim Namen nennen, auf die es ankommt. Wahrscheinlich schwebte uns so etwas wie die alte Rhein-Mainische Volkszeitung vor.

Aber im ganzen fühlte ich mich doch eher abseits von dem, was draußen vor sich ging, als Hausfrau in Küche und Garten beschäftigt, in den Erdbeeren, in den Brombeeren, in den Pilzen; als Kindergärtnerin das Malen, Singen und Theaterspielen anführend, als Krankenschwester ins Zimmer gesperrt mit der Kleinen, die Scharlach hatte; als Freizeitgestalter mit Scharen von Kindern unterwegs, Feuerchen anzündend und Tee kochend im Freien, auf der heißen Höhe, im kühlen Tal beim Bach; zum Schwimmen nach Bad Bertrich, Christiane im Korb auf dem Fahrrad, oder zum Baden in der Mosel, das konnte man damals noch. Hin und wieder natürlich zwickte mich die Ungeduld, wenn wir da so von Blume zu Blume schlenderten, Käfer betrachteten, Steine in Pfützen warfen, Häuser in den Sand malten und einige hundertmal vom Mäuerchen sprangen — anstatt daß ich Briefe schrieb, Manuskripte redigierte, Neuerscheinungen las. Aber ich sah auch gleich wieder ein, wie wichtig es war, daß mein Kind das Staunen übte vor den Naturgestalten, daß es geöffnete Sinne, ein empfängliches Herz hatte — wichtiger, als daß ich zu meinen Papieren kam.

Daß ich eine ledige Mutter war, ließ mich meine Umwelt kaum fühlen. Der »Rheinische Merkur« war eine starke Rückendeckung, desgleichen die Position des Vaters, der seinen Ruhestand noch einmal verlassen und die Leitung der Berufsschule im Kreis Zell übernommen hatte. Schließlich gewann auch die Mutter Ansehen, fand zu einem leidlich damenhaften Zustand zurück. Nachdem sie die Trainingshosen abgelegt hatte, Montur für die Hamsterfahrten in die britische Zone, wobei sie auf nächtliche Aufenthalte in Bunkern und Gefängnissen zurückblicken konnte, wurde sie von der Frau des Apothekers eingeladen und damit in das, was sich in Bullay für die Gesellschaft hielt, aufgenommen.

Auch das Kind selbst bereitete keinerlei Schwierigkeiten — was wohl in seiner Natur lag, vielleicht aber auch davon herrührte, daß mir pädagogische Erkenntnisse zufielen, die erst viel später, zur Zeit der anti-autoritären Erziehung, in Gebrauch kamen. Ich empfand von allem Anfang an, daß es ein Recht hatte, zu sein, wie es war, daß man es respektieren und gewähren lassen müsse, wenn das eben möglich war. Zur Herrschaft hatte ich ohnehin keinerlei Verhältnis, anordnen, befehlen und durchführen waren mir tief unsympathische Worte. So traf das Buch der Maria Montessori, »Kinder sind anders«, das 1952 bei uns erschien, auf einen vorbereiteten Boden und bestätigte nur, was ich mir selbst immer schon gedacht hatte. Das Kind war gleichberechtigter Partner, ein jeder seiner Ansprüche war sorgfältig zu prüfen, abzuweisen nur, wenn es unverhältnismäßiger Anstrengungen bedurft hätte, ihn zu erfüllen.

Je näher Christianes erster Schultag rückte, desto größere Bedeutung gewann der Bereich »Schule« in meinem Bewußtsein. Ganz elementar empfand ich zunächst den Schmerz, das Kind hergeben zu müssen; die Unwiderruflichkeit des vergangenen Lebensabschnitts. Nur widerwillig mochte ich daran denken, daß nun eine fremde Person an der Entwicklung des Kindes beteiligt sein würde. Ihr mußte man das Recht einräumen mitzubestimmen, ihr ziemlich freie Hand lassen, man konnte ihr kaum dreinreden, durfte nicht einmal dabeisein und zusehen, wie sie's anstellte. Man kannte sie nicht, sie war vom Staat bestellt, die einzige Gewähr dafür, daß sie es einigermaßen richtig machen würde, war ein Examen, das ihr Wissen und ihre Kenntnis der Methoden geprüft hatte.

Von äußerstem Mißtrauen gegen die Bullayer Volksschule erfüllt, war ich eine Zeitlang mit dem Gedanken umgegangen, nach Heppenheim an der Bergstraße zu ziehen, damit Christiane die Odenwaldschule besuchen könne. Aber es müssen wohl massive Hindernisse diesem Plan im Wege gewesen sein.

Die Bullayer Volksschule also, unten im Dorf, nahe der Kirche, wo sie hingehörte. In der Klasse drei Reihen zweisitziger Bänke, davor das Katheder unter einem Vierfarbendruck des Göttlichen Kinderfreundes, auf dem Katheder Fräulein Bode, so männerfeindlich wie Alwina, aber wallend im Fett, gutmütig. Wenn man an der Schule vorbeigeht, hört man ihre eindringliche Stimme bis auf die Straße schallen, ebenso den Chor der Kinder, die ihre Lektion leiern.

Fräulein Bode war nicht die Schlimmste. Ich besuchte sie vor dem ersten Schultag, erklärte ihr Christianes familiäre Situation und bat sie, den fehlenden Vater in der Klasse nicht auffällig werden zu lassen; sie war, wenn auch auf kühle Weise, verständnisvoll.

Ich legte ihr dann schriftlich meine Vorstellungen über die richtigen Bildungsziele vor: daß alle Kräfte des Kindes zu entfalten seien, Denken, Gestalten und Sich-Bewegen. Kenntnisse zu erwerben, so teilte ich ihr mit, sei nicht vorrangig. Ebenso wichtig, wenn nicht wichtiger, erscheine es mir, sich ausdrücken zu lernen, etwas zu schaffen, zu formen, zu gestalten. Und nicht minder wichtig, den Körper in Bewegung, Gang, Sprache und Gebärde zu beherrschen und eine in Fertigkeiten geübte Hand zu besitzen.

Fräulein Bode las das und legte es wohlwollend weg. Sie paukte Schreiben, Lesen, Rechnen und hängte als eine Art Schnörkel ein bißchen Malen, Turnen, Singen an. Das Kind war's zufrieden, empfand keinen Mangel — die Schule, insofern sie erforderliche Fertigkeiten lehrte, war ihr kein Übel, da schickte sie sich willig. Aber die Kinder!

Christiane erlebte jetzt in aller Schärfe, was ihr immer schon undeutlich im Bewußtsein gelegen hatte: Andersartigkeit, Fremdheit, Ausgeschiedensein. Sie sprach anders, war anders gekleidet (die andern trugen Schürzen mit Kräuselvolants!), wir waren anders eingerichtet, aßen anders (auf keinen Fall Blutwurst!). Ihre Mutter arbeitete am Schreibtisch — nicht im Weinberg oder hinter der Ladentheke. Es fehlte der strenge, der kommandierende, auch Ohrfeigen austeilende Vater. Alle diese Unterschiede erfüllten sie keineswegs mit Genugtuung — so wie vordem mein Bruder und ich Stolz empfunden hatten wegen der Herausgehobenheit des Elternhauses. Sie wäre lieber im Normalen untergetaucht. Es bereitete ihr Pein, mit einem Großvater, der sang, durchs Dorf zu gehen; sie wollte kein Aufsehen.

Als dann ihre unbesonnene Mutter mit einem Feuilleton, das ein dörfliches Hochamt zum Gegenstand hatte, ganz Bullay gegen sich aufbrachte, fiel Christiane vollends aus dem Gefüge der Gruppe, ihrer Klasse. Sie konnte hier keine Wurzeln mehr fassen. Heimat war Bullay nur in den Brombeerhecken auf der Höhe, im Ginster am Hang, bei den Akeleien im Bachtal, bei Kreuzkraut, Lungenkraut und Kuckuslichtnelke auf den Wiesen. Bei den Menschen war Heimat nicht zu finden gewesen.

Kramers Mannschaft war starken Wechseln unterworfen, da war ein ständiges Kommen und Gehen, schon zu meiner Zeit, später erst recht. Unter den neuen Mitarbeitern erschien mir Otto B. Roegele in seiner finsteren Melancholie als feindlich. Obwohl er zunächst nur die Position eines Assistenten beim Herausgeber innehatte, mußte ich von ihm allerhand bevor mundende und maßregelnde Äußerungen hinnehmen. Ähnliches widerfuhr mir von Curt Hohoff. Der gelernte Literaturhistoriker war mir beängstigend überlegen und ließ mich das auch fühlen. Er brachte, aus München kommend, einige neue Autoren mit, darunter Eugen Roth, Ernst Heimeran, Alfred Andersch und Hermann Kasack. Das Biedermännisch-Rheinische verschwand mehr und mehr aus unseren Spalten zugunsten südlicher Weltläufigkeit. Ich sah mich, in meiner allzu hehren Diktion, in der Nachbarschaft von Leuten, die sich frech und salopp, im Sprechstil, ausdrückten, die »Gesicht« statt »Antlitz« sagten!

Immer stärker empfand ich, daß ich nicht mehr dazugehörte. Den Stolz der Redaktionskollegen, einem so brillanten, politisch auch höchst wirksamen Publizisten wie F. A. Kramer unterstellt zu sein, teilte ich nicht. Ich machte mir nichts daraus, daß wir einen Minister, Adolf Süsterhenn, zum ständigen Mitarbeiter hatten, daß die politischen Vorstellungen Kramers über Süsterhenns Vermittlung in die Verfassung der Bundesrepublik eingingen. Die großen Haupt-Sachen in Kramers Denken, die föderalistische Struktur unseres Staates, die soziale Marktwirtschaft und die Einigung Europas waren mir eher gleichgültig — in Anbetracht des restaurativen Charakters, den das neue Staatswesen sehen ließ. Sicher war das damals eine große Zeit für das Blatt, als es sozusagen die Richtlinien erarbeiten und publizieren konnte, nach denen dann Politik gemacht wurde. Aber eben diese Politik war mir von allem Anfang an suspekt wegen ihrer starren Haltung dem Osten gegenüber. Ich wollte gehen, fand aber nicht den Mut dazu.

Dann bekam ich, zusammen mit einigen anderen, die Kündigung. Man begründete diesen Schritt mit Sparmaßnahmen. Eduard hingegen versichert, es sei meine Unbotmäßigkeit gewesen, die dazu geführt habe. Daß ich so gefährlich nah an den Rändern des von Kramer für wahr und richtig Befundenen ansässig gewesen sei, das habe dieser je länger je weniger ertragen können. Seine starke Wertschätzung meiner Person sei in ihr Gegenteil umgeschlagen, als ich eine »gewagte« Meditation über die Ehe von Manfred Hausmann (wie gewagt kann sie schon gewesen sein!) in die Frauenseite habe bringen wollen. Aber vielleicht hätte ich auch nicht, zu vorgerückter Stunde nach einer Pressekonferenz in Bad Kreuznach, mit P. J. Stein auf dem Tisch tanzen sollen . . .

Während ich unverdrossen und etwas sorgenvoll, was die Zukunft betraf, ein Dutzend Zeitungen und auch den Rundfunk mit meinen Naturbetrachtungen und frommen Meditationen belieferte, wurde die »Frankfurter Allgemeine Zeitung« gegründet — durch eine nun in mythisches Dunkel gehüllte Prozedur ging sie hervor aus der schon länger bestehenden »Allgemeinen Zeitung«. Die Mainzer Verlagsanstalt auf der Großen Bleiche stellte ihr fürs erste einige Redakteure und eine Unterkunft zur Verfügung. Karl Korn, den ich kannte, leitete das Feuilleton.

Mehr aus Pflichtgefühl denn aus Neigung bewarb ich mich um Aufnahme in die Redaktion. Karl Korn antwortete skeptisch: er fürchtete, ich sei zu eigensinnig und zu katholisch für das Team.

Aber dann nahmen sie mich doch.

Ich wollte es und wollte es auch wieder nicht. Nahm ich an, dann bedeutete das, daß ich früher oder später nach Mainz ziehen oder das Kind noch mehr als bisher allein lassen mußte. Beides war kaum zu verantworten. Christiane aus ihrer ländlichen Umgebung in die zertrümmerte Stadt zu holen und sie einem Hort anzuvertrauen, war mir ebensowenig vorstellbar wie die Trennung.

Ich hätte vielmehr gern ein zweites Kind gehabt. Diesem Verlangen hatte ich öffentlich Ausdruck gegeben in einem Beitrag für die »Zeit«, wo in einer Folge von Artikeln die

»Mutterfamilie« diskutiert wurde. Daraufhin wollten meine katholischen Abnehmer mich eine geraume Zeitlang nicht mehr drucken — was ich ihnen nicht verübeln konnte. Im Rückblick sehe ich in dieser Verhedderung von Privatem und Öffentlichem, in die ich immer wieder fiel, Mutterschaftssorgen wie Liebeshändel mit den Brotgebern, das größte Hindernis auf dem Weg zu voller Wirksamkeit in meinem Beruf. Die notwendige Scheidung zwischen beiden Bereichen fällt wohl immer Frauen schwerer als Männern; mir fiel sie besonders schwer, und ich habe das büßen müssen.

Weder das Verlangen nach einem zweiten Kind noch der Wunsch nach einem Leben in der Natur, nahe bei den Elementen, ließ sich mit dem angestrebten Platz in einer Redaktion vereinbaren. Ich konnte an die Stadt nur mit Schaudern denken, nur unter großen Schmerzen den Ort verlassen, an dem ich eine bescheidene Zuflucht gefunden hatte. Er war nicht schön, wohl der unansehnlichste von allen Moselorten flußauf und flußab, und die Landschaft ringsum hatte nichts von der Fülle und Kraft des Gebirges, aus dem ich gekommen war, es ging nicht um augenfällig Schönes, wenn ich da bleiben wollte. Es ging um die Brombeeren, den Ginster und die Akeleien, um die luftigen Höhen, die hitzebrütenden Hänge und das Bachtal, wo das Kind so gerne war. Um die Flur im Frühling, wenn rosa Schollen, von Apfelblütenblättern beschneit, sich über den Kartoffeln und der Zuckerrübensaat wölbten, Maiglöckchen, Salomonssiegel und Veilchen am Waldrand. Statt in diesen grünen Räumen würde ich mich in einem notdürftig eingerichteten Büro inmitten von Trümmern aufhalten, von Papieren bedrängt, von Broschüren und Büchern. Ich hatte Angst vor dem Schreibtisch mit Telefon und Terminkalender — ganz abgesehen von der Angst vor meinem Mangel an Kompetenz und Zuständigkeit. Kein Eduard würde die anfallenden Arbeiten in der Setzerei und am Umbruchtisch für mich erledigen — und ich konnte nicht einmal die Schriftgrade auseinanderhalten! Zudem: wie wenig wußte ich über die Zeitströmungen —

Blumen, Steine und Kinder waren mir ja wichtiger gewesen.

Trotzdem ging ich nach Mainz.

Aber die Arbeit machte mir keine Freude. Nur ungern betrat ich den dritten Stock des Verlagshauses, den man der neuen Gründung eingeräumt hatte. Noch heute spüre ich das Unbehagen, verursacht durch das Öffnen und Schließen der großen eisernen Tür, den Anblick der rohen Wände, des zusammengeschusterten Mobiliars, meines kleinen tintenfleckigen Schreibtischs, eine Art Armesünderbänkchen neben den großmächtigen der Kollegen. Wir verfügten alle zusammen nur über eine Sekretärin und eine einzige Schreibmaschine!

Meine Aufgabe war es, alle acht Tage vier Seiten Frauenbeilage und vier Seiten Literaturblatt zusammenzustellen — wobei die Frauenbeilage auch eine recht anspruchsvolle graphische Gestaltung verlangte, von der ich natürlich keine Ahnung hatte; Karl Korn mäkelte denn auch ständig daran herum. Angst vor der Aufgabe, Angst vor den Menschen! Besonders der gewaltige Paul Sethe, der mittags im Korridor auf und ab wanderte, in Gedanken seinen Leitartikel entwerfend, flößte mir Furcht ein. Seine politische Klugheit, seine frühe Einsicht in die Notwendigkeit von Entspannungspolitik wußte ich damals noch nicht zu würdigen; wenige Jahre später schnitt ich mir jeden seiner Leitartikel aus, ich besitze sie noch heute. Wieviel vergeudete Zeit hätte die Bonner Außenpolitik sich sparen können, wenn seine Mahnungen zur Gesprächsbereitschaft mit dem anderen Deutschland schon damals befolgt worden wären! Den meisten Zeitgenossen weit voraus in seinen Überlegungen, war Sethe kühn genug, die Deutschen darauf aufmerksam zu machen, daß den Amerikanern nicht das geringste an einer Wiedervereinigung liegen konnte, weil diese ihnen unnütz und unerwünscht erschien. Er zeigte, wie der Slogan: erst gesamtdeutsche Wahlen, dann Friedensverhandlungen, genau die falsche Reihenfolge aufstellte; daß atlantisches Bündnis und Wiedervereinigung unvereinbar sind.

Die Entwicklung der Dinge gab ihm nur zu recht. Aber der

Mann ist daran zerbrochen, daß die Mächtigen in seinem Land und jenseits des Ozeans nicht sahen, was uns heute so einsichtig erscheint. Weder die eine noch die andere der beiden großen Parteien war damals imstande, sich von den Vorstellungen des Freund-Feind-Denkens zu befreien.

1955 trennte Paul Sethe sich von der Zeitung, mit deren Generallinie — der Zustimmung zu Adenauers Politik — er nicht mehr übereinstimmen konnte. Er ging nach Hamburg, arbeitete freudlos für die »Welt«, den »Spiegel« und die »Zeit« und starb 1967, einer der klügsten und selbständigsten Köpfe, die je in unserer Presse Politik gemacht haben.

Aber damals, im Flur, empfand ich nur seine grimmige Übermacht — so töricht das sein mochte angesichts seiner Bereitwilligkeit, Frauen als Kolleginnen um sich zu haben. Auch die Konferenz mit den Herausgebern, lauter gestandenen Zeitungsleuten, die zum Teil aus der alten »Frankfurter Zeitung« stammten, verunsicherte mich täglich. Schwer war es zudem mit Karl Korn und seiner vulkanischen Beschaffenheit — nie wußte man, was er im nächsten Augenblick ausspucken würde, Wohlwollen oder Zorn. So sehr ich seine Feder schätzte, sein Urteil, seine Präsenz bei allen Erscheinungen des kulturellen Lebens — ich war froh, wenn sein Platz im Büro leer blieb, seine einschüchternde Stimme nicht laut wurde. Einzig den Volontären Robert Held und Adelbert Weinstein fühlte ich mich einigermaßen gewachsen, faßte auch zu Martin Ruppert, dessen Gesicht ich gerne ansah, ein Zutrauen. Ich war da in eine festgeschlossene Männergesellschaft geraten. Sie hatten ihre geselligen Abende zusammen, große Saufereien in der »Liedertafel«, ihre Fahrradausflüge ins Wispertal; da war keiner, den die Probleme einer berufstätigen Mutter auch nur im geringsten interessiert hätte.

Mir aber war nach wie vor mein Leben mit den Meinigen wichtiger als die Redaktion. Anstatt mich in typographische Details zu vertiefen und mich im Umbruch zu vervollkommnen, kaufte ich Möbel, Lampen, Teppiche, Spielzeug, Kleidung, war, vor und nach der Arbeit, unablässig unterwegs in der schrecklich zerstörten Stadt, deren Warenangebot jedoch bereits beträchtlich war, verkroch mich abends, wenn ich nicht nach Hause fuhr, in ein kleines Hotel am Rheinufer — zu müde, zu traurig, zu beklommen, um noch etwas zu lesen. Noch immer bewegte sich mein Dasein fernab von den Ereignissen des politischen und gesellschaftlichen Lebens.

So war die Tätigkeit in dieser Redaktion nicht von langer Dauer. Zwei Tage mit Christiane, in denen wir einen Kindergarten erprobten, genügten, um mich zu überzeugen, daß das nicht gehen würde. Eine schon gemietete finstere, lieblos instand gesetzte Wohnung wurde wieder abgegeben, das Dienstverhältnis mit dem Hause in das einer freien Mitarbeiterin umgewandelt. Ich konnte für das Feuilleton, die Frauenseite, das Literaturblatt so viel schreiben, daß ein bescheidener Lebensunterhalt damit zu bestreiten sein würde. Die Seite »Bilder und Zeiten« in der Wochenendbeilage eröffnete ich mit der Betrachtung »Liebes, altes Klavier« am 12. Januar 1952 — fünfundzwanzig Jahre lang habe ich seitdem daran mitgewirkt mit Reportagen über Orte, Personen und Tätigkeiten: über Schäfer, Rheinschiffer und Zauberer, über Roulettespiel und Glockenguß, über Dirnen, Zigeuner und Brieftaubenzüchter, über den Hexenaberglauben, den Kölner Karneval, den Zoo und die Friedhöfe, über Island und Marokko, über Lourdes und Taizé, über Radfahren, Wandern und Baden . . .

Die disparatesten Themen — aber gerade das machte mir Vergnügen: mich auf vielen Feldern zu tummeln, in vielen Sätteln zu reiten. Ich ließ es auch nicht bei Reportagen bewenden, sondern sprengte querbeet vom Reiseblatt übers Literaturblatt zur Frauenseite, zum Feuilleton und zu aktuellen Berichten für die Seiten »Deutschland und die Welt«, Informationen raffend und sie, gefällig angeordnet, weiterreichend an ein meist zustimmendes und mich reichlich mit Beifall bedenkendes Publikum.

In der Planetenbahn

Die bedeutendsten Begegnungen in jenen Jahren waren die mit Gerhard Nebel und Erhart Kästner.

Jahrelang lief ich am äußersten Rande mit in der Bahn dieser Planeten, die, ihrerseits wieder um Jünger, Heidegger und Carl Schmitt kreisend, in so hellem Geisteslicht strahlten, nun aber, nach ihrem Tod, schon fast verloschen sind. Ich versuche, in die Glut zu blasen, sie auf meine Weise sichtbar werden zu lassen, das scheint mir wichtig. Sie haben die Einsichten, Auskünfte und Erkenntnisse, die wir im letzten Jahrzehnt durch die Wissenschaften erfuhren, im dichterischen Wort ausgesprochen. Das dringt, anders als das Soziologen-Kauderwelsch unserer Tage, in tiefere Schichten ein.

Ich hatte Nebels Buch »Von den Elementen« gelesen und mich mächtig angezogen gefühlt. Ich suchte ihn in Wuppertal auf, fand ihn, an undeutlichen Beschwerden leidend, zu Bett, jedoch von der Ankunft einer begeisterten Leserin derart animiert, daß er sofort aufstand und mit mir zu einigen Freunden aufbrach.

Bald darauf nahm ich an der Verleihung des Kunstpreises teil, mit dem die Stadt Wuppertal ihn ehrte, einer Freundschaftsorgie, bei der ich Erhart Kästner und Heinrich Gremmels kennenlernte.

Am Tag nach der Preisverleihung besuchten wir Carl Schmitt in Plettenberg. Eine Art ingrimmiger Heiterkeit ging aus von dem kleinen dunklen Mann in seinem kleinen dunklen Zimmer. Ich wußte natürlich von seinen antisemitischen Ausfällen im Dritten Reich, kannte ihn als den Vater der Freund-Feind-Kategorie, die so viel Unheil im politischen Denken der Zeit angerichtet hatte, empfand aber dann doch mehr Bewunderung als Abneigung. Den Inhalt der Gespräche habe ich vergessen. Ich weiß nur noch, daß ich hingerissen den Reden und Widerreden zuhörte, die da den vier Männern mit solch gewaltiger Geläufigkeit von den Lippen gingen.

Später besuchte ich auch Kästner, der in Wolfenbüttel die Herzog-August-Bibliothek leitete. Seine Sensibilität für die Erscheinungen der Natur und für die Vorgänge der Epoche, seine feingliedrige Sprachkunst hatte mir schon lange viel bedeutet. In der Bibliothek wie auch in seiner Wohnung begegnete mir zum erstenmal jenes von uns heute so geschätzte Miteinander nüchterner, funktionaler Strukturen mit alten, kostbaren Dingen. Von Friedrich Wilhelm Krämer hatte er den wilhelminischen Bibliotheksbau schonend umändern lassen für die Sammlung von Bildbänden moderner Malerei, die er anlegte. Ich war dort sehr gerne, wenn auch immer etwas beklommen — ich kam ja aus der Bullayer Wohnküche!

Nur wenige Kilometer entfernt wohnte der dritte der Freunde, Gremmels, Stadtdirektor von Königslutter, der getreue Heinrich, im Gegensatz zum Junggesellen und pretiösen Eremiten Kästner ein Mann mit großer Familie. Geschätzt als Gesprächspartner, als scharf denkender Kopf, gelegentlich »bild- und weltlos« gescholten, war er ein Mann der unerschütterlichen Freundschaft — zwischen den beiden Schnellgereizten und Hochnervösen, die sich denn auch auf gemeinsamer Wüstenfahrt entzweiten und fast bis zu ihrem Lebensende, zwanzig Jahre lang, entzweit blieben. Kurz zuvor reiste Nebel nach Staufen, wo Kästner, nun mit Frau und Tochter, seinen Ruhesitz hatte in einem Haus, das mit weinbehangener Terrasse, mit efeuumsponnenem, kunstvoll gepflasterten Höfchen den Traum von Griechenland ins Südbadische transportierte. Mühsam erstieg Nebel, der einstmals große Wanderer, die Höhe des Hangs, ohne zu wissen, daß ihm selbst, daß auch dem Freund schon der Tod in den Eingeweiden saß, und sie schieden versöhnt.

Nebel, mittelgroß, athletisch gebaut, aber mit zarten Händen, mit hellem, schmetternden Jungensgelächter, mit braunen Augen, einem Bocksbärtchen am Kinn, einen knotigen Spazierstock handhabend, mit dem er, wie er verlauten ließ, auch dreinschlug. Kästner, ein schlanker Astheniker, helläugig hinter der Brille, heiter im Umgang, doch mit plötzlichen Spritzern scharfen Spottes (ich bekam davon ab wegen meiner damaligen Zugehörigkeit zu Heinemanns Gesamtdeutscher Volkspartei!).

Von Griechenland fanden sich beide mächtig angezogen. Dem einen, Kästner, erwuchs daraus Kenntnis der Landschaft, der Menschen und der Verhältnisse, die sich im Werk auf angenehme Weise kundtat; der andere schürfte aus dem Studium der griechischen Dichtung und Philosophie ungewöhnliche Funde, dieserhalb beargwöhnt von der Fachwelt, über die er sich doch siebenmal erhob. Der Unterschied: Kästner ließ sich formen von dem, was er in Griechenland antraf; Nebel blieb der Barbar, der großartige, der er seit Jugendtagen war, oft von grotesker Maßlosigkeit.

Beide Autoren waren mit dem Schönen befaßt, Nebel in einem gewaltigen Traktat über »Das Ereignis des Schönen«, während ihn doch, so Kästner, niemals in seinem Leben ein Bild oder eine Musik wirklich getroffen hätten! Kästner hingegen in unablässigem Umgang mit Schönem, mit den Bildern der Zeitgenossen vor allem. Nebel hatte jedoch, so scheint mir, die Beziehung zum Elementaren voraus. In diesem Bereich bedeutete er mir am meisten: wenn er von den Elementen als von den Ursprüngen sprach, zu denen wir zurückkehren müßten durch die Tore der sinnlichen Anschauung; denn sie sei es, die alle Erkenntnis eröffne; es gelte, die Sinne zu reinigen und sie mit den großen Urgestalten der Schöpfung wieder vertraut zu machen — Einsichten, die mir später durch Hugo Kükelhaus aufs nachdrücklichste bestätigt wurden, die, bei allem Ortswechsel, nie zu revidieren waren; ihr Wahrheitsgehalt nahm zu mit der Zeit.

Ich erinnere mich an Nebel als einen witzigen Erzähler, immer auf dem laufenden über den europäischen Klatsch, den er beim Wein zum besten gab. Natürlich war er ein großer

Zecher, sein Gott war Dionysos, so wie der Kästners Apoll war. Was für ein Fest, Nebels fünfzigster Geburtstag auf Schloß Kirchberg am Bodensee! Zwei Tage lang wurde es mit etwa zwanzig Freunden gefeiert.

Nebel war ein lebendiger Beweis für die Behauptung, daß Intelligenz aus Bewegung kommt; er bewegte sich als Boxer, als Schwimmer, als Gärtner, als Wanderer, als Wanderer vor allem, oft unterwegs mit dem Rucksack, in Gesellschaft von Freunden. Er scheute auf Reisen keinerlei Beschwernis. Überzeugt, daß der Mensch auf Schweißvergießen angelegt sei, durchstreifte er Marokko per Bus mit Frau und Kind, kehrte ein und übernachtete in den einfachen Unterkünften der Einheimischen; Komfort bedeutete ihm Verweichlichung. Während seiner Gymnasiallehrerzeit unterrichtete er auch im Turnen; Heinrich Böll weiß sich an diese Turnstunden zu erinnern.

Ein großer Leser war Nebel vor allem — allerdings nicht der Tagesliteratur, obwohl er sich auch hier auskannte. Von den amerikanischen Erzählern hielt er wenig, Thomas Mann verachtete er (das tat übrigens auch Kästner). In den späteren Jahren beschäftigte er sich vorwiegend mit Theologie, stellte aber gegen die zeitgenössische Lehre von Barth bis Bonhoeffer, die er mißbilligte, sein eigenes lutherisches Bekenntnis. Kästner hingegen hielt es eher mit der Spiritualität der Ostkirche und dem katholischen Glauben an die Analogia entis als mit der »Feldwebeltheologie« von der Verworfenheit der geschaffenen Welt. In einem bitterbösen Brief sprach er von Nebels »Christusgeschrei«, das jener nicht anstimmen dürfe, weil er nicht danach lebe. In der Tat war es schwer, in Nebel einen Nachfolger Christi zu erblicken. Der Umgang mit ihm wurde zunehmend schwieriger, sein immer schon recht intolerantes und selbstherrliches Wesen steigerte sich zu schwer erträglicher Arroganz. Das verdarb ihm manche Freundschaft. Sein Zwang, alles zu radikalisieren, es durch Übertreibung ins Groteske zu steigern, kostete ihn schließlich zahlreiche Leser, auch den Nachruhm, den sein fast dreißigbändiges Werk verdient hätte;

denn an Kraft und Unmittelbarkeit des Ausdrucks überragt es die meisten der Heutigen weit. Natürlich hat man ihm auch sein konservatives Denken übelgenommen, hat den »ekstatischen Traditionalisten« mit seinem Affront gegen den Zeitgeist zum Reaktionär gestempelt. Dabei dürfte mittlerweile seine Klage darüber, daß da kein Gott mehr sei, »keine Macht, kein Bund, keine Treue, kein Opfer, kein Dienst, weder Leidenschaft noch Enthaltung« (aus dem Kapitel über den Fortschritt in »Zeit und Zeiten«) von Jahr zu Jahr einleuchtender werden.

Auch Kästner war ein konservativer Revolutionär, nur leiser. Die Zeitläufe, gezogen von dem »Zwiegespann« Herstellung und Verbrauch, betrachtete er mit ungeduldiger Sorge, am Schluß mit zorniger Resignation. Er sah, daß den Zeitgenossen außer Wohlstand alles fehlte. Aus dem Betrieb emigrieren, sich jeden Dienstes an den Mächten enthalten, mit ihren Priestern und Dienern brechen — das war seine letzte Weisheit. Kübel voll Spott schüttete er vor allem über die Verderber der Sprache aus (»dies hochgetrimmt Sterile, dieses Lukaczische Gerede aus dem Hades« schreibt er in einem Brief an einen Studenten, der unter die Soziologen gefallen war, und fährt dann fort: »Kehr um, lieber Krischan, komm wieder unter die Menschen!«) Er selbst ging mit der Sprache auf altväterisch-elegante Weise um, gelöst und heiter, die Bilder bauend mit leichter Hand. Er fand, daß guter Stil etwas mit Nächstenliebe zu tun habe.

Mit den Jahren entfernte ich mich aus der Planetenbahn um die beiden Erlauchten; ein wenig verärgert darüber, daß sie es unsereinem überließen, überall, wo es brannte, die Feuerwehr zu machen, hin und her zu jagen von einem gefährdeten Platz zum andern, uns herumschlagend mit den Brandstiftern — während sie selbst in ihren grünen Gehäusen saßen und über das Wesen von Bränden meditierten. Doch erkenne ich heute mit Bewunderung, daß ihre Arbeit unseren Aktualitäten auf die erstaunlichste Weise vorauseilte, daß durch sie die große Weltzerstörung eindringlicher, erschreckender und somit wirksamer dargestellt wird, als der Meadows-Bericht beispielsweise das vermag.

Das verhexte Haus

Hatten mir während der Kinderzeit Kleider ungewöhnlich viel bedeutet, so war während der Kriegsjahre das Essen für mich von der größten Wichtigkeit. Ich besorgte, von Unterbrechungen abgesehen, im elterlichen Haushalt die Einkäufe und das Kochen und verwandte viel Aufmerksamkeit darauf, mit dem, was uns zugeteilt wurde, abwechslungsreiche und gesunde Speisen auf den Tisch zu bringen. Ich entdeckte die Welt der Kräuter, der wilden Früchte und Blätter, wußte von jedem, wozu es diente, pflanzte auch manches selber an. In das Programm gehörte Spinat aus Brennesseln und Sauerampfer, Tee aus Erdbeer-, Brombeer- oder Himbeerblättern, Salat aus Löwenzahn, Gänseblümchen, Huflattich und Vogelmiere. Mit Beifuß, der an unserm Zaun wuchs, waren gewöhnliche Bratkartoffeln in ein apartes Gericht zu verwandeln — ich servierte das einmal nachts um drei einigen hungrigen Gästen; sie lobten es sehr.

Ich glaubte an die mittelalterliche Signaturenlehre, die im Spiegel des Pflanzenleibes die Organe des Menschenleibes erblickt, glaubte dementsprechend, daß das Gehirn nach Nüssen verlangt, die Lunge nach Blättern, der Darm nach Wurzeln und die Haut nach dem Absud von Rinde. Ich wußte, wo Kalk, Eisen, Kalzium, Schwefel, Kieselsäure und Phosphor vorherrschten, und kannte die Zubereitung der Gründonnerstagssoße aus Spinat, Kerbel, Taubnessel, Scharbockskraut, Kümmel, Giersch und Sauerampfer. Ich wußte, wenn ich auch nicht daran glaubte, daß ehemals die Wurzeln der Zaunrübe, beim Tanz im Schuh getragen, den Mädchen zu einem Bräutigam verhalfen, und daß ein Sträußchen Gundermann, zu Neujahr mit in die Kirche genommen, die Gabe verlieh, den Tod vorauszusehen; daß die Ärzte Estragon als Schutz gegen Schlangenbiß verschrieben und Gauchheil gegen den Biß eines tollwütigen

Hundes; und daß selbst der Prophet Jesaias sich nicht zu großartig dünkte, in seinem Strafgericht über Ephraim und Juda auch unsern bescheidenen Kümmel namentlich aufzuführen. Begierig las ich die kurz nach Kriegsende erscheinenden Bücher von Herbert Fritsche, der wortgewaltig auf den Spuren des großen Hamann wandelte, las Gustav Schenk, der durch die Sahara tippelte und in ganz Europa unter den Brücken schlief, die Bewegungsrhythmen der Wassertropfen fotografierte, die Natur der Gifte erforschte und an sich selbst ausprobierte.

Leider hielt das vernünftige und mir heute erst recht einsichtige Programm naturgemäßer Ernährung dem Angebot von immer mehr, immer feineren, immer ausgeklügelteren Lebensmitteln nicht stand. Für den Hunger der Kinder-, der Studenten-, der Büro- und der Kriegsjahre — eigentlich hatte ich ja fast mein ganzes Leben lang Hunger gehabt! — entschädigte ich mich in den fünfziger Jahren so weitgehend, daß ich immer dicker wurde. Nicht nur aus diesem Grund, auch aus Neugier, entschloß ich mich zu einer Fastenkur. Ich kannte Otto Buchingers Buch über das Heilfasten und war gespannt darauf, die dort geschilderten Erlebnisse am eigenen Leib auszuprobieren.

Ich wählte ein Sanatorium in Königstein, von dem ich nichts weiter wußte, als daß dort Musik gemacht würde; zudem gefiel mir die Handschrift der Frau des Arztes.

Zwanzig Tage hindurch nahm ich nichts weiter zu mir als Pfefferminztee, Gemüsebrühe und Obstsaft. Dies Programm kannte ich vorher und hatte mich für meinen Fall auf schreckliche Komplikationen gefaßt gemacht. Doch geschah das Erstaunliche, daß von dem Entschluß an, nicht mehr zu essen, mein Magen sich nicht mehr rührte. Die Krisentage, die in allen Fastenbeschreibungen angekündigt werden, traten nicht in Erscheinung, es gab weder Verlangen nach etwas Eßbarem noch Beschwerden irgendwelcher Art (außer Schlaflosigkeit). Bald konnte ich es wagen, unangefochten an allen Lebensmittelgeschäften und Konditoreien vorbeizugehen, den Mahlzeiten der anderen zuzuschauen und mich auch in Gedanken mit Speisen und Speisenfolgen zu beschäftigen — es machte mir nichts aus.

Ich fühlte mich auch in keiner Hinsicht leidend oder besonderer Schonung bedürftig. Ich nahm an der Morgengymnastik teil und machte weite und schnelle Spaziergänge, auch auf die Berge, beflügelt von der inneren Leere, ich tanzte bis Mitternacht und spürte weder Anstrengung noch Ermüdung.

Vierzehn Fastentage hatte ich mir vorgenommen und mir nicht auszudenken gewagt, auf wie qualvoll langsame Weise sie herumgehen würden; sie waren vorbei, ohne daß die geringste Lust zum Essen sich eingestellt hatte; vielmehr dachte ich mit Betrübnis an die erste Nahrungsaufnahme, die den federleichten, schwebenden Zustand beenden würde. Dies geschah nach zwanzig Tagen, ohne daß das gewöhnlich zu diesem Zeitpunkt erwartete »elementare Hungergefühl« sich eingestellt hätte.

Die Erfahrung von der Mühelosigkeit des Fastens hat mir den größten Eindruck gemacht. Ich erlebte, daß die geistigen Fähigkeiten sich trübten und ermatteten. Ich konnte kein Buch lesen und kaum eine Zeile schreiben, und wenn ich es versuchte, stellte ich eine gestörte Handschrift fest. Hingegen machte sich alsbald eine gesteigerte Sensibilität, Reizbarkeit und Aufnahmebereitschaft für sinnliche und seelische Eindrücke bemerkbar. Ich war versessen darauf, Musik zu hören, und begann auch selbst wieder Klavier zu spielen. Längst bekannte Werke bewegten mich zu Tränen, ich schwebte zwischen Begeisterungen und Niedergeschlagenheiten auf und ab wie auf einer Schaukel. Der Anblick von Landschaften, von Farben, von Sternen riß mich fort, und eine neue Anteilnahme an menschlichen Schicksalen ergriff mich. Wie viele Jahre lang hatte ich nicht mehr geweint? Nun kamen Weinen und Lachen unversehens über mich, Traurigkeiten und Freuden suchten mich heim, von denen ich längst nichts mehr gewußt hatte. Die Vergangenheit wurde in vielen Bildern lebendig, sie zogen nachts an mir vorüber und ordneten sich neu wie die Steinchen im Kaleidoskop, wenn man es schüttelt.

Jemand, dem ich während dieser Zeit davon erzählte, nannte den Zustand rauschähnlich. Vielleicht stimmt das, ein Rausch aus Nüchternheit, auf jeden Fall ähnlich dem, was Gottfried Benn »provoziertes Leben« nennt. Es scheint, daß die Abbuße, die das Fasten dem Leib auferlegt, gleichzeitig der Seele intensive und kräftige Erfahrungen schenkt.

Essen und Fasten — sie bestimmen in ungewöhnlichem Maß mein Leben. Seit zwanzig Jahren bin ich gezwungen, eine strenge Diät zu halten. Diese Zeit ist gekennzeichnet durch einen unaufhörlichen Kampf zwischen dem Bedürfnis und seiner Befriedigung, zwischen Mißachtung der Vorschrift (dementsprechend Reue) und Enthaltsamkeit, zwischen Erfüllung und Verzicht. Sehr aufreibend.

Während des Aufenthaltes in Königstein gewann ich mehr und mehr Gefallen an dem Ort. Ich begann in Erwägung zu ziehen, hier eine Bleibe zu suchen. Von Natur aus war es hier weitaus gefälliger als in Bullay. Das Städtchen mit seinem dichten Kern alter Bauten bei der Burgruine, das reizende Woogtal, eine Wanne voll Grün, von überallher aus der Stadt erreichbar, zum Burgberg aufsteigend mit einem Hang voller Lerchensporn, der Taunus hinabreichend bis an die letzten Häuser, dabei die große Stadt in der Nähe; Schwimmbad, Sauna, im Winter Schnee, eine höhere Schule, allerhand musische Darbietungen — das alles erschien mir verlockend. Der Zufall bescherte mir eine Wohnung: In einer ehemaligen Fremdenpension, in die sich die verschiedensten Mieter teilten, konnte ich den Speisesaal nebst Anrichte und die Herrentoilette bekommen, dazu eine Kammer, die einmal als Abstellraum gedient haben mochte — alles verwahrlost, aber in einem herrlichen, weitläufigen Park gelegen, der sich in den Gründen des Woogtales verlor.

Es gehörte ein gewisses Maß an Tollkühnheit dazu, sich hier wohnlich einrichten zu wollen, zumal für den Winter, wo nichts als ein rissiger schwarzer Eisenofen Wärme spenden würde. Aber ich betrieb den Umzug mit Eifer. Der Speisesaal wurde weiß gestrichen, seine sechs Fenster bekamen rote Vorhänge. Hier wollte ich schlafen, schreiben, musizieren, essen, mit Kindern spielen. In die ehemalige Anrichte kam Christianes Bett, außerdem alles Küchengerät und eine Kochplatte.

Das Ensemble war kurios — vor allem, wenn man das Haus in Betracht zog, von dem es ein Teil war. Nur zwei Familien lebten darin, die man unter die Normalbürger zählen konnte: ein Zeichner und ein Zahnarzt. Die anderen sechs Parteien mitsamt dem Hausbesitzer waren absonderliche Figuren, sie hätten im absurden Theater vorkommen können: die unförmige Alte, hinter mir herschlurfend, wo sie nur meiner ansichtig wurde, fromme Konvertitin. Sie bildete sich Entrückungen ein nach der Art des Apostels Paulus und machte über diese und andere religiöse Erlebnisse Gedichte; sie wollte, daß ich diese beurteilte. Die beiden Masseusen — zur einen gehörte ein ernster Liebhaber, zur anderen ein aufsässiger Sohn, mit dem sie nicht fertig wurde, eines Tages hing er an der Dachrinne beim versuchten Sturz aus dem Fenster. Eine Malerin ungegenständlicher Bilder mit ihrer Tochter; eine Tante aus Siebenbürgen mit zwei Nichten; die ostpreußische Köchin, Mutter von Benno, dem Metzgerlehrling, der im Kirchenchor die Posaune blies — schließlich der Hausherr selbst, ein gescheiterter Jurist, den die Angst gehindert hatte, sein Staatsexamen zu machen, bleich und hohlwangig — »Nehmen Sie das Kind in acht«, beschwor mich flüsternd die Alte, »er hat die Schwindsucht!«

Alle diese Menschen stelle man sich vor in einem Gebäude, das dem Zusammenbruch nahe schien, seit Jahren innen und außen eines Anstrichs bedurft hätte, mit schiefhängender Treppe, schiefhängenden Türen, mit abteilenden Konstruktionen aus Holz, aus Vorhangstoff, aus zueinandergestellten Schränken, mit improvisierten Küchen und mit Ofenheizung

— die Kohlen befanden sich in verschiedenen Verschlägen im Park verstreut, mit Eimern mußten sie ins Haus getragen werden.

Meine arme Mutter schlug die Hände über dem Kopf zusammen, als sie zum erstenmal dieser Behausung ansichtig wurde. Der Vater hingegen empfand ein gewisses Vergnügen an den romantischen Aspekten meines Domizils und nahm klaglos mit einem zugigen Gartenhäuschen als Gastzimmer vorlieb.

Das Leben auf dem Ölmühlweg war einer journalistischen Laufbahn nicht eben förderlich. Vom eigentlichen Strom geistigen Lebens war ich ebenso abgeschnitten wie in Bullay — da halfen auch gelegentliche Besuche in der Redaktion nicht viel. Mein Platz war bei den Kindern (ich versammelte sie zu Malübungen mit Pinsel und Wasserfarben auf großen Bogen), bei den Bewohnern dieses verrückten Hauses, zwischen denen ich hin und her schlüpfte wie in den Gängen eines Fuchsbaus, von Fall zu Fall um Hilfe gebeten, um Hilfe bittend, Klagen anhörend, Klagen vorbringend, herleihend, ausleihend, beim Schwatz im Garten, auf dem Flur, im Treppenhaus.

In dieses etwas ungespannte, dafür aber sehr grüne Dasein traf eines Tages ein Brief aus dem Katholischen Rundfunkinstitut in Köln, einer mir völlig fremden Einrichtung. Sein Leiter, ein Ordensmann, wollte mich für die Mitarbeit gewinnen; ob ich Sendungen abhören und darüber kurze kritische Berichte schreiben könne?

Ich schlug damals nichts aus, womit etwas zu verdienen war. Zwar verstand ich kaum etwas vom literarischen Genre des Hörspiels — jedoch: mittlerweile geübt in der Kunst, mich mit Dingen zu befassen, von denen ich keine Fachkenntnis besaß, sagte ich zu.

Daraufhin erschien wenig später der Absender des Briefes, ein Mondgesicht unter schwarzem Hut mit übermäßiger Krempe; aus seinem Mund rollte das sauerländische »r« wie Kieselgeröll. Meinen Ohren tat das weh. Aber wie er sich dann äußerte, aufmerksam, interessiert, fürsorglich — das tat mir überaus wohl: ein Streichholz, an Zunder gehalten. Als er mich nach einigen Stunden verließ, war die Flamme angezündet und brannte.

Auf diesen Mann traf ich in einem Augenblick, wo begründete Krebsfurcht mich quälte, wo ich ohne Freunde war, ohne Gespräche, allein mit dem Kind in diesem verhexten Haus, isoliert auch, was die Arbeit betraf, allmählich begreifend, daß ich eine Einzelne war, eine Einzelne bleiben würde. Die Gegenwart der Eltern, Familie vortäuschend, hatte diese Tatsache sieben Jahre lang freundlich verschleiert. Nun war sie nicht mehr zu übersehen.

Dem uneingestandenen Bedürfnis nach einem Partner, der zugleich ein starker Vater, ein liebevoller Bruder, ein überlegener Gefährte, ein Begleiter auf meinen Wegen wäre, begegnete der Mönch. Kein Ehemann, kein Familienoberhaupt, ich nahm niemandem etwas weg, wenn ich von ihm etwas für mich erwartete; das war noch nie dagewesen. Er lebte nicht hinter Klostermauern, lebte weltlich, unter Politikern und Journalisten, war ein Mannsbild mit herzhaftem Gelächter, mit Freude am Essen und Trinken, mit Verstand, Witz und dem Anschein treuherziger Redlichkeit. Kein feindlicher, kein gleichgültiger, kein begehrlicher Mann, wie die meisten bisher, vielmehr einer, der es gut mit mir meinte — so sah es aus. Er war ja ein Gottesmann, einer, der betete, die Messe feierte, Sünden anhörte und das Brot austeilte in der Kapelle der Nonnen, bei denen er wohnte, ein gelehrter Gottesmann auch, Doctor theologiae, Übersetzer des französischen Philosophen Etienne Gilson, dessen Kollegs er in der Sorbonne gehört hatte.

In der Tiefe noch immer bewegt von Annie Benders mystischen Sehnsüchten, schuf ich mir aus dem Franziskaner im maßgeschneiderten schwarzen Anzug einen Seelenführer, einen Johannes, einen Täufer, von Gott gesandt, mir zur Umkehr verhelfend, zu einem gottwohlgefälligen Leben — wonach es mich doch verlangte seit eh und je, immer noch stand ich unter des Thomas a Kempis strengen Forderungen, auch wenn diese jahrelang übertönt worden waren von Lebensneugier und -lüsten.

Und so sehe ich uns denn in Königstein (natürlich mußte das Motiv der Nachtwanderung aufgenommen werden!) durch den nächtlichen Wald wandeln, den Mann unterm Krempenhut und die Abenteuerin mit ihren frommen Illusionen, das »Gloria« der Meßliturgie meditierend, diesen erhabenen Text, dessen Schönheit uns beiden das Herz bewegte; wobei mir wie bei einer Art mystischen Hochzeit zumute war.

Wenn das nicht gut ausging, was da am Fuß des Feldberges begonnen hatte, dann lag das nicht am Zölibat. Nicht die Tatsache, daß dieser Mann hingestreckt vor dem Altar, mit der Stirn im Staub, Jungfräulichkeit gelobt hatte (wenn auch vielleicht nicht ganz freiwillig, um einen solchen Preis mußte das Studium erkauft werden, das die Kirche dem begabten Sohn des Dorfschmieds vermittelte) — nicht der Zölibat machte die Verbindung zuschanden. Verzichte sind ja nicht nur Einschränkungen, auch Antrieb zu Höherem vielfach. Aber wir konnten, wenn schon nicht bei Nacht, auch bei Tag nicht zusammenleben.

Die öffentlichen Angelegenheiten

Zusammen zu leben, das versuchten wir dann bald.

Der Pater drängte darauf, daß ich nach Köln käme, um an der Redaktion seiner »Funk-Korrespondenz« mitzuwirken. Außerdem bot er mir die Möglichkeit, Hörspiele und Features religiösen Inhalts und Morgenandachten für den Kirchenfunk zu schreiben. Die Hörspiele waren Gelegenheitsarbeiten, Lückenbüßer, vielfach dramatisierte religiöse Erzählungen und Romane, nicht der Rede wert. Eher die Morgenandachten; sie brachten mir so viel Hörerpost ein, wie ich sie auch nach den erfolgreichsten Zeitungsbeiträgen nicht bekommen habe.

Ich hatte keinen Augenblick die Vorstellung gehabt, die Arbeit im Institut würde mir angenehm sein. Sie bedeutete: in der Stadt wohnen, täglichen Dienst im Büro, Beschäftigung mit einem Stoff, der mich kaum interessierte, der mir fremd war, gegen den ich Widerstand spürte. Aber die Aussicht auf ein normales, festes, mich aller Existenzsorgen enthebendes Gehalt war verführerisch. Der diskrete Hinweis eines Freundes auf mein Alter (»Wer jetzt kein Haus hat, baut sich keines mehr!«) tat ein übriges.

Im Handumdrehen hatte der fixe Franziskaner eine Wohnung für mich besorgt. Das erleichterte den Abschied von Königstein, glättete den Kummer, hob die Trauer auf. Diese so bescheidene Wohnung in Köln, zwei Zimmer, Küche, Diele, Bad, ohne Garten, ohne Balkon, mit Ofenheizung, erfüllte langgehegte Wünsche. Nach zehn Jahren wieder ein Badezimmer! Ich badete unablässig, unablässig durchmaß ich die Räume und konnte es nicht fassen, daß ich darüber die Herrin sein sollte.

Mächtige Lindenbäume standen vor dem Fenster und schickten grünes Licht in das Wohnzimmer. Heute sind ihre Reihen gelichtet, früh werfen sie ihr Laub ab, stehen im September schon kahl, krank, leidend, ihre Todesstunde ist nahe . . .

Die Wohnung wurde mit dem Vorhandenen eingerichtet, das Schlafzimmer mit diesen kastenartigen Möbeln aus Rüsterholz, die jetzt niemand mehr leiden mag; der Wohnraum mit den alten Bücherregalen aus dem Elternhaus, Couch, Sesselchen und Nierentisch. Nur wenig habe ich im Lauf der nächsten fünfundzwanzig Jahre dazugekauft, nur weniges ausgewechselt — zuerst natürlich den Nierentisch —, einige alte Stücke geerbt. Es ist peinlich alles vermieden, was aufs Prächtige hinzielen könnte. Wertvoll sind, außer der Truhe, dem Glasschrank und dem Hausaltar, nur die Bilder: die expressionistische Graphik, die ich vom Vater bekam, ein schönes Blatt von Otto Mueller, außerdem Heckel, Kirchner, Schmitt-Rottluff und Nauen, dazu ein Grieshaber, den Heinrich Böll mir zum Geschenk machte.

Die Wohnung hatte von Anfang an etwas Karges und Strenges — ich hatte leere Wände gern. Eines Tages bemerkte Christiane die Kargheit und schien darüber ein bißchen betrübt. Da fing ich an, ein paar schöne Dinge hinzustellen, sie selbst verfertigte aus weißen Backsteinen und Glasplatten ein Gestell für gesammelte Naturalien, Steine, Muscheln, Hölzer, Kacheln, Münzen, römische Scherben, ein Döschen mit Wüstensand, ein Töpfchen aus Samaria und den Kruzifixus in der Flasche, das immer neue heilige Rätsel für die Enkelkinder.

In den ersten Kölner Jahren entfaltete sich in jenen zwei Zimmern intensives Familienleben sowohl wie freundschaftliche Geselligkeit. Die beiden Männer: der Pater und der zweite Mitarbeiter, Klaus Simon, teilten hier mit mir und dem Kind viele Abende, manches Festmahl und manche Samstag-Mittag-Erbsensuppe. Nicht lange, und die Eltern kamen nach Köln gezogen; sie fanden eine Wohnung gleich um die Ecke und nahmen an den meisten unserer geselligen Unternehmungen teil. Auch die Mutter erlag dem sauerländischen Charme des Paters, wenngleich es für kurze Zeit so aussah, als steche der dominikanische Rochus Spieker, ein schreib- und wortgewandter Schelm im Ordenskleid, den Franziskaner aus.

Vor den Gästen, die sich allmählich gern bei mir um den Nierentisch versammelten, hielten die beiden weitläufige Disputationen miteinander, als befänden wir uns noch mitten im mittelalterlichen Universalienstreit.

Eine Wohnung haben, Gäste haben, Begleiter haben ins Theater, ins Kino, zu Vorträgen; gemeinsam verreisen zu Akademietagungen, zu in- und ausländischen Rundfunkanstalten — das war ein Überfluß an Gemeinsamkeit, gemessen an den mageren Jahren in Bullay und Königstein. Dafür wurde es karger und karger zwischen dem Pater und mir, der Schreibtisch, an dem wir uns gegenübersaßen, wurde zur trennenden Schranke, keiner gelangte mehr auf die Seite des anderen.

Der starke Vater, der liebevolle Bruder, der überlegene Gefährte, der Seelenfreund, mit dem nächtlich das Gloria gesungen worden war im Wald, erwies sich als ein hektischer Arbeiter, auf nichts so sehr wie auf seine Aufgabe und seinen Aufstieg bedacht. Um dieser Aufgabe willen, das erkannte ich bald, hatte er mich, die Feder, in Königstein aufgelesen und an seinen Hut gesteckt, dabei nicht viel anderes im Sinn, als sich und sein Werk mit ihr zu schmücken. Solange ich für ihn schrieb, war ich ihm lieb und wert; meine verstiegenen Ansprüche hingegen, insbesondere die auf gemeinsame Übungen in Frömmigkeit, waren ihm lästig, er wehrte sie ab. Mit bangen und traurigen Augen sah ich seinem Treiben von der anderen Schreibtischseite aus zu: wie er durchs Telefon sich an den politischen Auseinandersetzungen beteiligte, wie er sich flink und listig im Wirrwarr zwischen Diözesen, Funkhäusern, Arbeitsgemeinschaften, Direktorien und sonstigen Gremien bewegte, hier einen Knoten knüpfte, dort einen Faden kappte, lavierte, taktierte, gehaßten Personen schöntat, unbedeutende abfertigte. Das alles fand ich widerwärtig, doch mußte ich es bewundern, wie dieser Ramsbecker Bauernjunge es verstand, Informationen zu bekommen, sie im gegebenen Augenblick an den Mann zu bringen und so schließlich mit an den Drähten zu ziehen, an denen die Medienpolitik gehandhabt wird.

Er kam zu Ansehen. Eines Tages suchte kein Geringerer als Heinrich Böll unser Büro auf. Böll hatte damals, 1955, gerade die Erzählung »Brot der frühen Jahre« geschrieben — sie war fertig bis auf den Schluß, der für ihn ein theologisches Problem enthielt. Darüber wollte er mit dem Pater sprechen. Die Szene: der Pater und ich auf dem grünen Sofa, Böll auf einem Stuhl daneben, die beiden Männer in lebhafter Diskussion, ich, wie immer, beklommen in der Gesellschaft bedeutender Männer.

Offensichtlich gefiel der Pater dem Dichter. Jedenfalls ergab sich aus der Unterhaltung im Büro ein Kontakt. Der riß, was meine Person betrifft, nicht ab in den folgenden fünfundzwanzig Jahren, verstärkte sich mit der Zeit zur Freundschaft — besonders, seitdem die Bölls »bei mir um die Ecke« wohnen, so daß nachbarliche Besuche leicht zustande kommen. Manchmal ruft er an: »Wat machste denn? Komm doch mal rüber!« Und dann schwätzen wir ein bißchen, über die Kinder, die Enkel, die Leute, die Zeitläufe. Unser Verhältnis ist bestimmt von zutraulicher Nähe, was persönliche Erlebnisse, Sorgen und Kümmernisse betrifft — gleichzeitig von unaufhebbarer Distanz bezüglich der Produktion. Angesichts seines gewaltigen Werkes werde ich blöde und stumm.

Vier Jahre lang saß ich am Schreibtisch, hockte vor der Schranke und weinte die Enttäuschung in mich hinein. Davon wurde ich schließlich erwachsen, hörte auf, mich nach einem Dasein als Paar zu sehnen, lernte das selbständige Leben, tauschte die private, allzu private Existenz gegen die Teilnahme an den öffentlichen Angelegenheiten. Der Tausch befriedigte mich sehr.

Es gelang auch, den Schreibtisch, an dem so viele Hoffnungen zuschanden geworden waren, zu verlassen. Friedrich Sieburg erreichte es, daß die »Frankfurter Allgemeine Zeitung« mich erneut in ihre Feuilletonredaktion aufnahm. Schon lange hatte ich für sein Literaturblatt gearbeitet. Wir standen deswegen in einem ebenso kunstvollen wie herzlichen Briefwechsel, den zu bestreiten mir fast mehr Mühe machte als die Rezensionen, die er mir antrug.

Sieburg, wir wissen es, war empfindlich, war eitel, voller Hochmut, spielte den Grandseigneur, ja, ja, ja. Aber ich habe, ohne jeden ersichtlichen Grund, von ihm nichts als liebenswürdige, aufmerksame Zuwendung erfahren, Anhänglichkeit und Freundschaft. Er war mir, wie er gestand, väterlich zugetan. (»Bei mir, der ich voll pädagogischer Leidenschaft stecke, ist es das väterliche Gefühl, das sich in Berührung mit Ihnen entfaltet. Es ist der große Kummer meines Lebens, daß ich keine Tochter habe.«) Dementsprechend erfreute sich auch Christiane seiner beständigen Anteilnahme, in keinem Brief vergaß er, nach ihr zu fragen, wollte einmal sogar wissen, was ich ihr zu Weihnachten geschenkt hätte. In diesem Brief (28. 12. 1960) stehen die unvergeßlichen Sätze: »Nichts hat mich hindern können, das Evangelium zu lesen und bei den Worten ›Es waren aber Hirten auf dem Felde‹ den alten Schauer zu empfinden. Die armselige Zivilisation, in der wir leben, hat wahrlich nicht Macht genug, mir diese Regungen zu zerstören.«.

Sieburg war der einzige in der Redaktion, der sich nach meinen Lebensumständen erkundigte, nach den Bedingungen, unter denen ich meine Arbeit tat. Und immer wieder fragte er, der doch jedes Recht hatte auf meine Mitarbeit, ob er mich »stören« dürfe. Statt zu fordern, bat er, sprach, statt Termine zu setzen, die Hoffnung aus, bald ein Manuskript von mir zu bekommen. (»Ich höre gar nichts von Ihnen. Hoffentlich sind Sie nicht krank. Oder hadern Sie wieder einmal mit mir? Tun Sie es nicht, einen bessern findst du nit!«)

Wie gern hätte ich mich vorbehaltlos gesonnt im Glanz dieser so unverdienten wie unbegreiflichen Zuneigung — aber es gab doch immer wieder öffentliche Äußerungen von ihm, die es mir schwermachten, freundschaftlich für ihn zu empfinden. Näher als seinem Denken war ich seinem Fühlen. So bewahre ich als kostbarsten der blauen Bogen mit der schräggedruckten Telefonadresse jenen, in dem er über das Altern schreibt. »Man kann dem Nächsten, sei er einem auch noch so teuer, nicht den Gewinn des Alterns übermitteln oder auch nur erklären. Die

Gestalten derer, die man geliebt hat, werden immer gegenwärtiger; sie kommen an stillen Tagen über den Rasen vor meinem Haus auf mich zu, still, schwebend und rein. Die Leidenschaft, die Lust, mit der man sie befleckt hat, ist wie dahingeschmolzen. Man sieht ihre Hände, ihre Wangen und die Fältchen ihres Lächelns, aber alles ist schuldlos geworden, und kein Gericht kann sie mir mehr rauben. Ihre Taten, die oft böse waren, verlieren ihr Gewicht, ihre Gestalten gewinnen eine ewige Jugend, die jede Wirklichkeit überwiegt. Das ist vielleicht der Lohn dafür, daß ich alle Wesen, die in meinem Leben Bedeutung hatten, ernst nahm und daß ich mir bis in die letzten Finsternisse der Entfremdung, ja Feindschaft hinein ihrer unsterblichen Seele bewußt geblieben bin. Genug, mein Kind, wohin geraten wir! Sie sind jung und dürfen es sich nicht leisten, müde zu sein. Ich darf es; mir ist es gestattet, mich meiner Todessehnsucht ganz hinzugeben, ohne jenen zu kränken, der uns zu leben befiehlt.«

Er schrieb mir nicht nur schöne Briefe. Er machte sich so erfolgreich zu meinem Fürsprecher, daß man mir die günstigsten Bedingungen einräumte: ein, wenn auch bescheidenes Monatsgehalt, im übrigen die volle Freiheit. Kein Bürodienst, kein zu erfüllendes Soll an Beiträgen, vielmehr konnte ich mir die Themen aussuchen, die mir gefielen, in Köln, in der Umgegend, auch weiter weg, auf Reisen.

Ich lernte Autofahren, kaufte einen gebrauchten Volkswagen und genoß das damals nahezu ungetrübte Glück, auf den Landstraßen unterwegs zu sein, abgelegene Gegenden zu er-fahren, das heimatliche Land bis in seine Falten und Schlupfwinkel kennenzulernen. Aus den Fahrten entstanden die meisten der Stücke, die dann in den Büchern »Unterwegs«, »Aufenthalte« und »Meine lieben Flüsse« gesammelt wurden. Auch die ersten dreiunddreißig deutschen Naturparke besuchte ich, fotografierte und beschrieb sie in einem Bildband.

Außerdem konnte ich meine Arbeit für den Kirchenfunk fortsetzen und die Vortragstätigkeit, auf die ich mich mittlerweile eingelassen hatte.

Die erste Aufforderung dazu war von der Katholischen Akademie in Stuttgart gekommen — man wollte etwas über »Sprache in unserer Zeit« von mir wissen. Natürlich konnte ich mich dazu nur schwer entschließen; an eine freie Rede nach Stichworten war nicht zu denken, unbeholfen, wie ich mit dem gesprochenen Wort umging, befangen, seit den Zeiten der Maria Theresia Schmitz, die mir so unnachsichtig über den Mund gefahren war, wenn ich aufstand, um etwas zu sagen. Aber ich machte es dann doch — immer wieder empfand ich solche Anfragen als Herausforderungen, mein Vermögen zu erweitern, meine Kraft zu spannen, einen Zugewinn zu machen, ehe ich das Sparen würde lernen müssen in den späteren Jahren.

Vor Studenten in Berlin ließ ich mich über Zärtlichkeit und vor katholischen Künstlern in Bologna über das heutige Priesterbild hören — sehr zum Unwillen des anwesenden Kardinals. In katholischen Akademien und im Düsseldorfer Mittwochsgespräch redete ich über Erziehung zum Frieden und erklärte dem christlichen Landvolk zwischen Ravensburg und Memmingen, warum ich ein Christ sei. Vor der Deutschen Gartenbaugesellschaft hielt ich eine Festrede über die Verantwortung der Bürger für ihre Umwelt, lud Lächerlichkeit auf mich mit Prognosen und Forderungen, die mittlerweile gang und gäbe sind. Als ich Ähnliches zehn Jahre später beim Deutschen Städtetag in der Bonner Beethovenhalle wiederholte, war es schon keine außenseiterische Spinnerei mehr. Hin und wieder wurde ich auch aufgefordert, in einer Kirche zu predigen — natürlich nicht in einem Sonntagsgottesdienst, vielmehr vor Jugendlichen, vor Frauen, vor angehenden Priestern. Das hat mir besondere Freude gemacht. Zu jener Zeit erschien mir der Priesterberuf mit all seinen Aufgaben als überaus erstrebenswert. Es kamen auch eine Zeitlang Theologen aus dem Bensberger Priesterseminar an ihren freien Nachmittagen heimlich in meine Wohnung, um mir ihre Predigttexte zu unterbreiten, meine Kritik zu hören.

Alle diese öffentlich angestellten Überlegungen speisten sich aus einer Quelle: aus dem Werk Teilhards de Chardin, Jesuit, Schüler Darwins, Paläontologe und Philosoph, Mann des Ausgräberspatens und der Feder, Experte der Fossilienforschung und Verkünder der geheimnisvollen Wunder des Lebens. Die Begegnung mit Teilhard war ein großes Ereignis, sie bestimmte für das nächste Jahrzehnt mein religiöses Leben.

Er stellte Thomas von Kempen auf den Kopf, indem er lehrte, die Materie heilig zu halten als die Gebärmutter des Geistes, mit entzückten Sinnen die Welt zu lieben. Zum erstenmal hörte ich Darwins Entwicklungstheorie, mit der zu beschäftigen ich mich bisher immer gescheut hatte, von einem katholischen Priester formuliert. Er behauptete, tote Materie, lebendige Materie und Geist seien nicht voneinander geschieden, vielmehr gehe der jeweils höhere und komplexere Bereich aus dem jeweils Niederen hervor. Auch der bloße Stoff enthalte schon Leben, und auch das bloße Leben enthalte schon Bewußtsein im Keim. Materie und Geist seien nur zwei Zustände verschiedener Konzentration. So wie aus den Verdichtungen des Unbelebten Leben wurde, aus dem allerkonzentriertesten Leben Geist, so werde, in weiteren Jahrmillionen, aus dem immer intensiver sich reflektierenden menschlichen Geist das Supra-, das Ultra-Humane — Gott.

Aus diesem Ansatz entwickelte er eine Utopie von überbordendem Optimismus: den Glauben an einen machbaren Frieden. Den Glauben an den Fortschritt als an eine Kraft, die uns treibt, mehr zu sein, als wir sind. Den Glauben an die Wissenschaft als an ein Mittel, dieses Mehrsein durch Mehrwissen zu erreichen. Den Glauben an Technik und Maschine, die uns von einer drückenden Last physischer und geistiger Arbeit befreit, die Wirksamkeit unserer Wahrnehmungen vergrößert, uns ein Höchstmaß an Bewußtsein durch ein Mindestmaß an Anstrengung ermöglicht. Den Glauben daran, daß das Universum keine Ordnung ist, sondern ein Prozeß, der nach vorn und nach oben fortschreitet — das Heil ist zugleich im Empor und im Voran zu erreichen.

Ich beschäftigte mich auch mit den Gegenstimmen, die, unter Hinweis auf die biblische Verheißung der Apokalypse, des Endes mit Schrecken, einen solchen Optimismus ablehnten. Trotzdem blieben mir Teilhards Visionen der Inbegriff dessen, was man über Anfang und Ende unserer Geschichte denken kann. Sein Ausruf: »Mein göttliches Eisen« angesichts eines Fundes, der ihn beglückte, entsprach genau meinem Gefühl für die Natur und ihre Elemente. Wie er empfand ich die innere Freude, nie allein, sondern »in einen Ozean von Materie getaucht zu sein«.

Nicht selten in jenen Jahren wurde ich aufmerksam gemacht auf den Widerspruch zwischen meinen Aktivitäten, die sich mehr oder weniger im linken Bereich bewegten: Bensberger Kreis, Ostermarsch, Republikanischer Club, Anti-Imperialismus-Demonstrationen, Politisches Nachtgebet — und meiner Zugehörigkeit zur »Frankfurter Allgemeinen Zeitung«.

Sowohl jener wie mir bereitete natürlich diese Situation Unbehagen. In Frankfurt mußten sie in Kauf nehmen, was sie vielleicht meine »linken Allüren« nannten; ich hingegen hatte die harte antikommunistische Tendenz, die Nähe zur CDU, die Gänsefüßchen für die DDR zu verkraften. Über den Grad des Ärgers in Frankfurt kann ich nichts sagen. Der meinige war nicht selten erheblich, an manchen Tagen mochte ich das Blatt nicht aufschlagen, hatte eine nahezu panische Angst vor dem Leitartikel.

Anfang der sechziger Jahre wurde mir ganz unerwartet der Rücken gestärkt von einer hochverehrten Person — indem ich in einen Briefwechsel mit Margret Boveri geriet. Da erfuhr ich, daß sie dieselben Schwierigkeiten hatte. Sie war in einem Augenblick (1956) zur Redaktion gestoßen, als Sethe gegangen war, als Herbert von Borch seinen Schreibtisch verließ, als eine

Art Aufruhr das Haus erfüllte und viele sich fragten, ob sie denn wohl noch bleiben könnten. Freimütig informierte sie mich über das Antrittsgespräch, in dem sie Bedenken gegen den Kurs des Blattes geäußert hatte. Darauf war ihr erwidert worden, daß sie doch alles schreiben könne, was sie wolle. »Kann ich schreiben, daß man Pankow anerkennen muß?« hatte sie, nicht ohne Boshaftigkeit, gefragt — sie wußte ja im voraus, daß diese Frage verneint werden mußte. Trotzdem trat sie in die Redaktion ein, sah sich aber auf die Dauer zum Schweigen verurteilt in bezug auf die Themen, die ihr am Herzen lagen; man engagiere sie für harmlose weltpolitische Porträts, klagte sie in einem ihrer Briefe. In der Tat erschien ihr so wichtiger Kommentar zum Bau der Berliner Mauer in der »Zeit«.

Wir fragten uns, ob wir uns denn verkauft hätten. Verkauft, so formulierte es die Boveri, wenn auch nicht in dem Sinne, daß wir etwas zu schreiben genötigt würden, was wir nicht für wahr hielten. Aber wir hatten eingewilligt darin, nicht alles zu schreiben, was wir für wahr hielten. Wir überlegten in einer Art Komplottstimmung, ob eine Sammlung der »offenen« Geister in der Redaktion zu erreichen sei. Deren Zahl schätzten wir auf etwa die Hälfte aller Kollegen. Aber dieser Plan war so verstiegen wie undurchführbar. Außer Karl Korn hätten wir keinen der Herausgeber auf unserer Seite gefunden. Außerdem wäre die Anwesenheit in Frankfurt unerläßlich gewesen. Von Berlin und Köln aus ließ sich nichts in Gang bringen. Wir sahen das bald ein und wandelten unser Vorhaben ab in den Vorsatz, jedesmal schriftlich Widerspruch anzumelden, wenn ein Leitartikel, ein Kommentar uns allzu laut die Trompeten des kalten Krieges zu blasen schien. Aber auch das war wohl schon zu hoch gegriffen und konnte nicht durchgehalten werden — obwohl wir es oft getan haben.

Heute weiß ich, daß die Situation so außergewöhnlich gar nicht war: der immerwährende struggle zwischen der Institution, die ein Rückgrat braucht, eine »Linie« eben — und dem ihr angehörigen Individuum, das sich zum Konsensus bereit finden muß, wenn es bei der Institution mitwirken will. Und mitwirken wollten wir schließlich alle, die da, laut oder leise, im Widerspruch lebten — denn die Institution lieh uns ja ihr Ansehen, ihre Bedeutung, ihren Namen. Dank der Institution konnten wir sicher sein, daß unsere Mitteilungen in der Öffentlichkeit aufmerksam bedacht, daß unsere Anstöße aufgefangen, unsere Alarmrufe gehört wurden.

Über dem Umbau meines Lebensgehäuses verlor ich die Tochter etwas aus den Augen. Von außen betrachtet, blieben wir eng verbunden, schliefen in einem Zimmer, aßen die Mahlzeiten gemeinsam, gingen mit dem Hund spazieren, ihre Hand in meiner Hand, sangen und musizierten zusammen, machten Ausflüge und Wanderungen. Nie, wenn ich zu Hause war, ging Christiane schlafen, ohne daß ich an ihr Bett kam, mit ihr betete und mich zärtlich von ihr verabschiedete. Aber ich war oft nicht zu Hause, nicht nur abends abwesend, auch tagelang auswärts unterwegs. Dann kam die Großmutter, aber das war für das Kind eher schwierig. Die Großmutter, das Ömchen, sah zwar gewissenhaft auf die notwendige leibliche Versorgung, tat aber der Enkelin ebensowenig wohl wie vierzig Jahre vorher ihrer eigenen kleinen Tochter. Später, zu spät, erfuhr ich, wie die beiden sich stets ineinander verhakten wegen der Unordnung, die die Enkelin anrichtete und die Großmutter nicht ertragen konnte. Der Satz: »Wie sieht das hier wieder aus!« muß in Christianes Ohren ein so gräßliches Echo gehabt haben, daß sie eine lebenslange Unlust gegen die Herstellung von Ordnung davontrug. Sie empfindet das als »Ansinnen«. Das Chaos ängstigt sie nicht, es entspricht eher ihrer Natur als das Aufgeräumte. Ihr Schönheitssinn, so ausgeprägt er sich zeigen mag angesichts von Natur- und Kunstgegenständen, verschließt sich der Schönheit geordneter Dinge; zu Dingen hat sie überhaupt keine Beziehung. Ein gemachtes Bett, ein Schrank, in dem alles an seinem Platz ist, ein Raum, in dem Möbel und Gerät ein bedachtes Verhältnis zueinander haben, das braucht sie nicht, um sich wohl zu fühlen. (Was jedoch die Ordnung der Zeitabläufe betrifft, so ist sie, höchst sonderbar, die Gewissenhafteste, die Pünktlichste.) Ihr Element ist das Ungeformte; dem Meer, Moor und Moos, dem amorphen Zustand der Amöbe, fühlt sie sich verwandter als den Knochentieren. Ein gewisser Hang zur Trägheit gesellt sich wahrscheinlich zu der Abneigung, das tägliche Durcheinander zu ordnen. Es entspricht ihrem Wesen, benutzte Gegenstände fallen zu lassen, wohin sie fallen — anstatt sie an ihren Platz zu bringen. Ebenso wie sie es liebt, sich selbst zu entgleiten, sich treiben zu lassen ins Ungefähre, ohne Plan, ohne Ziel, ebenso läßt sie auch Kleider, Schuhe, Strümpfe, Wäsche, Bücher, Papiere, Nadeln, Taschentücher und Schlüssel dahingleiten. Schlüssel werden immer wieder kurzfristig verlegt oder verloren, Türen werden nicht geschlossen, nur ja nichts Endgültiges, Stabiles für dieses Wasserwesen. Sie will auch nicht viel, hat nur wenige Wünsche. Liegen, träumen, entschweben — so fühlt sie sich wohl.

Und ausgerechnet sie rang sich durch zu einem heroischen Entschluß: als Krankenschwester in Indien zu arbeiten!

Wie konnte das zugehen?

Die politischen und sozialen Probleme, mit denen ich mich beschäftigte, von Berufs wegen und noch darüber hinaus, waren mehr und mehr auch in Christianes Bewußtsein gedrungen, eingedrungen aus den Gesprächen, die in unserm Wohnzimmer geführt wurden, aus den Büchern, die ich las, nach denen auch sie immer häufiger griff. Ohne daß wir ausdrücklich davon redeten, wurde es ihr eingetränkt, daß es das Höchste, das Wichtigste und Notwendigste sei, sich den Bedrängnissen in der Welt zuzuwenden, der Not zu Hilfe zu kommen. Zwar hing auch ihr Herz (wie das jedes damaligen Teenagers) an Petticoats und hochhakigen Pumps, der Mode galt in diesen Jahren so großes Interesse, daß der Beruf einer Modezeichnerin ernsthaft erwogen wurde; sie zeichnete geschickt und einfallsreich mit einer Begabung, aus der sich vielleicht etwas hätte machen lassen. Aber das war ihr dann schließlich doch zu gering. Sie wollte Höheres, wollte das Höchste — aus Bequemlichkeit, wie sie selbst das interpretiert. Sie meint heute, es sei ihr einfach zu anstrengend erschienen, neben einem akademischen Beruf fortlaufend auch noch einzelne soziale Engagements zu betreiben, da hätte sie's lieber in einem, am Stück und ein für allemal abgemacht!

Eine immerwährende, lebenslange Verpflichtung also — nicht nur, um in der Spur der Mutter zu gehen, um ihr zu gleichen, sie gar zu überbieten — es war auch Jesus im Spiel, der Bullayer Jesus, dessen Gedächtnis wir so inständig gefeiert hatten zu allen Jahreszeiten, dem so viele, an den Sonntagnachmittagen von uns so schön gekleidete Heilige ihr Herz und Blut geschenkt hatten. Der Wunsch der unbedingten Nachfolge, in die Mutter eingesät aus dem lila Leder, hatte sich fortgepflanzt in der Tochter und schoß dort ins Kraut.

Sie las das Buch »Wenn Jesus heute an deine Tür klopfte«, klappte es zu beschloß, Krankenschwester zu werden.

Sie drängte auch sogleich darauf, mit der mittleren Reife von der Schule abzugehen. »Laß sie doch«, sagte Heinrich Böll, »Abitur ist Blödsinn!« Der Mathematiklehrer Alfred Böll hingegen, Heinrichs Bruder, nimmt es mir heute noch übel, daß ich diesem Wunsch nachgegeben habe. Er hatte ein Auge für ihre Intelligenz, die allerdings in den mittelmäßigen Schulzeugnissen keinen Niederschlag fand. Sie hatte ja keine Freude gehabt am Lernen, jedenfalls nicht an den Gegenständen, die das traditionelle neusprachliche Gymnasium anbot. Und ich tat nichts, um Lust am Lernen zu wecken, weil auch ich nicht einsah, wieso man Wilhelm Raabe lesen und Logarithmen aufschlagen sollte, während die Welt dermaßen im argen lag. Ich nahm mit ihr die Hausaufgaben auf die leichte Schulter, immer auf ihrer Seite, wenn den Lehrern am Zeug zu flicken war, fand mich mit solcher Einstellung allein und einsam auf jeder Elternversammlung. Bei meiner Abneigung gegen unsere Art von Schule konnte ich es der Tochter keinen Augenblick verdenken, daß sie da nicht länger als unbedingt notwendig bleiben wollte. Trotzdem war es ein schwerer Entschluß — wobei es mir weniger um die mangelnde Bildung ging (die hat sie sich später spielend angeeignet) als um den Verzicht auf einen akademischen Beruf.

Noch etwas schwankend, etwas ratlos, suchte ich Rat beim Fachmann — bei der Psychologin Edeltrud Meistermann, die in unserer Stadt in hohem Ansehen stand. Ich erbat einen Intelligenztest für Christiane. Der Test war gründlich. Er prüfte nicht nur das Denkvermögen der Sechzehnjährigen, sondern durchleuchtete die gesamten seelischen Verhältnisse. Es kam heraus, daß es damit nicht zum besten stand.

Eine beträchtliche Intelligenz, so lasen wir in dem ausführlichen Gutachten, werde hier in ihrer vollen Entfaltung gehindert durch einen Konflikt mit einer nahestehenden Person. Diese werde als stark und schwach zugleich empfunden — so daß jede Auflehnung gegen ihre Stärke im Mitleid mit ihrer Schwäche ertrinke. Jeder Versuch anzugreifen (heute wissen wir: wie gern sie angegriffen hätte und wie notwendig das gewesen wäre!) müsse ins Leere stoßen. Aus dieser Konstellation entstehen ein Gefühl der Lähmung, gefolgt von panikartigen Zuständen, beides zusammen erzeuge eine beginnende depressive Neurose.

Christiane selbst waren diese Zusammenhänge nicht bewußt, wenngleich sie die Symptome an sich spürte. Erst jetzt, fast zwanzig Jahre später, fängt sie an, jene Konflikte in einer Therapie zu verarbeiten.

Ihre Mutter war damals ebenso verblüfft wie empört. Sie konnte es nicht glauben, daß sie eine mächtige Person sein sollte, imstande, Druck auszuüben, Lähmungen hervorzurufen. War sie nicht immer ein Muster an Selbstbeherrschung gewesen, nie ein lautes Wort, keine Strafe, keine Schimpfe? Immer wohltemperiert war das Klima, Aggressionen wurden nicht geäußert, fanden höchstens in verborgenen Tiefen statt —

akkurat so, wie es im eigenen Elternhaus zugegangen war. Lieb, zärtlich, zugewandt war alles gewesen, was sie getan hatte — und da erdreistete sich jemand, von Behinderung zu sprechen, nachdem er nur die Handschrift gesehen, ein paar Routinefragen gestellt, sich ein paar Bilder hatte legen lassen! Ohnehin von Mißtrauen in die Seelenforschung erfüllt, hielt ich das alles für Mumpitz. Ich verdrängte das Gutachten, meldete Christiane von der Schule ab und ging, bevor die Lehrzeit in der Kölner Universitätsklinik begann, mit ihr auf Reisen: in die balkanischen Länder bis nach Konstantinopel.

Das war, 1963, noch ein ungewöhnliches Unternehmen für zwei Frauen allein. Jugoslawien, das ging noch an; Rijeka, Dubrovnik und Zagreb, unsere Stationen, waren dem deutschen Tourismus bereits erschlossen. Aber über Ungarn und Bulgarien nach Istanbul zu reisen, war noch eine Art Abenteuer — höchst verwundert fragte der türkische Zollbeamte an der Grenze, wo denn Monsieur sei!

Schwierig waren die Quartiere (wo nicht das Reisebüro sie besorgt hatte), schwierig war die kyrillische Schrift, die Aussprache der ungarischen Worte, die Beschaffung von Reiseproviant, der sich, je weiter wir nach Osten kamen, auf Gurken, Tomaten und Melonen beschränkte; kein Gasthaus zwischen Zagreb und Keszthely, zwischen Belgrad und Nisch, zwischen Sofia und Plovdiv; schwierig war schließlich auch die Unbequemlichkeit des Volkswagens, die Müdigkeit am Steuer, in der Hitze, nach Nächten mit wenig Schlaf. Aber wir hätten weit härtere Unbilden in Kauf genommen für diese Wochen unterwegs in der Fremde, die uns anfüllten bis obenhin mit Bildern, Begebenheiten und Begegnungen. Für mich waren sie überdies die Krönung der gemeinsamen Jahre mit meinem Kind, Krönung der großen Kameraderie, um die es mir immer zu tun gewesen war, der Einhelligkeit Arm in Arm und Hand in Hand, gleichgerichtet in dem, was wir gern sahen, hörten; dasselbe Vergnügen an Wasser und Sonne, an einem Abend im Freien beim Wein, am Singen und Tanzen, am Herumschlendern in fremden Quartieren unter Auslassung der Sehenswürdigkeiten.

Aber eines Abends in Dubrovnik wurde offenbar, daß der Einklang so ungetrübt nicht war, wie es den Anschein gehabt hatte. Da sprang ihr, wie ein Lavabrocken aus dem Krater, der Satz aus dem Mund: »Ich ekle mich vor dir!«

Acht Wochen lang hatte sie neben mir oder mir gegenüber gesessen bei den Mahlzeiten — nun konnte sie es nicht mehr sehen, wie ich kaute, konnte auch mein Verlangen nach Essen und die Gier, dies Verlangen zu stillen, nicht mehr ertragen. sie sprach es aus. Es war ein erstaunlicher und sicher wohltätiger Akt der Befreiung in Anbetracht unseres behutsamen Umgangs miteinander.

Von da an wurde es nie wieder, wie es vorher war. Das Schulerlebnis mit Maria Theresia Schmitz, die mit spitzer Nadel in mein aufgeblasenes Selbstbewußtsein gestochen hatte, wiederholte sich jetzt. Wieder war ich nicht die, die ich zu sein glaubte, das Bild, das ich von mir hatte, entsprach nicht dem, was andere sahen — wer war ich denn wirklich?

Ich ließ die Frage, so bedrängend sie war. Ich beschloß, mich nicht mehr dafür zu interessieren, wer ich selber war, sondern mich ausschließlich mit dem Lauf der Welt zu befassen. Die Szene in Dubrovnik nahm ich als das, was sie war: ein Moment der lange erwarteten notwendigen Ablösung aus der Mutterbindung — ich verbot mir die Trauer.

Aber ich blieb unsicher wie einer, der bei jedem Schritt seines Weges fürchtet, es könne sich noch einmal der Abgrund vor ihm auftun, an dem er soeben gestanden hat.

Die Jahre in Köln sind geprägt durch eine Folge verschiedener Gruppierungen, in denen ich mich bewegte. Darum war der Umzug dorthin der entscheidenste von allen. Bis jetzt war ich eine Tochter gewesen, eine Junggesellin, eine alleinstehende Mutter, vorwiegend jedenfalls ein Einzelwesen. Jetzt endlich gelang Gemeinsamkeit mit anderen, damit die Hinwendung zu den öffentlichen Angelegenheite. Jetzt endlich gewahrte ich die Herausforderungen der Zeit und bemühte mich, ihnen zu antworten.

Den kräftigsten Anstoß dazu wird wohl Walter Dirks gegeben haben, der 1955 die Hauptabteilung Kultur im Westdeutschen Rundfunk übernahm. Ich erwähnte ihn schon einige Male, von fernher hatte er ja seit langem mein Denken beeinflußt; sicher habe ich es ihm zu verdanken, wenn ich mehr Sinn für die Möglichkeiten des Erreichbaren in Politik und Kirche bekam und ein positives Verhältnis zu Aufklärung und Säkularisation.

Als ein Aufklärer erschien er mir vor allem, dieser erstaunliche Mann aus dem Ruhrgebiet, unstudiert, aber Doktor theologiae honoris causa, als sozialistischer Journalist zu Beginn der Hitler-Ära zunächst in Haft genommen, dann untergeschlüpft im Feuilleton der »Frankfurter Zeitung« als Musikkritiker — von Musik versteht er nicht nur etwas, er musiziert selbst, allein und mit anderen. Es wurde auch gesungen in seinem Haus. In der vorweihnachtlichen Zeit versammelten wir uns dort bei Printen und Spekulatius und sagten uns einen frohen Advent an, ähnlich wie bei Ludwig Richter kamen wir uns da vor.

Nach dem Krieg gab Dirks mit Eugen Kogon zusammen die »Frankfurter Hefte« heraus; seine ruhige, maßvolle Stimme war und ist darin zu den entscheidenden Vorgängen der Zeit zu hören. Im Gegensatz zu Kogon, der ein überaus zugewandtes Gegenüber abgibt und meisterhaft die intellektuelle Hebammenkunst beherrscht, aus dem Gesprächspartner das Beste herauszuholen, doziert Dirks gerne, verwandelt Stühle und Sessel in Katheder und die Abendrunde in eine lauschende

Jüngerschar. Wozu auch immer er sich äußern mag — er tut es mit der Unbefangenheit dessen, dem es allein auf gerechte und wahre Lösungen und nicht auf den Machtzuwachs einer Gruppe ankommt. Er weiß, daß es nicht genügt, den Irrtum zu hassen und den Irrenden zu lieben, sondern daß die Liebe zum Irrenden einen Zugang auch zum Irrtum sucht, um darin möglicherweise Elemente von Wahrheit zu finden.

Was kaum einer hinter der anfälligen Gesundheit, der immer schonungsbedürftigen Verfassung dieses Mannes vermuten dürfte: er war in jüngeren Jahren ein exzellenter und begeisterter Bergsteiger, forderte sich im Fels erstaunliche Leistungen ab. Wie er sich denn überhaupt die Wohlausgewogenheit und Gelassenheit seines Werkes abrang aus Verdüsterungen des Gemütes, die niemand bei ihm ahnte.

Wir bekamen schnell miteinander Kontakt. Ich lud ihn ein und bereitete mit Bangen ein Gericht nach einem Rezept des eben in Mode stehenden Fernsehkochs Klemens Wilmenrod. Es schmeckte ihm.

Außerdem befreundeten wir uns mit Jakob Laubach aus der Redaktion der »Dokumente«, die eine bedeutende Rolle in der politisch-intellektuellen Szene spielten. Die »Semaines sociales« in Paris und andere deutsch-französische Begegnungen hatten damals starke verbindende Kraft. Mehr am Rand dieses Kreises befanden sich Walter Warnach und Oswalt von Nostiz, Sohn der Helene, Vater von vier Töchtern, ebenso wie Warnach, wie so viele von uns damals, hart am Rand des Existenzminimums lebend. Nostiz, nach Bayern verzogen, ist mir aus den Augen gekommen. Warnach, später auf einen Lehrstuhl der Düsseldorfer Akademie berufen, lebt noch in Köln. Er war wohl der eigenwilligste Kopf unter uns. Als Schüler schon dem Internationalen Sozialistischen Kampfbund angehörend, den anarchistischen Gruppen der Jugendbewegung verbunden, im heftigsten Hader mit dem Vater, der längst vor 1933 in die Partei eingetreten war, Philosophiestudent, Lehrer, den die Schule im Hitlerregime nicht ertrug, Soldat, ohne Existenzgrundlage bei Kriegsende, für eine Frau und Kinder verantwortlich, schlüpfte er bei Schwann in Düsseldorf im freien Lektorat unter, leitete dann die Philosophisch-Theologische Abteilung im Patmos-Verlag. (Seiner Anregung folgend, übersetzte ich aus dem Englischen eine »Theologie für Anfänger« von Frank J. Sheed. Die angelsächsische Unmittelbarkeit, mit der hier verzwickte theologische Lehren zur Sprache gebracht wurden, hatte mich dazu verlockt. Dem Inhalt war ich binnen kurzem entwachsen; es fand dann bald die große Entmythologisierung statt, der ein erheblicher Teil des bis dahin geglaubt — und für wahr Gehaltenen zum Opfer fiel).

Warnach war mit Werner Trott zu Solz befreundet, einem ungewöhnlichen Mann des Widerstandes, dessen Bruder nach dem 20. Juli hingerichtet wurde. Er hat vor zwanzig Jahren das vorausgedacht, was heute die Gedanken der Weisesten bewegt: daß wir aussteigen müssen aus den Zwängen der Herstellungsgesellschaft, in die wir uns selbst eingeschlossen haben — aber nicht als Einzelne, auch nicht in Organisationen, Vereinen und Initiativen, sondern in einem ordensähnlichen Freundesbund, in dem wir uns rückhaltlos miteinander einlassen (ein jeder auf das »Labyrinth« des anderen). Trott zu Solz mag dabei so etwas wie die Cluniazensische Bewegung des 11. Jahrhundert vorgeschwebt haben, die ja auf ganz Europa revolutionierend wirkte, auch politisch. Und gewiß hat die nahe Erfahrung des 20. Juli, dessen Aktion von einem Kreis persönlicher Freunde getragen und vollzogen wurde, seine Überlegungen beeinflußt.

Mit der »Gesellschaft Imshausen« (so benannt nach seinem Wohnsitz), die er 1947 begründete, versuchte Trott zu Solz einen Schritt auf dieses Ziel hin. Sie sollte helfen, »die neue Form unseres geistigen, gesellschaftlichen und politischen Lebens aus der besten Tradition der europäischen Widerstandsbewegung zu entwickeln«. Zu diesem Zweck »sozialisierte« Trott zu Solz das Imshausener Anwesen und stellte es den Mitgliedern der Gesellschaft als Wohnsitz zur Verfügung. Mitglieder waren Männer und Frauen des öffentlichen Lebens aus den verschiedensten Lagern: Vertreter der Berliner Militärregierung, der SED, der bürgerlichen Linken und des Adels waren bei der ersten Zusammenkunft anwesend.

Es war wahrscheinlich der radikalste Versuch eines Neuanfangs nach 1945. Trott zu Solz wollte sich nicht damit begnügen, bei 1933 wieder anzusetzen, die »abgestandenen Ideologien der Weimarer Zeit« nicht wieder aufwärmen, vielmehr aus der Spannung zwischen Ost und West, zwischen Marxismus und Kapitalismus, zwischen Diktatur und Freiheit (wobei die westliche Freiheit in ihrer Eingeschränktheit genau durchschaut wurde) neue Möglichkeiten des politischen Lebens gewinnen.

Es erwies sich aber bald, daß nur ganz wenige diese Spannung auszuhalten und die extreme Bedeutung von Freundschaft, die Trott zu Solz in seinen beiden Büchern »Widerstand heute« und »Der Untergang des Vaterlandes« vortrug, zu sehen vermochten. Mit der Begründung der Zeitschrift »Labyrinth«, die er dann gemeinsam mit Böll, Grieshaber und Warnach herausbrachte, wurde ein zweiter und letzter Versuch in dieser Richtung unternommen. Es gab nur sechs Nummern. Die Finanzierung verschlang einen ganzen Wald aus Trotts Besitz. Er starb 1965.

Angestoßen durch die persönliche Begegnung mit diesem Herold der Freundschaft, versuchten wir in Köln unseren abendlichen Zusammenkünften eine spirituelle Grundlage zu geben. Wir lasen gemeinsam in der Bibel und versuchten, uns an gewisse gemeinsame Verpflichtungen zu halten: eine halbe Stunde täglich zu beten, sonntags nicht zu arbeiten und jeglichen Aufwand in der Lebensführung zu vermeiden. Keine dieser Verabredungen vermochten wir einzuhalten. die einzige Sache von einiger Dauer war ein gemeinsam errichtetes Konto, mit dem wir uns bekannt gewordene extraordinäre Notfälle unterstützten, darunter zwei aufsässige Ordensleute, Rudolf Hernegger und Erich Przywara.

Im Rückblick erscheinen die fünfziger Jahre als theoretische

Vorbereitung für das, was wir in den sechziger Jahren unternahmen, als Prozeß der Bewußtseinsveränderung, als der immer neue Versuch, unseren Ort auszumachen, innerhalb der Kirche sowohl wie im politischen Geschehen; anzugehen gegen die Zwänge, denen wir uns hier wie dort unterworfen sahen; uns Freiheit zu erstreiten von der Amtskirche ebenso wie vom Adenauer-Regime, der christlich-demokratischen Partei; die offene Gesellschaft herbeizuführen in Staat und Kirche.

Die Kirche: schwarze Eule, Haus voll Glorie, mystischer Leib Christi, Verweserin des Reichs, Schwert des Abendlandes, Folklore-Heimstatt — aus all diesen Verkleidungen und Kostümen begannen wir sie herauszuschälen, traten ein in die große Ideologiekritik, in die große Entmythologisierung, um unter den lagernden Schichten von Byzanz und Rom und Aachen die brüderliche Gemeinde des Evangeliums zu finden, hinter dem goldglänzenden Heiligen Stuhl den Feldrain, an dem der saß, der gesagt hatte, daß die Vögel ihre Nester und die Füchse ihre Höhlen hätten, er aber keinen Stein, auf den er sein Haupt legen könne.

Was die Politik betrifft, so quälten wir uns mit der Frage, wie die Bundesrepublik aus ihren konservativen Angeln zu heben, wie der kalte Krieg abzubauen, die törichte Formel von der Politik der Stärke außer Kraft zu setzen, die Anerkennung der Oder-Neiße-Linie zu bewirken, die Atombombe zu ächten sei. Wir fühlten uns wie zappelnde Fliegen im Netz der Restauration, und mitten drin saß die schwarze Spinne Adenauer und wollte uns fressen.

Wir hingegen waren »lieber rot als tot«.

Die Atombombe war uns ein Gegenstand leidenschaftlicher Aufmerksamkeit. Jahrelang hing an meiner Wohnzimmerwand der Zeitungsausschnitt mit den Imperativen von Günter Anders: als erste Handlung nach dem Erwachen an die Atombombe zu denken; die Phantasie anzustrengen, um so viel Angst aufzubringen, wie es der Größe der apokalyptischen

Gefahr entspricht; sich nicht einreden zu lassen, daß die Bombe ein Mittel sei; nicht zu dulden, daß sie hergestellt werde wie eine Ware; alle Erörterungen zu sabotieren, mit denen die Zeitgenossen versuchen, die Tatsache der atomaren Bedrohung aus einem ausschließlich taktischen Gesichtswinkel zu diskutieren. Mit der Angst vor der Bombe haben die Heutigen auch diesen Sezierer der Zeitläufe vergessen, dessen Buch von der »Antiquiertheit des Menschen« uns gleichwohl auch heute noch Entsetzen beizubringen vermag, Entsetzen über unsere dickfellige Torheit.

Ein kurioser Zufall machte, daß ich an zwei aufeinanderfolgenden Abenden 1957 Günter Anders und Friedrich Heer begegnete — dem einen, dessen Pessimismus kaum überboten werden konnte, dem anderen, der in so vielen mündlichen und schriftlichen Verlautbarungen immer den erlösten Menschen pries, durchstrahlt von der Freude der »dreisonnigen Gottheit«. Zwei Herren aus Wien, Jude der eine, aber ungläubig, der andere Katholik von Geburt und Gesinnung, aber vorgedrungen in bis dahin noch unerschlossene Räume katholischen Selbstverständnisses, Türen aufreißend für frischen Wind, ein Jüngling an Hoffnungskraft, um nicht zu sagen: ein sonny boy.

Günter Anders emigrierte, als Hitler kam, tat in Amerika, obwohl für nichts als ein Gelehrtendasein ausgerüstet, harte körperliche Arbeit und kehrte mit fünf Koffern voll Manuskripten nach Europa zurück. Seinen Erfolg schreibt er dem Fleiß zu: »Es gibt Seiten, die ich vierzigmal umschrieb«, sagte er mir. Auf diese Weise entstand eine Sprache, die trifft und schlägt. So liebenswürdig, ja, herzlich er im persönlichen Gespräch erscheint, so scharf und schneidend sind seine Analysen. Er arbeitet mit dem Messer des Chirurgen, der gefährliche Geschwülste wegoperiert; mit dem Messer des Bildhauers, der aus Stein oder Holz Flächen und Konturen bloßlegt, mit dem blanken Messer des Partisanen, der die Übermacht des Feindes verzweifelt bekämpft. Es gibt keinen radikaleren Gegner der Bombe als ihn — nicht einmal Robert Jungk, mit dem er befreundet ist. »Sie können mich zu jeder nächtlichen Stunde aus dem Bett holen, wenn es darauf ankäme, in dieser Sache zu sprechen«, sagte er mit leidenschaftlichem Nachdruck.

Außerdem konstatiert er die täglich wachsende Bedrohung des Menschen durch seine Produkte. Und die Frage, worauf das hinauslaufen solle und ob nicht am Ende alles schon zum Schlimmen entschieden sei, ist die Grundfrage seiner Schriften. Sie hat sich als widerstandsfähig, als dauerhaft erwiesen — während Friedrich Heers Optimismus uns inzwischen total abhanden gekommen ist. Vor fünfundzwanzig Jahren aber war das mitreißend, diese Überzeugung, daß wir eigentlich gerade erst anfangen. Heers Grundkategorie ist der »offene Mensch«, der dem Feind ohne Angst und Mißtrauen begegnet, ein heiter-spielender, leichter, gütiger, unanmaßender und dienstwilliger Mensch, der sich gelassen in der pluralistischen Gesellschaft bewegt. Die eigentlich menschliche Aufgabe ist: Zusammenleben, Koexistenz. Die technische Welt existiert für Heer nur insofern, als sie dies Zusammenleben endlich in vollem Umfang ermöglicht, und die wichtigste Tugend ist die Feindesliebe — die Bereitschaft, sich erziehen zu lassen von seinen Gegnern und Feinden.

Anders' Gedanken jederzeit griffbereit und bewegt durch einen Vortrag des Oberkirchenrats Cloppenburg im Kölner Gürzenich, beschlossen wir im Katholischen Rundfunkinstitut eine bescheidene Aktion. Wir wollten versuchen, einen winzigen Spalt in den zementierten Verbund von Regierung, CDU und Kirche zu treiben, indem wir an die Bischöfe appellierten, sie möchten jenen Christen ihren Schutz gewähren, die die Atombewaffnung ablehnten. Diesen Appell unterzeichnete die Hälfte der angeschriebenen Katholiken. Der Pater unterschrieb nicht, aber er gestattete großzügig, daß die Geräte des Büros für diese Aktion benutzt wurden.

Es war das Äußerste, was wir glaubten, erreichen zu können, ein Minimum, halbherzig, etwas schief, etwas lahm, das zu fordern wir uns beinahe schämten. Aber es wirbelte Staub auf von »Thüringen bis Wladiwostok«, wie die Schlagzeile eines Zeitungsberichtes lautete; ganz zu schweigen von dem Aufruhr in der katholischen Presse der Bundesrepublik, der von verständnislosem Unwillen bis zu persönlichen Verunglimpfungen ging, bis zu genau jenen Diffamierungen, die wir hatten verhindern wollen. (Der Ehemann meiner Freundin, die mit unterschrieben hatte, ein hoher Ministerialbeamter, wurde vor seinen Chef zitiert, der ihm sein Befremden über einen solchen Schritt aussprach.) Natürlich war wieder, wie immer in solchen Fällen, von »Verwirrung der Geister« die Rede, davon, daß Katholiken in den »Chor marxistisch-liberaler Verdrehungen« mit einstimmten, daß sie sich auf die Seite derer geschlagen hätten, »die für Moskaus Atom-Monopol kämpfen«. Ein Freisinger Universitätsprofessor bezeichnete es als eine »Gemeinheit, wenn ein paar Ärzte, Dichter und Journalisten in diesen Fragen die Bischöfe belehren wollten«.

Die Thesen von sieben katholischen Moraltheologen, wonach die Bombe nicht absolut zu verbieten sei, waren dann nur noch das Tüpfelchen auf dem i: unter dem Deckmantel von Moraltheologie eine Unterstützung der herrschenden politischen Meinung, eine Unterstützung des »Milieus«, das von Carl Amery Anfang der sechziger Jahre in dem Buch »Die Kapitulation« so brillant beschrieben wurde.

Etwa um diese Zeit kamen eines Abends zwei evangelische Theologinnen in unseren Kreis, Marie Veit und Dorothee Sölle, und brachten ein Glaubensbekenntnis mit, das vom tradierten erheblich abwich; sie wollten unsere Meinung dazu hören. Ich empfand das als einen revolutionären Akt. Er sollte eine Reihe weiterer revolutionärer Akte einleiten. Denn wenig später fingen die Ereignisse in Vietnam an, uns zu beschäftigen.

Weihnachten 1966 bekam ich einen Text von Helmuth

Gollwitzer zu lesen, worin es hieß, daß er »das Zusammenkartätschen eines bettelarmen, unerhört tapferen Volkes durch die geballte Militärmacht der größten Industrienation« für schlechthin widerlich halte. Beim Konzil, so teilte er mit, habe ein vietnamesischer Bischof erzählt, daß in seiner Diözese wöchentlich über tausend Menschen durch die amerikanischen Bomben getötet würden. Mit den Worten: »Wenn uns das kalt läßt, sollten wir wenigstens aufhören, uns Christen zu nennen und Weihnachten zu feiern«, endete der Text. Ich empfand Empörung, Verzweiflung — über die Amerikaner, über die Deutschen, die von den Untaten ihrer Bundesgenossen kaum Notiz nahmen, über die Christen, die schwiegen. Das trieb mich zu Aktionen von denen ich mir nie etwas hätte träumen lassen.

Zunächst schrieb ich einen Brief an alle deutschen Bischöfe. Darin machte ich einige konkrete Vorschläge, wie die Gewissen der katholischen Christen in dieser Frage aufgeklärt und mobilisiert werden könnten: durch Predigten, durch Informationen in der Kirchenpresse, durch Aufklärungsarbeit in den Vereinen und Verbänden mit dem Ziel, die USA-Regierung mit einer empörten Christenheit zu konfrontieren und sie so zur Aufgabe des Krieges zu zwingen.

Die Antworten darauf, soweit es überhaupt Antworten gab, waren niederdrückend. Die lapidarste kam von dem Generalvikariat des Bischofs von Osnabrück: »Hiermit bestätige ich den Empfang Ihres Schreibens an den H. H. Bischof. Der Bischof wird sich stets im Sinne der Friedensbemühung Papst Pauls VI. für die Sicherung und Erhaltung des Friedens einsetzen.« Es gab auch eingehendere Briefe aus München, Paderborn, Essen und Münster; aber sie waren sich einig darin, daß Gebet und Spenden die einzige Form seien, in der sich Katholiken auf Vietnam einlassen könnten. Eine Stellungnahme gegen die Invasoren wurde durchaus abgelehnt. Niemand ging auf meine konkreten Vorschläge ein.

Nachdem diese Aktion als gescheitert angesehen werden mußte, versuchte ich über den Kirchenfunk etwas zu erreichen.

Tatsächlich fanden sich drei Sender bereit, ein halbstündiges Feature auszustrahlen, das die Geschichte des Krieges zum Gegenstand hatte und ausgestattet war mit zahlreichen Zitaten von Christen, die das Engagement der Amerikaner in Vietnam verurteilten. Es lief allem zuwider, was Adelbert Weinstein in meiner Zeitung über den Krieg berichtete. Trotzdem war ich dreist genug, es an die Herausgeber zu schicken. Das machte Ärger, wie sich denken läßt.

Im Lauf des Jahres begannen die Freunde, sich an meiner Bemühung zu beteiligen. Wir beschlossen, eine kirchliche »Basis« zu gewinnen, St. Alban und den Pfarrer Poth, dessen Gottesdienst wir regelmäßig besuchten. Wir baten ihn, uns zu erlauben, die Besucher der Sonntagsmesse zu einer Aussprache über das Vietnam-Problem nach dem Gottesdienst einzuladen — eine kühne Bitte, wenn man bedenkt, daß die Sakralität des Kirchenraumes damals noch unangetastet war. Daß in Kirchen einmal Beat-Musik gemacht, getanzt und Kaffee getrunken werden könnte, das wagte sich damals noch kaum jemand auszudenken. Das Generalvikariat, das ebenso wie der Verfassungsschutz Kenntnis von dem Vorhaben erhielt, verbot denn auch die Veranstaltung mit der Begründung, daß die Kirche nicht Schauplatz politischer Diskussionen werden dürfe. Notgedrungen verlegten wir das Gespräch vor das Portal. An die hundertfünfzig Kirchenbesucher waren der Einladung gefolgt, hier draußen in der Winterkälte darüber zu beraten, was Christen tun könnten, um den Krieg in Vietnam beenden zu helfen. Auf einer Kiste stehend, leitete Egbert Höflich die Diskussion, die etwa eine Stunde dauerte. Unsere Informationen fanden ein lebhaftes Echo, so daß wir es wagen konnten, kurz darauf zu einer abendlichen Zusammenkunft in ein nahe gelegenes Lokal zwecks weiterer Beratungen einzuladen.

Ein kurzes Referat, vor allem aber die Anwesenheit und die Worte des Bundestagsabgeordneten Peter Nellen taten ihre Wirkung: fünfhundert Mark in Scheinen und Münzen fielen in einen spontan rundgereichten Hut und legten den Grundstock für eine Aktion, die dem Protest ebenso wie der Hilfe dienen sollte.

Etwa dreißig Personen, Juristen, Architekten, Lehrer, Sozialarbeiter, Pfarrer und Kapläne, schlossen sich in dem »Arbeitskreis Vietnam an St. Alban« zusammen und beschlossen, drei verschiedenen Gruppen Hilfe zukommen zu lassen: einem Waisenhaus der Buddhisten in Saigon, einem katholische Priester im Bergland und dem Roten Kreuz in Hanoi. Mit diesen drei Adressaten knüpften wir briefliche Beziehungen an. Die Briefe kamen trotz der Kriegswirren an und wurden auch beantwortet.

Und nun sehe ich uns an einem Samstagvormittag auf der Schildergasse mit den Geldbüchsen klappern, in der Nähe einer Plakatwand, für die wir uns das Material von der Düsseldorfer »Hilfsaktion Vietnam« entliehen hatten. Mir fiel das sehr schwer: mich diesen hastenden Menschen, die nichts als den samstäglichen Einkauf im Sinn hatten, in den Weg zu stellen, sie mit dem Bittsprüchlein anzusprechen, zwanzigmal die Büchse hinzuhalten, sie leer wieder zurückzuziehen, ehe beim einundzwanzigsten Mal ein Groschen hineinfiel. Ich sehe uns vor Karneval in unserm bescheidenen Autokorso mit den Transparenten »Christen helfen Vietnam« durch die Innenstadt fahren und am Karfreitag auf dem Neumarkt Gottesdienst halten mit dem Thema »Vietnam ist Golgatha« — immerhin nahmen zweitausend Personen an dieser Veranstaltung teil. Wir hatten vorher ähnliche Schwierigkeiten zu bestehen, wie sie heute den Grünen widerfahren: unbedingt wollte der SDS sich einschleusen, irgendeinen Protest verlesen. Wir ließen es zu. Wir wollten uns nicht absperren.

Ich sehe uns an einem Sonntagmorgen vor den Kirchentüren stehen und Flugblätter verteilen, immer gewärtig, des Platzes verwiesen oder von ärgerlichen Sonntagschristen angepöbelt zu werden. Das Flugblatt fing an: »Sie kommen aus der Kirche — heute wie an vielen vergangenen Sonntagen. Haben Sie in dieser Kirche etwas über Vietnam gehört? Hat man Ihnen hier jemals mehr und anderes gesagt, als, ganz gelegentlich, daß Sie für den Frieden in Vietnam beten müßten? Sie haben gebetet — haben Sie aber auch zur Genüge darüber nachgedacht, daß christliche Soldaten es sind, oder doch mindestens sogenannte, die all dieses Unheil anrichten? Identifizieren Sie sich mit den Soldaten — oder meinen Sie nicht doch, sie müßten alles daransetzen, um diesen mordenden Christen in die Arme zu fallen, ihrem Tun ein Ende zu machen?«

Jemand, dem das ein Dorn im Auge gewesen sein muß, versuchte, mich in Frankfurt bei den Herausgebern meiner Zeitung anzuschwärzen: ob sie das wüßten, daß ihre Redakteurin sonntags morgens in Köln anti-amerikanische Flugblätter verteile? Die Zeitung, in diesem Falle Karl Korn, verhielt sich überaus loyal: was ihre Redakteurin sonntags morgens vor den Kölner Kirchentüren tue, sei ihre Privatsache.

Ich sehe mich in Pfarrer Poths Büro an der Kopiermaschine stehen und einen Aufruf abziehen an alle Bundestagsfraktionen, das Thema Vietnam im Bundestag zur Sprache zu bringen; Briefe an den Bundesaußenminister, an den Bundeskanzler, an F. J. Strauß, an die Fuldaer Bischofskonferenz, schließlich einen Entwurf für ein »Weihnachtliches Wort über Vietnam«, das wir an alle katholischen und evangelischen Pfarrämter in Köln verschickten mit der Bitte, es am Fest zu verlesen oder es zur Grundlage für eine Predigt zu machen.

Ich selbst versandte im Advent ein handgeschriebenes Papier: »In Anbetracht des verbrecherischen Krieges, den in Vietnam Christen gegen Nichtchristen führen und in dem noch die vorgesehene ›Feuerpause‹ die Geburt des Herrn verhöhnen würde, sehe ich mich außerstande, das Weihnachtsfest auf herkömmliche Weise zu feiern. Ich bitte daher alle meine Freunde, von Grüßen und Gaben abzusehen und auch von mir dergleichen nicht zu erwarten.«

Mit einem informativen Vortrag versuchten wir, in katholische und evangelische Gemeinden einzudringen und dort für unsern Arbeitskreis zu werben. Das war für mich der schwierigste Teil des ganzen Unternehmens. Öffentliches Auftreten wurde mir ohnehin schon sauer; um zu diskutieren, fehlt es mir an Schlagfertigkeit, an schneller Verfügung über Argumente. Jetzt sollte ich auch noch vor Leuten reden, die sich zu meinen Bestrebungen eher feindselig verhielten — der normale katholische Kirchgänger war doch natürlich dafür, daß die Katholiken Südvietnams gegen den kommunistischen Vietkong verteidigt wurden!

So wußte ich wenig zu erwidern, wenn ich in Pfarrgemeindesälen als Kommunistin beschimpft und mit dem üblichen Ratschlag, mich nach »drüben« zu begeben, sozusagen vor die Tür gesetzt wurde. Noch heute fühle ich die Beklemmung in der Kehle, den Druck auf dem Magen im großen Saal der Bochumer Volkshochschule, wohin mich die Katholische Studentengemeinde eingeladen hatte, wo politische Experten über mich herfielen. Ich wußte nur Undeutliches von der Domino-Theorie und nur halbwegs Bescheid im Konflikt zwischen China und dem Dalai Lama — ich wußte nur gerade das, was ich mir aus vielen Schriften zusammengetragen hatte, natürlich fehlte der Überblick über die große Weltpolitik und ihre Zusammenhänge. Zitternd vor Müdigkeit und Aufregung über die Niederlage, die ich hatte einstecken müssen, saß ich um Mitternacht im Zug, fest entschlossen, dergleichen nicht zu wiederholen; als man mich aber das nächste Mal einlud, fuhr ich doch, und schließlich war ich der Sache dann auch gewachsen.

Allmählich, fast schon am Ende des Vietnam-Krieges, wachten die Christen auf. Es gab ähnliche Bemühungen wie bei uns in vielen anderen Städten, mit denen wir Kontakte aufnahmen.

1969 besuchte uns eine Abordnung vom Roten Kreuz in Hanoi. Das war keine gute Begegnung. Sie säte Zweifel, ob wir mit Hanoi eine unanfechtbare Sache unterstützten. Die Vietnamesen wurden wortkarg, als wir nach den Verbrechen des Vietkong fragten, nach den erschossenen deutschen Ärzten. Sie behaupteten, daß diese Nachricht ein amerikanisches Greuelmärchen sei, und wollten dann plötzlich unsere Zeit »nicht länger in Anspruch nehmen«. Von da an erlahmte meine Kraft, mich hier weiter zu engagieren; ohnehin hatte ich mich einer neuen Sache mit Haut und Haaren verschrieben.

Ein bedeutendes kirchliches Ereignis war der Essener Katholikentag 1968 gewesen. Hier waren vielfältige Impulse zur Veränderung der Kirche gebündelt sichtbar geworden: der kritische Katholizismus hatte seine große Stunde gehabt.

»Hengsbach, wir kommen,
wir sind die linken Frommen!«

oder:

»Das Gottesvolk verraten
von römischen Prälaten!«,

diese und ähnliche Sprüche standen auf den Plakaten und Spruchbändern der jungen Leute zu lesen, die für eine Öffnung nach links eintraten. Sie handhabten mir-nichts-dir-nichts das gesamte Vokabular der Außerparlamentarischen Opposition, waren für Entsakralisierung, Politisierung, Demokratie und Sozialismus in der Kirche — niemals zuvor und niemals nachher manifestierte sich Widerstand gegen die Hierarchie mit solch geradezu übermütiger Heftigkeit wie auf dem Essener Gruga-Gelände. Teach-ins fanden statt und im linken Aktionszentrum, einem Kohlenkeller, das Go-in immerhin eines Weihbischofs; Mao-Bibeln und -Abzeichen wurden verkauft. Die Kölner Freundesgruppe lud spontan zu einem nächtlichen Gottesdienst ein, der die Vorgänge in der Tschechoslowakei, in der Dominikanischen Republik und in Vietnam zum Gegenstand hatte. Über diese Themen wurde informiert, meditiert, diskutiert, ein evangelischer Theologe hielt eine kurze Predigt. Zum erstenmal sprachen wir hier Dorothee Sölles spektakuläres Glaubensbekenntis: »Ich glaube an Gott, der die Welt nicht fertig geschaffen hat / Wie ein Ding, das immer so bleiben muß

... / Ich glaube an Jesus Christus, / der recht hatte, als er, ein einzelner, der nichts machen kann, genau wie wir / an der Veränderung aller Zustände arbeitete, und darüber zugrunde ging ...«

Es wurde auch gebetet: nicht um eine Änderung der Zustände, sondern um Einsicht und Kraft für unser eigenes Tun zur Änderung der Zustände. Das Politische Nachtgebet war geboren.

Wir beschlossen, in Köln jeden Monat einmal einen solchen Gottesdienst zu halten, abwechselnd in einer katholischen und einer evangelischen Kirche der Innenstadt. Aber der Kardinal verwehrte uns St. Peter, war nicht davon zu überzeugen, daß wir nichts weiter beabsichtigten, als die politische Theologie, wie sie an den Hochschulen gelehrt wurde, unter die Leute zu bringen. Er nahm auch Anstoß an Dorothee Sölles Glaubensbekenntnis, wenngleich es nicht das Credo des gesamten Kreises, dieser vielmehr offen war für alle Versuche, den alten Glauben in neuen Weisen auszusprechen. Frings blieb bei der Meinung, seine Diözesanen vor Verwirrung schützen und den Kirchenraum von Politik freihalten zu müssen.

Auch mit Präses Beckmann gab es Ärger, ehe wir dann schließlich in die Antoniterkirche durften. Wir luden ihn zu einem Gespräch ein. Da saß er nun an der Breitseite des langen Tisches im Gemeindesaal von Höhenhaus, schüttelte den kantigen Schädel und sagte: »Politik gehört nicht in den Gottesdienst!« »Nichts gehört so sehr in den Gottesdienst wie Politik«, erwiderte einer von uns. Wir hatten ja während der Arbeit für Vietnam den bedenklichen Mangel an politischer Information in den Gemeinden zu spüren bekommen. Hier war Gebet immer noch Zwiesprache mit Gott, Kommunion private Vereinigung durch Einverleibung. Frömmigkeit war Bemühung um das eigene Heil, Politik das schmutzige Geschäft draußen, gehörte nicht in den sakralen Raum. Was wir selbst gelernt hatten (durch Männer wie Metz und Filthaut, Küng, Kaspar, Schlette und Halbfas, die an den Fakultäten unserer Hochschulen lehrten), war die politische Bedeutung des Evangeliums. Wir waren überzeugt davon, daß Politik eine Form der Nächstenliebe sei. Nirgends konnte, wenigstens zu unserer Zeit, Nächstenliebe mächtiger und wirkungsvoller in Erscheinung treten als im politischen Handeln. Uns war klar: unser Nächster verhungert, wenn Politik das nicht verhindert; Barmherzigkeit, Caritas genügt nicht. Nur die Veränderung der gesellschaftlichen Verhältnisse durch Politik ist wirksam. Wir verstanden das Evangelium als politische Information, als Veröffentlichung von Neuigkeiten, welche die Menschen gemeinsam betreffen. Die Wahrheit, die Jesus verkündigt hatte, war eine Wahrheit, die getan werden mußte. Und die Kirche war nun in unseren Augen eine Arbeiterin in der Schürze mit schmutzigen Händen, die sich abzurackern hatte für das Wohl der Welt. Wir waren gewillt, das vom Altar aus unter die Leute zu bringen.

Die Antoniterkirche ist ein kleiner Bau an der Schildergasse mitten im Kaufgewühl. Sie gilt als Sehenswürdigkeit wegen eines bronzenen Engels von Barlach, schwebend aufgehängt, das Gesicht geschlossenen Auges dem Ankömmling zugewandt. Hier versammelten wir uns über drei Jahre hin einmal im Monat: um das Dutzend engerer Freunde herum weitere zwanzig, dreißig Personen, die sich nun »Ökumenischer Arbeitskreis« nannten. Für drei Jahre wurde dieser Raum zum Ort hochgespanntester Gefühle: Erwartung, Begeisterung, Missionseifer, Lust, die Welt ein Stück zu verändern.

Der Andrang war überwältigend. Er erinnere, so schrieb eine Zeitung, an Zeiten schwerster Katastrophen und Pestilenz. Mehr als tausend Menschen strömten zu den ersten Gottesdiensten (später wiederholten wir sie am nächsten Tag). Die Sitzplätze reichten bei weitem nicht aus, junges Volk lagerte sich auf dem Boden, vor Altar und Kanzel. Die örtliche Presse gab ausführliche Berichte, später schickten auch so entlegene Zeitungen wie die »Braunschweiger« und die »Rhein-Neckarzeitung« sowie die großen Wochenblätter ihre Reporter.

Nach den Veranstaltungen versammelten wir uns in dieser oder jener Wohnung, aßen und tranken vor Begeisterung die Eisschränke leer und sangen inbrünstig zum Abschied »We shall overcome!«

Immer häufiger kamen auswärtige Gruppen angereist, um Kontakt mit uns aufzunehmen, dasselbe zu Hause zu versuchen. Wir ließen die Texte drucken und verkauften sie vor und nach dem Gottesdienst, verschickten sie auch an einen festen Kreis von interessierten Lesern. Zwei Bändchen »Politische Nachtgebete« erschienen.

Von dem Erlös mieteten wir die »etage«, Räume einer ehemaligen Wäscherei, um ein Zentrum zu haben. Während einer gewissen Zeitspanne überlegten wir sogar, gemeinsam ein großes Haus zu beziehen — als »Kommune Abraham«. Der Exodus war ein von uns gern benutztes Bild.

Ihren großen Tag hatte die »etage«, als wir Hochzeit feierten, Hochzeit von Dorothee Sölle mit Fulbert Steffensky. Denn mitten in unserm gesellschaftsverändernden Wirken hatte es eine Herzensgeschichte gegeben zwischen der streitlustigen Theologin und dem Benediktinerpater, der das Leben im Kloster nicht mehr ertrug. Ich stand mit ihr, nach einem späten gemeinsamen Kinobesuch, an der Haltestelle im Regen, als sie mich wissen ließ, daß sie an Heirat dächten. Wir gingen auf dem nassen, die Lichtreklamen spiegelnden Pflaster auf und ab und verpaßten die Bahnen; ich wollte ihr gern abraten, in meinen Augen hatte die Verbindung etwas Gewaltsames: der sanfte, stille, traurige Junge aus dem saarländischen Revier und die großbürgerlich aufgewachsene Radikale mit ihrem Hang zu den Barrikaden. Doch war ich nach einigen Monaten die Trauzeugin auf dem Standesamt.

In der »etage« versammelten sich darauf die Hochzeitsgäste, Mönche aus Maria Laach, evangelische Theologen und der Rabbiner Geis, die Bölls, die Dirks und viel Volk, Kampfhähne darunter, die seit Jahren zerstritten waren. Auch Dorothees drei Kinder, ihr geschiedener Mann und seine Frau waren dabei. Im

Schaufenster, die gaffende Engelbertstraße im Rücken, saßen sie und aßen und tranken, und im Hinterzimmer versuchten die Helfer so etwas wie die wunderbare Brotvermehrung beim kalten Buffet.

Die Braut, im weißen, glitzernden Hosenanzug, war glückstrahlend unterwegs zwischen der Prominenz und den niederen Diensten, verlas eintreffende Telegramme und trieb Schabernack mit den drei ihr zu Ehren vertretenen Konfessionen.

Ein Jahr später wurde die Tochter geboren und in der Clarenbachkirche unter großer Beteiligung der Nachtbeter auf den Namen Mirjam getauft. Der Mönch trat zum evangelischen Glauben über, wurde ordiniert und hielt seine erste Predigt ebenfalls in der Clarenbachkirche. Später promovierte er zum D. theol. und erhielt eine Professur an der Hamburger Universität im Bereich der Pädagogik. Dort leben sie heute.

Ein Höhepunkt im Leben des »Politischen Nachtgebets« war der Besuch von Gustav und Hilda Heinemann in meiner Wohnung.

Es war ein Abend, dem ich mit mehr Bangigkeit als Freude entgegengesehen hatte. Meine Zweizimmerwohnung im Miethaus mit ihrer spärlichen Möblierung — und dann das Staatsoberhaupt, das mit »weißen Mäusen« vorfahren würde! Allein schon die Sitzordnung bereitete Kopfzerbrechen, mehr noch die Bewirtung — auch wenn es nur verschiedene Salate gab und nichts anderes als Bier für die Hauptperson. Aber dann wurde es ein reicher und intensiver Abend ohne leere Stellen — weil da einer war, der den verschiedenen Bedrängnissen, die wir vorbrachten, sehr genau und mit seiner bekannten trockenen Art von Anteilnahme zuhörte, ungeduldig oft, fast barsch, wenn er glaubte, daß man sich ungenau ausdrückte — »Das ist eine Phrase, das müssen Sie konkreter sagen«, so fuhr er Dorothee Sölle über den Mund. Immer wieder strapazierte er uns mit seinen geradezu impertinenten Nachfragen nach der Solidität unserer Projekte, die er, sicher nicht zu Unrecht, im einen oder anderen Fall für allzu luftig halten mochte.

Es erstaunte, wie offen der schlichte evangelische Christ für die Theologin war, die das Paradox von »atheistisch an Gott glauben« formuliert hatte; wie offen für Ulrich Klugs radikale Vorstellungen von der Reform des Strafrechts und des Strafvollzuges — wobei es so selbstverständlich nicht war, daß sich auf diesem Felde ein strenggläubiger Christ und ein Erzliberaler so gut verstanden. Erstaunlich auch die Bereitwilligkeit, mit der er sich die radikalen Forderungen einer modernen Heimerziehung zu eigen machte. Im Lauf seines Lebens zu einem Mann von Besitz geworden und gewöhnt an das Ausüben von Macht in hohen Ämtern, hätte er ja eher zu einer gewissen autoritären Strenge, was die Erziehung gestrauchelter Jugendlicher betrifft, neigen müssen. Aber hier war der großbürgerliche, der liberale, der evangelische Mensch Gustav Heinemann so progressiv wie der linke Kölner SSK, ein Verein, der sich für die Unterbringung in kleinen Gruppen und in privaten Unterkünften einsetzte.

Aber bei allem Verständnis für die Radikalität, mit der wir damals gesellschaftliche Veränderungen anstrebten, warnte er davor, »den Leuten Schutz und Sicherheit zu nehmen«. Er war auf eine bemerkenswerte Weise radikal und maßvoll zugleich, ließ sich ein und hatte Distanz — beides in einem. Sein Engagement war bei aller Ungeduld, die er oft sehen ließ, nie emotional, doch unverbrüchlich.

Aber am Ende war auch er fast ohne Hoffnung für den Lauf dieser Welt. An einem Abend im Haus seiner Tochter, als er schon nicht mehr Bundespräsident war, als die Starre des Amtes ihn nicht mehr umschloß, zeigte er den gefaßten Pessimismus eines Mannes, der auf die vorletzten Dinge nicht mehr, nur noch auf die letzten setzt. Wahrscheinlich werden wir, wird meine alternde Generation, einem solchen Menschen nicht mehr begegnen: der in einer streng und kraftvoll konturierten Persönlichkeit konservatives und liberales, christliches und linkspolitisches Engagement so gelassen aushielt und lebte — darum wenig gefällig, aber überzeugend wie die ganz Alten, die

Propheten und die Patriarchen, die vor langen Zeiten einmal den Menschen vorausleuchteten auf den dunklen Wegen.

Endlich muß noch der Nachtwache im Kölner Dom gedacht werden, die wir mit den Spaniern hielten, um den in ihrer Heimat angeklagten sechzehn Basken unsere Solidarität zu bezeugen. Mitglieder des Republikanischen Clubs, einige Dominikaner und andere Priester, der Kölner Jugendseelsorger und ein Domvikar hatten sich uns zugesellt. Auch Heinrich Böll war anwesend. Wie er vor Journalisten äußerte, hielt er diesen öffentlichen Akt der Solidarität an einem so bedeutenden Platz der europäischen Christenheit für wichtig. Er wollte seine Teilnahme nicht nur als »stillen Protest« verstanden wissen, vielmehr als laute Aufforderung an das Franco-Regime, die baskische Frage zu lösen.

Im Dom wurden einige Texte gelesen, Folterberichte und Psalmen-Nachdichtungen; am Schluß betete man gemeinsam das Vaterunser. Studenten in Pelz- und Fellgewändern, Arbeiter, Bürgerliche, Mönche im schwarz-weißen Habit bildeten im Halbdunkel der Halle vor dem silberglänzenden Dreikönigenschrein eine wunderliche und bewegende Gemeinschaft. Dann wurde die Absicht der Spanier, die Nacht im Dom zu verbringen, bekannt. Einige Deutsche entschlossen sich spontan, mit ihnen auszuhalten, andere wollten erst einmal nach Hause gehen und später mit heißen Getränken wiederkommen. Doch lehnten dies die stolzen Spanier ab. Sie wollten eingeschlossen sein, hungern und dürsten und frieren — das gehörte zu ihrem Programm der Solidarität mit den Inhaftierten.

Da einige Kölner Unheil befürchteten, falls die Domschweizer die schweren Türen schließen, die Spanier aber nicht nach Hause gehen wollten, versuchten sie sich vermittelnd einzuschalten. Zuerst in der Sakristei bei einem überaus unwirschen Bruder Angelicus, dann beim äußerst höflichen Dompfarrer, der den Weihbischof auf den Plan rief, und dann gab es, vor den Gebeinen von Kaspar, Melchior und Balthasar, einen langen umständlichen Handel um Bleiben oder Nichtbleiben.

Der Bischof schlug den Spaniern Alternativen vor: ein anderes Datum, eine andere Kirche, eine nahe gelegene Kapelle — aber die Spanier bestanden auf dem Dom, nur ein Dom entsprach in ihren Augen der politischen Dimension ihres Anliegens.

Den Dom konnte der Bischof aus Gründen der Sicherheit nicht erlauben. Es war gar nicht nötig, daß sein Auge etwa auf die Zottelfelle und einiges daraus hervorlugende Rot gefallen wäre oder daß er das Mädchen wahrgenommen hätte, das gerade im Begriff war, sich eine Zigarette anzustecken — »Nein, wirklich«, sagte begütigend Heinrich Böll, »es gibt Leute, die wissen das nicht, daß in Kirchen nicht geraucht werden darf« — das alles mußte der Bischof gar nicht bemerkt haben; ihm ging es um die unersetzlichen Schätze und Kleinodien, gewiß von Nachtwächtern bewacht, aber eben doch gefährdet im Zusammenhang mit den Versicherungsbedingungen. Ob denn nicht, bemerkte Dorothee Sölle, das Urteil von Burgos und das, was ihm folge, wichtiger seien als Schutz von Schätzen? Daraufhin wiederholte der Bischof seine Angebote — die Spanier blieben hartnäckig auf jene sanfte, gelassene, überlegene Weise, die Deutschen so selten gelingt. Dann kam etwas zögernd eine delikate Schwierigkeit zur Sprache: zehn, zwölf Stunden eingeschlossen, wie steht es da mit gewissen Bedürfnissen? Eine Sorge, die dann schließlich einer der geistlichen Herren mit der Wendung »hinter einer Säule pinkeln« reichlich unsakral, aber deutlich zur Sprache brachte.

Das Toilettenproblem indes interessierte die Spanier weniger als die Frage, ob man sie mit Gewalt entfernen werde, wenn sie gegen den Willen des Bischofs blieben. Aber da hätte das kein Kölner Bischof sein müssen. Mit Gewalt! Mit der Polizei gar! Man werde doch nicht Menschen mit Gewalt entfernen von einem Ort, der seit alters her eine Freistatt sogar für Verbrecher gewesen sei! Nein, wenn sie blieben, blieben sie gegen seinen Willen — aber daran hindern könne und werde er sie nicht.

Und so riefen denn die Schweizer mit zehn Minuten Verspätung ihr »Der Dom wird geschlossen!«, die Zuschauer trollten sich, und die Spanier und einige Deutsche nahmen ihre Plätze in den Bänken ein, stumm und stolz in der sehr dunklen, sehr kalten Halle. Das, was kölnisch gewesen war, Erhabenes und Triviales ineinander verschlungen, verschwand in den Schatten des Raumes, daraus hervor traten die Gedanken an Leiden und Tod und die schreckliche Feindseligkeit des Menschen gegen den Menschen.

Was das »Politische Nachtgebet« betrifft, so überwucherten im Lauf der Zeit Zweifel und Sorgen das Glück des Anfangs. Schwierig war vor allem das Drängen der jungen Marxisten, sich am Nachtgebet zu beteiligen. Natürlich wollten sie keineswegs beten und singen, sondern »systemverändernde« Texte unter die Leute bringen, wollten den »Hauptwiderspruch«, Lohnarbeit und Kapital, in den Mittelpunkt gestellt wissen. Sie majorisierten schließlich den Kern der Gruppe, dem es immer noch um eine erneuerte Frömmigkeit ging, um die Erweckung des politischen Bewußtseins von Christen; sie übertönten lautstark die Argumente der Beter und sprengten am Ende den Kreis so weit auf, daß er nicht mehr arbeitsfähig war.

Umgekehrt gab es Teilnehmer (ich gehörte zu ihnen), die den »Wärmestrom« vermißten; denen besser gefiel, was die Niederländer machten. Diese brachten Elemente von Musik, Tanz und Spiel in ihre Gottesdienste und verbanden sie mit gemeinsamen Mahlzeiten. Sie hatten aus dem damals sehr beachteten Buch des amerikanischen Theologen Harvey Cox »Das Fest der Narren« gelernt.

Am meisten litten wir darunter, daß es uns nicht gelang, mit der inzwischen mächtig angewachsenen Gruppe die Anstöße, die wir in den Gottesdiensten gaben, in die Praxis umzusetzen, nicht nur »Verkünder«, sondern auch »Täter« des Wortes zu sein — das heißt, die Situation der Obdachlosen, der Strafgefangenen, der Schüler, Lehrlinge, Heimzöglinge, Drogensüchtigen zu verändern.

Den mühevollsten dieser Versuche unternahm Mechtild Höflich, Mutter von acht Kindern und vielbeschäftigte Dozentin im Bereich der Erwachsenenbildung. Sie nahm sich der Heimzöglinge an, die in jenem Sommer scharenweise den Heimen in der Umgebung entliefen, etwa tausend streunende Jugendliche hielten sich täglich in Köln auf, wohnten in Kommunen und Kollektiven, bei Künstlern und Studenten, nächtigten in Parks und auf Bauplätzen. Etliche machten die »etage« zu ihrem Stützpunkt; dabei ging es nächtlich so hoch her, daß die Räume polizeilich geschlossen werden mußten. Psychologen und Pädagogen waren sich einig darin, daß die Heime unzulänglich, die bisherigen Erziehungsmethoden unhaltbar seien; aber sie taten nichts.

Mechtild Höflich machte Wohnungen ausfindig und veranlaßte das Jugendamt, sie zu mieten. Sie besorgte Möbel und gewann Studenten und Sozialarbeiter dafür, sich um die Zöglinge zu kümmern. Sie arbeitete Richtlinien aus, die einerseits auf Sozialisierung, andererseits auf ein größtmögliches Maß an Selbstbestimmung zielten. Das Jugendamt ging auf diese Vorstellungen ein und erklärte sich bereit, die Unkosten zu decken.

Dies geschah zunächst über den SSK, den Verein für »Sozialpädagogische Sondermaßnahmen Köln«, eine Gründung linksgerichteter Studenten. Der Verein existiert noch heute, wenn auch nicht mehr als Partner städtischer Maßnahmen. Er hat seinen Namen in »Sozialistische Selbsthilfe Köln« umgewandelt. Er übt eine Art Wächterfunktion aus, indem er auf leerstehende Wohnungen aufmerksam macht, sie gelegentlich besetzt, gelegentlich auch mietet und instand setzt. Das Geld für solche Aktionen erwerben die etwa hundert Mitglieder durch Entrümpeln und Aufarbeiten alter Möbel.

Die Stadt hat sich mittlerweile selbst ein Modell öffentlicher

Erziehung zusammengebastelt: mit einem Informationszentrum für Jugendliche, einem offenen Angebot bis Mitternacht, einem Aufnahmeheim für eine oder zwei Nächte und mit je einem Wohnheim für Jungen und Mädchen. Ganz gewiß hat hier das »Politische Nachtgebet« einen starken Anstoß gegeben, vor allem zur Bewußtseinsveränderung beigetragen. Die Bemühung, Heimplätze abzubauen, Erzieherfamilien zu finden und Wohngemeinschaften einzurichten, ist in Gang gekommen.

Gelernt

Unversehens fand ich mich Mitte der sechziger Jahre mit der Berichterstattung über ein Gerichtsverfahren befaßt und blieb davon fast ein Jahr lang beansprucht.

In Münster war ein Rechtsanwalt unter undurchsichtigen Umständen ums Leben gekommen. War es Mord, war es Selbstmord? Ein Mitbürger, Dr. rer. pol. Günter Weigand, selbst von äußerstem Mißtrauen in die amtierende Obrigkeit erfüllt und vom Vater des Verstorbenen ausdrücklich mit Ermittlungen beauftragt, hatte es durch hanebüchene Provokationen darauf angelegt, daß man ihm den Prozeß mache, damit die Wahrheit ans Licht käme. Statt ein Verfahren gegen ihn zu eröffnen, verfügte man seine Unterbringung im Westfälischen Landeskrankenhaus Eickelborn unter besonders schlimmen, menschenunwürdigen Bedingungen. Die Maßnahme hatte weit über Münster hinaus Empörung ausgelöst.

Als es dann schließlich zum Prozeß kam, meinte ich, daß man sich da einschalten müsse — ein Vorwitz, den ich später bereute, weil die Berichterstattung mich weit überforderte. Daß die Gerichtsreportage eine eigene Sparte des Journalismus ist, die umfängliche juristische Kenntnisse voraussetzt, war meiner Naivität entgangen. So fand ich mich unbefangen im Gerichtssaal ein, in dem sich fünfzig Journalisten aus der gesamten Bundesrepublik zusammendrängten, saß neben Ulrike Meinhof, die für die »Spandauer Volkszeitung«, und neben Nina Grunenberg, die für die »Zeit« gekommen war, und sah mich alsbald im Gestrüpp des Verfahrens ratlos verfangen. Ich hatte aber Mentoren und Helfer, Hochschullehrer, Rechtsanwälte, Psychiater und Weigand selbst zur Seite, der sich gründlich auskannte.

Nach den Verhandlungen war ich unterwegs, vom Mittagstisch mit den Rechtsanwälten im Überwasser-Hotel, wo wir mit vereinten Kräften den zornigen Angeklagten zu zähmen versuchten, zum Kaffeetisch in Mutter Weigands Wohnküche, anschließend zum Studierzimmer Martin Krieles, der, soeben habilitiert, kurz vor seiner Berufung an die Kölner Universität stand; schließlich abends im Hotel noch bei Ulrich Klug und Helmut de Boor wegen letzter Korrekturen an meinen Berichten. Diese waren provozierend. Sie enthielten scharfe Angriffe gegen die Münsteraner Justiz, trugen mir schlimme Leserbriefe und die Androhung einer Klage seitens der gegnerischen Anwälte ein.

Ich lernte in diesem Verfahren — und dies verdanke ich dem Juristen Ulrich Klug und dem Psychiater Helmut de Boor — nicht nur einige juristische Grundtatsachen; ich gewann vor allem ein neues Verhältnis zu dem, was wir Law and Order nennen. Die monatelange Beschäftigung mit dem Fall dieses mir zunächst so mißliebigen Mannes, den eine trübe Jugend, eine schwierige Veranlagung zum Außenseiter gemacht hatten, brachte mich dazu, ihn zu akzeptieren, ihn zu verstehen, mich schließlich mit ihm zu befreunden. Weigands rote Flugblätter hatten mich zunächst entsetzt, seine Briefe hatten mich verärgert, seine Absicht, den Selbstmord als Mord zu entlarven, hielt ich für die fixe Idee eines Spinners, zudem in hohem Maße ärgerlich, eine unerträgliche Belastung für die Betroffenen und mit Recht strafbar. Ich war für Law and Order.

Die Personen, mit denen ich jetzt zu tun hatte, beurteilten Weigands Verhalten ganz anders. Ulrich Klug, damals Dekan der Juristischen Fakultät an der Kölner Hochschule, der Weigand neben den bestellten Anwälten verteidigte, brach vor Gericht eine Lanze für den »Querulanten« und meinte, daß die Gesellschaft ihn verkraften müsse. Im selben Sinn engagierten sich für Weigand eine ganze Reihe weiterer Hochschullehrer, auch Theologen und Philosophen. Ein Netz von Hilfsbereitschaft wurde geknüpft, in dem sich alsbald eine beträchtliche Summe für die Bezahlung von zwei guten Anwälten sammelte. Den Hauptanteil der Honorare bezahlte Heinrich Böll.

Weigand wurde für voll zurechnungsfähig erklärt und für Beleidigungs- und Verleumdungsdelikte zu zwei Jahren Haft verurteilt. Während dieser Monate lernte er Elisabeth Feinendegen kennen, Mitglied des Gefängnisbeirats. Sie leitete in der Nähe ein Mädchengymnasium. Nach seiner Entlassung heirateten sie — worauf man in der Schule tuscheln hörte: »Unsere Direktorin heiratet einen Mörder!«

Aus nächster Nähe und in aller Ausführlichkeit konnte ich am Fall Weigand erfahren, wie die Spielregeln der offenen Gesellschaft sich durchsetzten, Spielregeln, die es erlauben, an der offiziellen Deutung von Vorgängen zu zweifeln, an der Unantastbarkeit der Autoritäten, an der Unangreifbarkeit behördlicher Maßnahmen. Mißtrauen nach oben und Vertrauen nach unten, Kritik nach oben und Duldung nach unten, Widerstand nach oben und Gewährenlassen nach unten erwiesen sich hier als hohe soziale Tugenden. Es gehört zu den Eigenschaften des guten Staatsbürgers, wachsam zu sein und mißtrauisch — wenigstens den Mitgliedern von Institutionen gegenüber, von denen er weiß, daß sie gelegentlich nicht nach persönlicher Einsicht, sondern aus Standes-, Partei- oder was auch immer für Rücksichten handeln. Störenfriede sind lästig, aber manchmal zielen ihre Pfeile tatsächlich auf ein Übel, schneidet ihr Messer genau da in den Apfel, wo der Wurm sitzt. Sie schreien, sie schreien mitten in unserm Schlaf. Und manchmal wachen wir dann gerade noch zur rechten Zeit auf, um Unheil zu verhüten.

Ulrich Klug gehörte zu den »Reformprofessoren«, welche die Strafrechts- und Strafprozeßreform in Gang brachten. Mit dem Geist dieser Reform wurde ich mehr und mehr vertraut. Ich machte mir ihren bedeutendsten Grundsatz zu eigen: daß Strafe nicht Vergeltung sein darf, sondern daß sie der Gesellschaft zum Schutz vor dem Verbrecher, diesem aber zur Wiedereingliederung in die Gesellschaft dienen muß.

Eine Tagung im Kloster Walberberg im rheinischen Vorgebirge, an der noch, kurz vor seinem Tod, der große alte Fritz

Bauer teilnahm, befestigte solche Überzeugungen. Hier kam es auch zur Gründung des Vereins »Zuflucht«, einer Organisation, die entlassenen Strafgefangenen hilft und für ihre Resozialisierung sorgt; die in Verwaltungsrechtssachen berät, bei Ehescheidungen, Entmündigungs- und Rentenverfahren — »wo das korrekt angewandte Recht nicht selten Unrecht schafft«, wie es der unvergeßliche Münchner Rechtsanwalt Till Burger ausdrückte.

Diesen Verein leitete in Köln Wilma Knips. Sehr vermögend als Erbin einer Maschinenfabrik, bewohnte sie ein altes Haus in der Blumenstraße, nicht weit von St. Gereon — zusammen mit zwei Rentnerinnen, einem Arbeiter, der eine beschützende Werkstatt besuchte, und einer Studentin. Elegant gekleidet und höchst komfortabel eingerichtet, durchaus eine Dame der Gesellschaft der Erscheinung nach, war sie gleichzeitig eine engagierte Sozialarbeiterin, die Zuflucht in Person für jugendliche Strafentlassene vor allem, für die sie sich um Einkleidung, Unterbringung und Arbeitsbeschaffung bemühte. Sie knüpfte Kontakte mit den Inhaftierten, schickte Bücher, Schreibpapier, einmal sogar eine Gitarre ins Gefängnis, besorgte psychiatrische Gutachten, vermittelte eine Gruppentherapie, drang bis zu Richtern und Staatsanwälten vor, um für die Schützlinge einen »Kompromiß« im Strafverfahren herauszuschlagen. Nach den Angaben eines einzigen Aktenordners hielt die »Zuflucht« Verbindung zum Landschaftsverband, zum Jugendamt, zu Ärzten, zu Bewährungshelfern, zu einem Erziehungsheim, zu einem heilpädagogischen Heim, zum Krankenhaus, zur Versicherung, zur Polizei, zu Rechtsanwälten; man vermittelte eine Kur, beschwichtigte den Besitzer eines demolierten Autos und ging für die Bezahlung der Reparatur eine Art Bürgschaft ein, schickte Geld für eine Zahnbürste in die Anstalt, löste ein Mietverhältnis und stellte Möbel im Keller der Blumenstraße unter, gewährte ein Darlehen, half über einen Selbstmordversuch hinweg und vertrat einen unehelichen minderjährigen Vater beim Jugendamt. Wohin mit dem

Sexualmörder, der, aus der Heil- und Pflegeanstalt entlassen, kurz vor Weihnachten in der Blumenstraße klingelt? Nicht selten blieb Wilma Knips nichts anderes übrig, als einen solchen Mann in ihr Haus aufzunehmen. Lange Zeit hatte sie das Dachgeschoß an einen Referendar vermietet mit der Auflage, die Wohnung mit einem jugendlichen Haftentlassenen zu teilen. Auf diese Weise fing sie an, das auszuprobieren, was ihr als einzige Möglichkeit einer Resozialisierung vorschwebte: die Wohngemeinschaft. Drei, vier Haftentlassene mit einem Sozialarbeiter, das schien praktikabel, dem Freiheitsdrang der seelisch labilen jungen Leute sowohl wie der Notwendigkeit, sie partnerschaftlich zu betreuen, angemessen.

Wilma Knips stiftete ihr Vermögen dem »Erlenhof«, einem Heim für straffällig gewordene Jugendliche. Aus ihrer Freundschaft mit dem Anstaltsleiter, wurde, als sie, zweimal verwitwet, schon fast fünfzig war, eine eheliche Verbindung. Sie verließ die Blumenstraße und ging nach Marburg, wo ihr Mann eine Professur erhielt. Seitdem ist die »Zuflucht« ziemlich verwaist, nicht viel mehr als ein Büro, eine Telefonnummer.

Eine andere Anstrengung, die zu jener Zeit für die Randgruppen unternommen wurde, betraf die Obdachlosen.

Für mich begann das mit einem Besuch im Nachbarhaus, wo sich die Städtische Obdachlosenstelle befand; sie wurde von Grete Böll geleitet. Ich lernte in einigen Sprechstunden, an denen sie mich teilnehmen ließ, aus meinen Besuchen in Asylen und Notunterkünften, daß Obdachlose nicht Asoziale sind, daß sie vielmehr in den meisten Fällen unverschuldet wohnungslos wurden. Ihre Geschichten waren nicht selten Leidensdramen tragischen Ausmaßes. Das erschreckendste Erlebnis war ein Besuch in der Siedlung Höherweg in Düsseldorf, einem Platz am Bahndamm, voll von ausgedienten Omnibussen, Eisenbahnwaggons, Lastwagen-Anhängern, aufgebockt auf Kisten und Bottichen, durch windschiefe Ausbauten aus Latten und Pappe hier und da zu einer Art Anwesen vergrößert. Es gab eine Behausung für drei Personen in einem Karton, in dem eine

Musiktruhe oder ein Kühlschrank verpackt gewesen sein mochte. Viele Unterkünfte waren ohne Fenster, möbliert mit ungemachten, verwühlten Betten, mit Herd, Kommode, Tisch, Stühlen und Kinderwagen — lauter Lumpen und Gerümpel, einem Wust von schmutzigen, häßlichen Sachen, die andere in den Müll geworfen hätten. Ähnlich sah es aus an den Stadträndern von Krefeld, Duisburg, Bonn, Mönchengladbach und Köln. Die Ämter unternahmen nichts dagegen — sie kassierten Standgeld, ignorierten den hygienischen Skandal sowie die Tatsache, daß hier Kriminalität ausgebrütet wurde.

Aber dann fingen einige Leute an sich einzumischen. Im Umkreis von Köln gewahren wir einn Kunsthändler und einen Juden aus London; einen Inder und einen Benediktinerbruder, den Republikanischen Club und eine ökumenische Hausgemeinschaft; dazu zahlreiche Studenten, Musiker, Maler, Schauspieler. In Gang gebracht wurde die ganze Sache von Johannes Wasmuth, einem ungeschlachten Riesen der Erscheinung nach, von schwer bestimmbarer Wesensart. Als er auftauchte und sich zum Anwalt der Obdachlosenszene in Düsseldorf machte, war er Dekorateur im Kaufhof. Phantasievoll und erfindungsreich, verfiel er auf ungewöhnliche Methoden der Geldbeschaffung für den Bau von Kindergärten. In seiner alten wackligen Ente fuhr er durch halb Frankreich, um Bilder für eine Versteigerung zu erbetteln. Chagall und Kokoschka sind mit diesen Bemühungen verbunden, später auch Stefan Askenase, Yehudi Menuhin mit seiner Schwester, sowie der Pantomime Marcel Marceau. Eine »Fördergemeinschaft Kinder in Not« wurde gegründet, mit hohen Verwaltungsbeamten im Vorstand, mit Landes- und Bundesministern im Beirat. Es wird für immer ungeklärt bleiben, in welchem Maße Johannes Wasmuth sein ursprünglich bestimmt integeres Engagement für die Obdachlosenkinder als Leiter für seinen Aufstieg benutzte. Jedenfalls machte er bald landauf, landab von sich reden. Wie ein Fürst, so hieß es, residiere er im Bahnhof Rolandseck, den er zu einem Begegnungszentrum ausbaute;

eine Kunstgalerie und eine Konzertagentur sind aus den ehemals caritativ gemeinten Bemühungen um Kunstwerke und Künstler hervorgegangen.

Eines der Wohltätigkeitsfeste, von Wasmuth in Bad Godesberg veranstaltet, bei dem der Pianist Stefan Askenase zu hören war, erlebte ich mit. Das Arrangement des Abends hatte etwas leicht Verwirrendes: Chopins vertrackte Melancholien, seine noblen Sehnsüchte, sein großes, brillantes Appasionato — dazu die Bonner Prominenz, betuliche Frisuren, ungewagte Dekolletés und der Ausdruck eines endgültigen und hoffnungslosen Angekommenseins in so vielen Gesichtern; dazu die Kinder aus den Baracken, denen die Veranstaltung galt, kurze Röckchen und Gummistiefel, gelangweilt offensichtlich von der Musik und froh, in der Pause herumstreunen zu können in dem niegesehenen Glanz.

Anstöße ganz anderer Art kamen aus London, von Richard Hauser, verheiratet mit Hephziba, der Schwester Menuhins. Ich begleitete ihn hier und da bei seinen Besuchen in den Kölner Obdachlosenquartieren: einen großäugigen, scharfgesichtigen, ungemein schnell und leise sprechenden Mann. In der Enge des überhitzten Raumes, in dem das »Komitee« der Barackenbewohner seine Versammlung hatte, erzählte er in dem trockenen, fast ein wenig ärgerlichen Tonfall eines Menschen, der wenig Zeit hat, von seiner Arbeit in mindestens zehn Ländern der Erde, von den Gewerkschaften der Exverbrecher, der Landstreicher und der Geisteskranken, die auf seine Initiative hin gegründet worden waren; von einem Jugendclub, den junge Arbeiter in Londons Hafengegend aufbauten, von seiner Gefängnisarbeit, die darauf abzielte, eine Art Kollegialität zwischen Wärtern und Häftlingen herzustellen. Dann fragte er seine Zuhörer nach ihren Schwierigkeiten. Aber er dachte nicht daran, sich zu ihrem Fürsprecher bei irgendwelchen Behörden zu machen. »Sie müssen sich selbst kümmern«, sagte er immer wieder, »Sie müssen herauskriegen, wie Sie das ändern können. Und wenn Sie meinen, daß Ihnen Unrecht geschehen ist, dann müssen Sie höflich Krach machen!« Die jungen Leute beklagten sich, daß man ihnen verboten habe, abends im Kindergarten Tischtennis zu spielen. »Ja, weil ihr eure Zigarettenasche auf den schönen Fußboden fallen laßt«, rief eine Frau ärgerlich dazwischen. »Wenn hier doch keine Aschenbecher sind . . .«, maulte ein Junge. Und Hauser, wie aus der Pistole geschossen: »Wenn ihr zu schwach seid, hier einen Aschenbecher hereinzutragen, dann könnt ihr auch nicht Tischtennis spielen!«

Sein Prinzip war »Hilfe zur Selbsthilfe«, auch Aktivierung der Hilfe für andere; er wußte, wieviel es den Kraftlosen und Isolierten bedeutet, wenn man an ihre Kraft und ihre Fähigkeit zur Partnerschaft appelliert.

Hauser hatte Anstöße gegeben, auch Ansätze zur Politisierung der Obdachlosen geschaffen. Diese vollzog sich am Ende der sechziger Jahre auf eine Weise, die den meisten von uns undeutlich blieb. Verschiedenste Gruppierungen aus engagierten Sozialarbeitern, Pfarrern und Studenten arbeiteten da mit- und gegeneinander; dem rückschauenden Blick bleibt die Szene unüberschaubar. Das Ergebnis war immerhin, daß die Stadt Köln hundert Millionen für Obdachlosenwohnungen zur Verfügung stellte.

Ich erlebte aufregende Abende im Republikanischen Club, in dem Obdachlose sich zu Wort meldeten, Anita Dobrowolski, eine Person mit gewaltigem Redefluß, der ihr uneingedämmt aus den Zeiten des Matriarchats überkommen schien, hielt uns da in Atem. Ebenso aufregend waren die Zusammenkünfte in diesem oder jenem Übergangshaus, wo Hausbesetzungen vorbereitet wurden — die aufsässigen Kölner um den Inder Prodosh Aich geschart, und alle weit entfernt davon, irgendeiner Obrigkeit untertan sein zu wollen. Die Obdachlosen brachten es zu einer eigenen Zeitung, veranstalteten »Go-ins« beim Sozialamt, sperrten Straßen und erklärten sie zu Spielstraßen, verhinderten Räumungen, besetzten leerstehende Wohnungen. Die »Obdachlosenzeitung« kämpfte als ein militantes linkes Blatt für einen »Einweisungsstop« in Notunterkünften, berichtete über aggressive Bewohnerversammlungen, erließ Anzeigen wegen Freiheitsberaubung gegen Hausmeister und beschimpfte städtische Behörden, auch die Kirchen, weil diese durch reine Betreuungsarbeit in Abhängigkeit hielten, anstatt in solidarischer Aktion Veränderungen herbeizuführen.

Einer aus der Kirche tat in aller Stille das, was die hitzköpfigen Apo-Leute verlangten: Bruder Lukas aus der Abtei Maria Laach. Er hatte dort gebetet und gemalt, ehe ihn der Ruf traf, sich der Kölner Obdachlosen anzunehmen. Er fing damit an bei zwei Häusern nahe der Autobahn, wo sechzig Familien mit dreihundertvierzig Kindern und Jugendlichen lebten, half mit, aus diesem Konglomerat eine Art Gemeinwesen mit Normalwohnungen zu schaffen. Dann baute er, zusammen mit Jugendlichen aus Übergangshäusern, ein Freizeitzentrum auf.

Man räumte ihm das Erdgeschoß eines Hauses, später auch die Keller dafür ein. Ich erlebte »Luckys Haus« an einem Tag der Offenen Tür, als Stadtverwaltung, Vertreter der Pfarrgemeinden und Presse eingeladen waren. Es war mit der überschäumenden Phantasie von jungen Leuten ausgestattet, die Spaß haben an dem, was sie tun. Es war auch ein Angebot an die Nachbarschaft, es wurde angenommen. Früher standen diese jungen Leute auf den Straßen herum und trafen sich in Hausfluren. Sie knackten Autos und belästigten Passanten, trugen ihre eigenen Streitereien mit den Fäusten aus. Heute sind sie Väter und Mütter, wenn auch vielleicht immer noch »sozial Schwache«, ohne einen anderen Boden unter den Füßen als die Erfahrung von Zuwendung und Freundschaft, die Lukas ihnen gegeben hat. Wird er sie tragen?

Bruder Lukas kehrte nach langen Jahren hingebungsvoller Tätigkeit ins Kloster zurück. Auch die anderen spektakulären Personen haben sich zurückgezogen. Die Emanzipationsbestrebungen der sechziger Jahre gingen in weitläufiger Betreuung unter. Dem Sozialamt selbst ist nicht ganz wohl dabei. Man weiß dort, daß die Obdachlosigkeit nicht beseitigt werden kann, wenn nicht ihre Ursachen beseitigt werden.

Störenfriede und Straftäter, Fürsorgezöglinge und Obdachlose, Geisteskranke, Trunkenbolde, Zigeuner und Prostituierte — lauter Leute, die meiner Mutter Widerwillen und Angst machten. Und mir hatte sie es mit der Muttermilch eingegeben, ebenfalls Angst und Widerwillen zu empfinden. Ich bin dankbar, daß ich es lernte, diese Gefühle zu überwinden. Ich kam, wenn auch spät, dazu, Homosexualität als eine gleichberechtigte Form von Zuwendung füreinander zu begreifen. Ein Reisegefährte, an den ich mich mit den sehnsüchtigsten Gefühlen anschloß, ließ mich den Grund wissen, warum er sie nicht erwidern könne. Peinlich berührt, sah ich ihn, Arm in Arm mit dem Freund, der ihn vom Bahnhof abholte, sich entfernen. Doch stand er mir so hoch, daß sich die Ablehnung allmählich in Verständnis verwandelte.

Ich lernte, an langen Haaren Gefallen zu finden und unter schlotternden Ziegenfellen, schmutzigen Pullovern und zerschlissenen Jeans nicht gleich Umstürzlerisches zu vermuten. Und wenn ein wohlanständig gekleideter Alter und ein liederlicher Oberschüler in der Straßenbahn aneinander gerieten, war ich eher auf der Seite des Jungen. Gelegentlich überkam mich allerdings Verlangen nach feinen Sitten, einem Knicks, einer Verbeugung, einem Handkuß, einem gezogenen Hut mit weit abgewinkeltem Arm — »gesittet«, das war eines der Lieblingsworte des verehrten Friedrich Sieburg gewesen. »Im Anstand«, so hatte er mir einmal mitgeteilt, als ich meinte, er messe dieser Tugend zu viel Gewicht bei, »ist keine Bequemlichkeit, sondern unendliche Mühe, das Rohe zu unterdrücken und den Menschen zu achten.«

Entgegen solchen Ermahnungen lernte ich Worte wie »vögeln« und »ficken«, wenn auch ungern, ohne Erröten auszusprechen; gewöhnte mich an den anderen Tonfall, in dem heutige Liebende miteinander reden, die weder »O du schöner Rosengarten« singen, noch sprechen: »Ist es möglich, Stern der Sterne« oder gar »Du, der ichs nicht sage, daß ich bei Nacht weinend liege«. Die gewiß nicht ohne Zärtlichkeit waren, das nicht — aber ohne die großen, innigen, glühenden Worte, ohne die uns zu unserer Zeit Liebe nichts gewesen wäre; die ihre Sehnsüchte nicht in sich hineinwürgen mußten, bis sie davon elend wurden, die vielmehr schnelle Erfüllungen suchten und fanden. Da war keine Winterreise mehr mit gefrornen Tropfen und Wolkenfetzen, mit Raben und Krähen ums Haupt, mit der Post, die keinen Brief bringt, und dem einsamen Leiermann auf dem Eise — nein, die heutige »Winterreise«, die des preisgekrönten Gerhard Roth zum Beispiel, ging nach Venedig, zu zweit, und der Reisende vermerkte gewissenhaft die Spielarten der Liebe, die nächtens zur Anwendung gekommen waren, wobei er auch nicht verschwieg, der Gefährtin eine Zigarrenhülle in den Hintern gesteckt zu haben. Selbst wenn es sich hier um exklusive Gepflogenheiten eines Autors handeln sollte — Ähnliches lese, höre ich doch allenthalben. Dann bin ich froh, daß ich aus dem Spiel bin.

Ich betrachte die Pille, die uns Freiheit und unbegrenzte Möglichkeiten sexuellen Genusses verschaffte, nicht mit uneingeschränkter Befriedigung. Denke ich an die zwölf oder dreizehn Kindbetten der Großmutter, an ihr Seufzen und Bangen, wenn der Großvater sich zu ihr legte, sicher machte er es kurz und wortlos, der mürrische Bahnmeister — wie sehr hätte ich ihr die Pille gegönnt, ihr und allen von einer Schwangerschaft in die andere getriebenen frommen Ehefrauen, die den Zoll für genossene Lust (meist nicht ihre eigene, die des anderen nur!) allein zu zahlen hatten. Erwäge ich indessen, wie ein Vollzug, der mit Mythen befrachtet, mit Tabus belegt, im Vers verherrlicht, im Lied besungen, die Tiefen des menschlichen Daseins berührend, von Natur aus verbunden mit der Erschaffung eines neuen Geschöpfes — wie ein solcher Vollzug heruntergekommen ist, dann befällt mich Trauer. Die Geläufigkeit, mit der sie ihn abspielen, seine Befreiung vom Gewicht schicksalhafter Konsequenzen, ist mir suspekt. Obwohl ich mich, als sie aufkam, öffentlich, in der Zeitung, in Funk und Fernsehen, entschieden dafür einsetzte, daß Gesellschaft und Kirche solcher

Erleichterung nichts in den Weg legen möchten, sollte es mich mittlerweile nicht wundern, wenn wir dafür eines Tages vielleicht mit einer Schädigung leiblicher und seelischer Gesundheit bezahlen müssen.

Überhaupt: Befreiung. Soweit sie die politisch Unterdrückten, Geknechteten, Ausgebeuteten betraf, ging ich dafür auf die Barrikaden. Alle Art von Herrschaft wurde höchst verdächtig, dafür sorgte Ulrich Klug, der in seinem angenehmen, ruhigen Tonfall erklärte, daß Anarchismus nichts Gefährliches sei, daß man dabei nicht an Weltbrandstiftung zu denken brauche. Anarchismus sei lediglich der Wunsch, ohne Herrschaft auszukommen — was er für einen respektablen und legitimen Wunsch halte.

Befreiung von Herrschaft. Davon hatte ja schon das biblische »Magnificat« gehandelt, von Annie Bender als Herzensgebet übernommen. In dem Satz »Potentes deposuit de sede« offenbarte es mir seine aktuelle politische Bedeutung und wurde in diesem Sinne auch begeistert interpretiert. Die »Theologie der Befreiung« fand mich unter ihren Fahnen. Paul Claudels einst so fest für wahr gehaltenen Satz: »Warum sich weigern, wenn Gehorsam so einfach ist?« hatte ich ausgestrichen aus meinem Zitatenschatz, und die Französische Revolution war herrlich, wie sie in der Untertertia gewesen war, ehe Maria Theresia Schmitz sie mitsamt der voraufgegangenen Aufklärung auf den Müll geworfen hatte.

Doch blieben Spuren, Reste, Krümel von Widerstand gegen das Wort Befreiung. So leicht wie Claudel ließen sich Theodor Haecker, der Hierarchist, Friedrich Gogarten, der Anwalt der Autorität, G. K. Chesterton, der Emanzipation und Aufklärung verspottete, nicht abtun. Diese gesamte Anpflanzung aus der Oberstufe des Gymnasiums in Mönchengladbach, sorgfältig gedüngt und begossen während der Studienjahre, konnte ich nicht mit der Wurzel ausreißen. In dem Augenblick, als ich, mit Hilfe des »Politischen Nachtgebets«, die Rodungsarbeit hinter mich gebracht glaubte, wurde mir deutlich, daß ich zur Freiheit ein gespaltenes Verhältnis behalten würde.

Das war am auffälligsten bei der Beschäftigung mit der Frauenemanzipation. Darüber nachzudenken, hatte ich lange vor mir hergeschoben. Mein Leben lang mochte ich Männer so gut leiden, saß und lag so gern mit ihnen zusammen, daß es mir nicht in den Sinn kam, es könnte für Frauen notwendig sein, sich von ihnen abzusetzen. Noch heute liegt es mir nicht, die von Frauen eingenommenen Stühle, Lehrstühle und Katheder, die Ministersessel, Abgeordnetensitze und Schöffenbänke zu zählen und mich über das Ergebnis zu alterieren.

Wie könnte ich das? Aufgewachsen mit einem Buch wie »Die ewige Frau« von Gertrud von Le Fort, Goldbuchstaben auf weißem Grund der Einband, habe ich mit der Gleichberechtigung meine Schwierigkeiten. Eingetränkt wurde mir da, in der feierlichen Sprache der weisen Denkerin, daß die Frau am meisten sie selbst ist, wo sie sich hingibt; wo sie aber sich selbst wolle, da sei Fall, Abfall, Sündenfall. Es entspreche dem Wesen der Frau, sich rückhaltlos zu opfern, zu dienen. Die Behauptung wurde belegt mit erhebenden Beispielen, hielt sich demgemäß lange Zeit unangefochten im Bewußtsein; ihr nicht zu entsprechen — ich entsprach ihr, wie man gesehen hat, keineswegs —, war Schuld, zumindest schwere Unzulänglichkeit, es folgte ein schlechtes Gewissen, nagende Reue über verfehltes Verhalten. Ein Wort wie »Selbstverwirklichung« wäre da des Teufels gewesen.

Was ich lernte, mich langsam entfernend aus dem Buch mit den goldenen Buchstaben auf weißem Grund, war: das Rollenspiel der Geschlechter nicht mehr für gottgegeben, für naturgewollt zu halten, vielmehr als Spiel zu durchschauen, bei dem die Garderobe sowie sonstige Ausstattungsstücke wie Herd und Kinderwagen gewechselt werden können. Das Modell, wonach Mann und Frau die Berufs- und Hausarbeit miteinander teilen sollen, ist, so wie die Dinge liegen, ein notwendiges Modell. Wenn Frauen, bevor sie heiraten und Kinder bekommen, einen Beruf erlernen, in einem Beruf tätig waren, kann man unmöglich von ihnen verlangen, daß sie sich für den Rest ihres Lebens mit Küche und Kind begnügen.

Doch indem ich das ausspreche, merke ich, daß meine Zustimmung halbherzig ist. Die alte Gewissensnot, das Heil zu verfehlen, wenn man etwas für sich selber will, den Topf zu füllen, anstatt ihn auszugießen, ist noch nicht überstanden. (Christiane fragt: »Und womit füllst du den Topf, den du ausgießen willst?«)

Neben solchen, auf die ich mich nur halbherzig einließ, gab es Lernprozesse, die ich beklage. Einer davon betrifft die Entzauberung der Welt.

Die große Aufklärung, in deren Gefolge Freiheit, Gleichheit und Brüderlichkeit unter den Bürgern der westlichen Welt erschienen waren und die Mythen verbannt wurden, hatte ja bis vor einigen Jahrzehnten nur halbe Arbeit geleistet. Für einen Menschen meiner Art waren Natur, Liebe und Religion immer noch Bereiche, in die sie kaum eingedrungen war. Diesen Einbruch erlebte ich erst gegen Ende meines Lebens. Der Paradiesgarten, die apokalyptischen Reiter und das thronende Lamm, die dreifach gefaltete Gottheit, die feurigen Cherubim, flügelschlagend im Tanz ungeheurer Gesänge, Satan, schwarz und furchtbar, auf der Lauer nach abtrünnigen Seelen, die Jungfrau im Kämmerlein, der die Botschaft ins Herz fällt, der Stall zu Bethlehem (ich hatte noch an der Stelle gekniet und geglaubt, daß es die Stelle sei!), das Gloria der Engel über den Hirtengefilden, die Wunder Jesu, Krankenheilung und Auferweckung vom Tode, Brotvermehrung und der Wandel auf dem Wasser, Auferstehung und Himmelfahrt »im Schall der Posaune« — das alles wurde mit den Jahren, auch innerhalb des Kirchenraumes, in Unterricht, Predigt und Gespräch seiner Wortwörtlichkeit beraubt, mehr oder weniger beliebigem Verständnis preisgegeben. Nicht scharf und schneidend behaupteten sie: »Wunder gibt es nicht« — nein, das erlaubte sich keiner. Es wurde vielmehr an einem solchen Begriff herumgekratzt und -gestochert, vorsichtig und mit Rücksicht auf das Mütterchen in der letzten Bank, aber eben doch so lange, bis die ungeheuren, lieblichen, glänzenden und machtvollen, die farbigen und nachtdunklen Bilder einen einheitlichen Grauton aufwiesen; sie leuchteten nicht mehr. Nicht länger war der Glaube der Eckstein, an dem die Vernunft zu Fall kam, wurde vielmehr, seiner ausschweifenden Dimensionen beraubt, einsichtig und vertretbar auch für das Ende des zwanzigsten Jahrhunderts.

Zunächst empfand ich das kaum als Verlust, eher als Eintritt in neue Wahrheiten. Dunkles wurde hell, Fernes wurde in die Nähe gerückt, Labyrinthisches wurde überschaubar und einsichtig. Maria, ein Judenmädchen, vierzehn vielleicht, unwissend und einfältig, in den Strudel schrecklicher Ereignisse gezogen — wie liebenswert! Jesus, nicht länger Messias, Soter, Christkönig, sondern »Jesus in schlechter Gesellschaft« (ein aufregendes Buch des Wiener Kaplans Adolf Holl), ein radikaler Außenseiter mit zigeunerhaften Zügen und kriminellem Verhalten, ein Revolutionär und Rebell, ein Mann des Streites, der den Skandal nicht scheute — dieser Jesus war uns sehr nahe. Von dem Münsteraner Theologen Johann Baptist Metz ließen wir uns belehren, was es heißt, daß der Vorhang des Tempels zerriß; nämlich das Ende der Sakralität, der herausgesonderten Heiligkeit. Geweihte Priester? Weihen und Segnen waren Bräuche, mit denen es nichts mehr auf sich hatte. Die Gottheit thronte nicht länger im undurchdringlichen Geheimnis, sondern schimmerte hervor aus den ausgefransten Knopflöchern des betrunkenen Stadtstreichers auf der Bank am Wallrafplatz.

Schuld und Erlösung! Mein Aufenthalt an den Rändern der Gesellschaft führte dazu, daß der Schuldbegriff mir unter den Händen zerrann. Die frechen, aufsässigen jungen Leute, die verkommenen Alten, die Mütter, die ihre Babys mißhandelten, die Trinker, die ihre Frauen prügelten — wenn man hinunterstieg in ihre Biographien, dann waren das fast immer arme, alleingelassene Kinder, und auch die Eltern und deren Eltern waren arme, allein gelassene Kinder. Schuldig? Falsch programmiert waren sie, nicht ausgerüstet für ein freundliches und friedliches Leben mit anderen. Schließlich waren es chemophysikalische Vorgänge in den Hirnzellen, die das Fehlverhalten bewirkten — was natürlich nicht ausschloß, daß einer ein solches Verhalten tief bedauerte, mit jenen lebenslangen Schmerzen, mit denen ein Autofahrer an das Kind denkt, das er — ohne Schuld — überfuhr.

Keine Schuld, keine Erlösung dementsprechend. Wenn es denn Gott war, der in Jesus Christus Mensch wurde, dann hatte er das getan, um sich ansehen, anhören, anfühlen und essen zu lassen, um Nähe herzustellen, seinen Entwurf von dieser Welt leibhaftig erscheinen zu lassen. Aus der Unzugänglichkeit des brennenden Dornbuschs begab er sich in den Stall, damit wir erkannten, wie er es mit uns meinte — Erlösung war ein Wort aus der alten sakralen Welt, wir brauchten es nicht mehr.

Die Schöpfungsgeschichte, die uns den Alten zeigte, wie er das Firmament stiftete und die Gestirne daran befestigte, wie er, der große Taschenspieler, aus dem Ärmel Fische und Vögel schüttelte, wie er die Pflanzen und Bäume und das Gesträuch hervorlockte aus ihren Samengehäusen und schließlich den Menschenkloß formte und ihm zum Leben verhalf — diese Geschichte hatte Teilhard de Chardin uns neu erzählt, ebenso wie die Vision vom Reich Gottes am Ende der Zeiten.

Das Reich Gottes: das war für Teilhard die geeinte Menschheit auf dem Weg nach vorn und nach oben. Die geeinte Menschheit, wie wir sie in vagen Umrissen aus der schon jetzt sich zusammenschließenden, durch immer mehr Querverbindungen sich vernetzenden Gesellschaft herausbuchstabieren können. Das ist die Hostie, aus Milliarden und Abermilliarden von Mehlstäubchen hier auf Erden gebacken, die am letzten Tage in den Leib Gottes verwandelt werden wird.

Damals gefiel mir das Bild besser als das vom himmlischen Jerusalem mit den Toren aus zwölf Perlen. Heute, da ein katastrophenhaftes Ende der Menschheit mehr denn je in den Blick kommt, habe ich Sehnsucht nach dem Perlentor.

Schätze

Weit herumgekommen bin ich eigentlich nicht, war weder in Amerika noch im Fernen Osten, auch nicht in der Karibik oder in Australien. Die Reisen bewegten sich innerhalb eines Dreiecks, das zwischen die Punkte Reykjavik, Damaskus und Marrakesch zu legen wäre.

Am großen Geysir getanden und die Einöden aus Stein und Wasser, die Eis- und Aschenwüsten von oben schaudernd betrachtet; Lambakotilettur und Kartöflum gegessen ... In der Omajadenmoschee auf dem Teppich gehockt, um mich herum die Stadt, rauschend von Damast, blitzend von Messing, schimmernd von Elfenbein ... In den Schatzgewölben der Medina von Fes gebummelt, die Litaneien der blinden Bettler angehört, Taubenpastete gegessen, Huhn und fetttriefenden Kuskus mit den bloßen Fingern, dazu süßen Pfefferminztee geschlürft ... Sechs Stiere sterben gesehen in der Arena von Ronco ... Im Plattensee gebadet, nächtlich Czardas getanzt und goldfarbenen Barack getrunken ... In Zakopane den Eierfrauen begegnet, sie tragen auf dem Rücken einen hohen Korb, in ein Bettuch geschlungen, darin liegen die Eier auf Heu; an der Ecke Krupowki und Kóscinszki Gurken gegessen aus der Salzlake in der Tonne ... Über den Pennine-Way gewandert im strömenden Regen und verirrt im Moor beim löwenhäuptigen Pen-y-ghent ... In Amsterdam über hundert Grachten und tausend Brücken geschlendert, durch die Walletjes, über den Zeedijk, wo stramme Meisjes in Lehnsesseln hinter der Scheibe sitzen, Genever getrunken und Pannekoeken gegessen, auch Hering mit Zwiebeln aus der Hand ... Rhodos herauftauchen gesehen aus dem Meer im grauenden Morgen, am Ufer gespeist unter Kürbisspalieren, frischen Fisch, Salat, Oliven und Käse ... Der Sphinx ins Antlitz geblickt — dicht dabei machten sich die Damen aus Europa und den USA lächerlich auf den Kamelen ... Beim ältesten Baum der Welt gewohnt im schottischen Fortingall und bei den Druidensteinen ... Getafelt, gesungen, getanzt mit Irish Folk ... Barfuß gegangen auf den spiegelnden Steinen der Plaza in Dubrovnik und vom Lamm gegessen, das am offenen Feuer gebraten worden war ... Eingekauft in den Lauben von Bern, wo sich weite Bogen über verläßlich schräggestemmten Pfeilern wölben ... Auf dem jüdischen Friedhof in Krakau unter Brennesseln den Grabstein der Zippe Muskatblüthiowa entdeckt ... In Perpignan Maillols Venus gesehen, blinkender Leib unter Güssen von Licht, und am Abend die katalanischen Tänzerinnen auf Strohsohlen zur Flötenmusik, dabei lilafarbene Fische und Muscheln verzehrt ... Rund um den Bodensee gewandert, von Öhningen nach Öhningen und Eglisfilets gegessen im »Adler« zu Mammern, unvergleichlich ... Sonntags in Wien durch den I. Bezirk geschlendert, in den sanft gekrümmten Gassen, vorbei an den Adelspalästen, wo es rauscht und knattert von den Faltenwürfen der Atlanten und Karyatiden, in Höfe und Stiegenhäuser geschaut und den Mond scheinen gesehen auf die bleichen Kulissen der Jesuitenkirche ... Abends am Pont du Gard gestanden, eingehüllt in das strenge Aroma von Buchs und Lorbeer, als eben Orion sich anschickte, einen Fuß auf den ersten Brückenpfeiler zu setzen ...

Am meisten war ich in Deutschland unterwegs, mit dem Auto, dem Fahrrad, zu Fuß. Unterwegs zu sein im eigentlichen Sinne — daran ist mir viel gelegen. Morgens aufbrechen und nicht wissen, wo man ankommt, abends, voll wie ein Schwamm von den Bildern des Weges, einen fremden Ort betreten, neugierig, gespannt auf Überraschungen — das ist für mich eine gute Art, da zu sein. Wenn, wie im Flugzeug, der Weg sich sozusagen in Luft auflöst, in Wolkenpanoramen und Vogelflugbilder, werde ich eher ein bißchen bänglich, ebenso, wenn die Kielspur des Schiffes den Weg zeichnet. Für mich ist erfahren »er-fahren«, nicht fliegen, nicht schwimmen, eher wandern — auch der Wanderer wurde ja ehemals ein »Fahrender« genannt.

Fahren also — fahren beispielsweise an den Flüssen entlang von der Quelle bis zur Mündung, Strecken im wahren Wortsinn mit genau bestimmtem Anfang und Ende. Quellen zu entdecken, Mündungen zu erkunden und Straßen, die dem Fluß nahe sind — dazu verlockten mich die zwölf deutschen Nebenflüsse des Rheins. Hier erfuhr ich fahrend Geschichte, denn die Flüsse sind Völkerstraßen und bevorzugte Siedlungsbereiche. Sie zeigen mehr als andere Landschaften die Spuren der Taten im Raum. Geschichte anzuschauen, in den Flußtälern seitlich des Rheins, wurde mir zum hohen Vergnügen: Heiligengeschichte, Dynastengeschichte, Wirtschaftsgeschichte, Roms Anwesenheit an der Mosel oder die Hinterlassenschaften deutscher Geistesgeschichte am Neckar.

Danach erschien es mir als ein Ziel, die Landschaften aufzusuchen, die man unter einen gewissen, wenn auch keinen sehr wirksamen Schutz gestellt hatte: deutsche und ausländische Natur- und Nationalparke. Das begann mit dem Vogelsberg, 1962.

Schon sehr bald empfand ich auf meinen Fahrten, außer der naiven Freude des Städters an Berg und Tal, Wald und See, an Stille und Wohlgeruch, an Fachwerk und Schindeldach, wie schlimm die Zerstörungen waren, die der Mensch der Landschaft zufügte.

Das ging unter die Haut, brannte fort als Unruhe, als Angst, als Empörung schließlich angesichts der im Laufe der Jahre immer weiter fortschreitenden Barbarei.

Da hatten sie am Niederrhein, zwischen Xanten und Kleve, die herrlichen Alleen abgeholzt, die Parklandschaft des Münsterlandes auf weite Strecken ausgeräumt in der Flurbereinigung, hatten Wasserläufe begradigt und betoniert und die Hohlwege abgetragen, Moore trockengelegt, den Hohen Meißner ausgehöhlt, um Braunkohle zu gewinnen, und an den Dauner Maaren, diesen geheimnisvollen Wasseraugen, hatten sie Campingplätze eingerichtet; im Westerwald wuchs die Sozialbrache von Jahr zu Jahr, im Sauerland der Fichtenstangenwald.

Hochspannungsleitungen zerschnitten nicht nur den Himmel, hinterließen auch auf dem Boden ihre Spur in Gestalt breiter Kahlschläge. Das Schilder-Unwesen breitete sich aus. Stinkender Schaum stand auf den Seen und Flüssen, und die Flora der Wegränder welkte infolge des verstreuten Giftes. Am schlimmsten war die Unzahl der Straßen, deren immer dichter werdender Raster das Land überzog — selbst vor den Paradiesestälern des Schwarzwaldes machte die Planung nicht halt. Den Hochrhein wollten sie kanalisieren, taten es auch teilweise; nun haben sie sich an die Zerstörung des Altmühltales gemacht, eines der letzten unberührten Flußtäler, das wir noch besitzen.

Auch der Anblick der Ortschaften, der kleinen Städte, wurde von Jahr zu Jahr betrüblicher. Zwar war oft der Kern noch intakt, in unversehrter Anmut und Würde der Konturen, eingeschmiegt in eine Mulde, aufsteigend an einem Hang, Häuser, in gehörigen Maßen und in lebensvoller Ordnung um den Kirchturm geschart. Nicht, daß ich sie nicht rühmen wollte: den von Pelargonien und Nelken überfluteten bayerischen Marktplatz; die weinlaubumflatterten Straßen der pfälzischen Winzer; den silbernen Schiefer des Bergischen Landes oder das reinliche schwarz-weiße Fachwerk des Sauer- und Siegerlandes, den dunkelroten Backstein Westfalens und Oldenburgs oder die breit hingelagerten Höfe Niedersachsens mit ihrem geschnitzten Giebelschmuck! Aber das meiste, was um den Ortskern herum entstanden war, zeigte keine Gestalt mehr; formloser Auswurf, quollen die neuen Stadtteile aus den alten heraus, überfluteten die Hänge, ein Haus neben dem andern, eine Straße hinter der andern, das Prinzip der Reihe, das Neben- und Hintereinander war das einzige, was den Planern eingefallen war. Das gute alte deutsche Zwergenhaus, spitzer Giebel, unten zwei, oben ein Fenster, von Seiten-, Vor- und Hintergärtchen umgeben, in stereotyper, hundert- und tausendfacher Wiederholung — das war landauf, landab das, was ich antraf, nirgends geschlossene Quartiere, nirgends bauliche Ordnungen von kristallinischem Gefüge — wie etwa die Dörfer der Weinstraße sie in so wunderbaren Beispielen zeigen.

Vom ländlichen Bauen her begann ich mich schließlich auch für den Städtebau zu interessieren, gelangte durch Arbeiten über ein gutes Dutzend Städte, darunter Köln, Bonn, Bremen, Krefeld, Andernach, Maastricht, Amsterdam, Liverpool zu einem gewissen Ruf in diesem Bereich — das war, glaube ich, das letzte Mal, daß ich mich öffentlich mit etwas befaßte, was ich nicht gelernt hatte.

Ich sah Zerstörung landauf, landab, Zerstörung durch den Bagger, durch Beton und Asphalt — nicht nur im Straßenbau, auch durch die unmäßigen Veranstaltungen im Dienst des Tourismus. Da tauchte zum Beispiel eines Tages das Wort »Fazilitäten« auf. Fazilitäten — das war ein Teil jenes Programms, das vorsah, Natur und Landschaft zum Schau- und Spielplatz von Freizeitbetätigungen zu »entwickeln«. Damit haben wir uns bis zu einem äußersten Ende von jenem jahrhundertealten europäischen Verhalten entfernt, dem die Natur als ein Ereignis galt, als das absolute Gegenüber, das hereintritt in den eigenen Gesichtskreis, das, in einem mehr äußeren Felde, zur Erfahrung, und dann ,verinnerlicht, zum Erlebnis wird. Ereignis, Erfahrung, Erlebnis — diese Worte trafen nun auf unseren Umgang mit Natur kaum noch zu. Die Seeufer wurden zu Badeanstalten, die Berghänge zu Skipisten und die Gipfel zu Endstationen von Sesselbahnen; erst kürzlich wurde mitgeteilt, daß auf dem Parnassos eine »blitzsaubere« Skiregion entstanden sei! Und wo es mit Mühe verbunden war, irgendeine Gegend zu erreichen, da schufen rührige Fremdenverkehrsfunktionäre die Fazilitäten: apshaltierte Straßen mit Parkplätzen, Pendelbusse, Schwebebahnen und Lifte, und die Gastronomen rückten nach und setzten an den Fuß und auf den Gipfel Grandhotels und Würstchenbuden — und die Musik spielte dazu. Eine neue Ausbeutung der Natur hatte statt, die der industriellen Ausbeutung um nichts nachstand: die Verwandlung von Natur in Freizeitgelände. Natur hat nur noch eine Funktion: den Spaßmacher abzugeben, Gelegenheit zum Zeitvertreib zu bieten.

Mit der Zeit wurde dies mein Thema vor allen anderen. Die Zeitung gab mir dafür Raum, obwohl es nicht in ihr wirtschaftspolitisches Konzept paßte, das ja auf wachsende Produktion, wachsenden Wohlstand angelegt ist. Ich berichtete, was ich sah, hörte und roch, untermauerte allmählich die naive Sinneswahrnehmung mit den wissenschaftlichen Erkenntnissen, die an allen Ecken und Enden publiziert wurden.

Ich war unterwegs zwischen den Zentren der grünen Bewegung von Hamburg bis zur Mainau. Saß bei Haidschnuckenbraten im Wilseder Gästehaus mit Alfred Toepfer zusammen und hörte ihn sein Naturparkprogramm entwickeln; saß in der Torkelstube auf der Mainau und informierte mich beim Grafen Bernadotte über den Zustand des Bodensees; aß mit Herbert Gruhl zu Mittag im Abgeordnetenhaus hoch über den Dächern von Bonn und trank Tee mit Max Himmelheber im Zimmer mit dem Baumstamm, in Baiersbronn, wo die »Scheidewege« erscheinen, diese hervorragende Vierteljahresschrift, die die ökologische Bewegung philosophisch zu untermauern trachtet. In Ulrich von Weizsäckers Göttinger Etage genoß ich das Gefühl, mich mitten in einem Netzwerk rettender Bemühungen zu befinden, als sich dort eine große Anzahl von Ökologisten aus aller Welt beim Abschluß einer Tagung versammelt hatte. In Bad Boll machte ich einen Abendspaziergang mit Frederic Vester und ließ mir die biokybernetischen Grundlagen alternativer Bestrebungen erklären. Ich hockte in der Werkstatt bei Hugo Kükelhaus in Soest, bei einem Dutzend tibetanischer Tempelgongs, zwischen Kristallen, Moosen, Tierskeletten, Federn, Elfenbein. Hier entwarf er die Spielgeräte, die der genaueren Wahrnehmung der Phänomene dienen, die helfen sollen, die Tätigkeit der Sinne zu verfeinern, unsere Organe zu entfalten, sie durch feinste Regungen und Erprobungen im Feinen zu üben. Hier und da traf ich auch einen der St. Galler Nationalökonomen, die Programme für ein Wirtschaften ohne Wachstum entwerfen.

Immer wieder verblüffte und fesselte mich die Verschiedenheit der Beteiligten. Da war also der Hamburger Großkaufmann, dessen Schiffe die Weltmeere befahren, unverbindlich, kühl, seiner Stimme, seinem Tonfall traut man kaum eine leidenschaftliche Anhänglichkeit an eine Sache zu; jedoch gab er für seine Vorstellung von geschützter Landschaft schon einen beträchtlichen Teil seines Vermögens her. Da war der Grübler Gruhl aus der Lausitz, nahezu hoffnungslos in Gram verfallen über den geplünderten Planeten, im Gegensatz zum redegewandten, Zuversicht ausstrahlenden Vester, der nicht nur ein Forschungsteam in München leitet, sondern weltläufige Beziehungen zur Industrie unterhält; er setzt auf die Vernunft der Manager. Der Graf vom Bodensee, rühriger Prominentengastgeber, Public-Relations-Mann zwischen Gartenbau und Politik, zu verbindlich, zu liebenswürdig, wo Härte und Aggressivität notwendig wären. Ganz anders Max Himmelheber, im Stillen wirkend in seinem Schwarzwaldstädtchen, ein Mensch für andere, für junge Leute vor allem, ein Ingenieur von Beruf, aber zugleich ein Denker, ein Schriftsteller, ein Spender und Stifter, der ebenso wie Toepfer sein Vermögen zur Verfügung stellt für die ökologische Sache. Und wieder anders Hugo Kükelhaus, ein Habenichts, was Geld betrifft, aber ein Krösus an Ideen, eigenwillig in sich selbst versponnen, kein Blick für das Gegenüber, aber gewaltig im Bedenken aller Sinnesvorgänge.

Unter all diesen klugen, die Lage souverän überblickenden Leuten, die mit dem Kopf die grüne Sache vertreten, steht, flammende Fackel, Hartmut Gründler, der sich mit siebenundvierzig Jahren selbst verbrannte auf der Mönckebergstraße in Hamburg, am 16. November 1977, mittags 12.20 Uhr. Weil er nicht aushielt, wie wir mit der Atomkraft umgehen, vor allem unseren verbalen Umgang damit hielt er nicht aus.

Der Philologe Gründler nahm heftigen Anstoß an der verharmlosenden Redeweise, in der wir — im Zusammenhang mit dem Katastrophenstoff Atom — von »Entsorgung«, von »Park«, von »Meiler« und »Müll« sprechen, ja, uns angewöhnt haben, das gefährliche Wort »Atom« aus dem Explosions- und Feuerbereich durch das Wort »Kern« aus dem vegetativen Bereich zu ersetzen. Er entlarvte den Ausdruck »Brennstoffkreislauf« als Lüge (ein Kreislauf braucht keine »Endlagerung von Rückständen«), die Abkürzung »GAU« als unverschämte Bagatellisierung und die Erklärung der Bundesregierung, daß Wiederaufbereitung und Endlagerung »gesichert« seien, als voreilige Behauptung, die den Tatsachen nicht entspricht. Immer wieder machte er aufmerksam auf die Versuche der Machthaber zu verschweigen, zu tarnen, zu vertuschen, zu beschwichtigen — er schrieb Briefe, erhob Verfassungsbeschwerden, trat in den Hungerstreik, kettete sich an Kirchentüren. Ich sehe in Hartmut Gründler keinen Narren, vielmehr einen Märtyrer, der litt und starb, während wir blind und taub unser kleines Leben leben.

Groll, Ärger, Zorn, Resignation — das kannte ich auch von den anderen, ebenso, daß sie Lebensentscheidungen trafen aus ihren Erkenntnissen. Sie verzichteten, wie Toepfer und Himmelheber, auf ihr Vermögen; auf ein festes Einkommen aus gesicherter Position verzichtete Kükelhaus; auf seine politische Karriere Herbert Gruhl. Hartmut Gründler gab sein Leben — davon muß den Kindern und Enkeln berichtet werden.

Ermuntert und angespornt durch die bedeutenden Männer (als einzige Frau auf diesem Felde die Fürstin Sissi in Rheda), versuchte ich, mein eigenes Leben, ohnehin auf Sparsamkeit angelegt, weiter einzuschränken, den Aufwand an äußeren Mitteln gering zu halten. Ich versuchte, wenig Neues anzuschaffen, was mir bei den Kleidern schwerfiel, ein bescheidenes Auto nur sparsam zu gebrauchen und so lange zu fahren, bis es kaputt ist, mit der Zweizimmerwohnung ohne Zentralheizung auch weiterhin vorliebzunehmen, versuchte, nach der Formel Erich Fromms Sein vor Haben zu setzen.

Meine Schätze: das waren meine Augen, die so viel sehen, meine Ohren, die so viel hören durften, Musik und Worte der Zuwendung; meine Nase, die in dem Pfuhl übler Gerüche doch immer noch einmal vom Duft eines Tannenwaldes, blühender Linden, frischen Heus getroffen wurde; meine Haut, die sich an Sonne, Wind und Wasser erfreute und an der Zärtlichkeit der Liebhaber.

Und meine Füße.

Von Karl Lorenz lernte ich, was ich an meinen Füßen habe.

Ich begegnete ihm, als er noch die Remscheider Musikschule leitete: einem kleinen, schnellen Mann, auch schnell im Reden und Denken. Gedacht hatte er viel: über den Zusammenhang zwischen Musik und Bewegung, über die Notwendigkeit von Bewegung, von geordneter, rhythmischer Bewegung vor allem. Natürlich tanzt er auch selber und lehrt tanzen, Gruppentänze, Folkloretänze, vorwiegend die griechischen mit ihren irrationalen Rhythmen. Ihn tanzen zu sehen, schwebend-leicht, federnd, mühelos, unter seiner Anleitung selbst zu tanzen, in der Remscheider Akademie, auf der Elmau — dieses Glück wird so leicht von keinem anderen überboten.

Über die Elmau wird nicht freundlich geredet in meinen Kreisen, man belächelt des Johannes Müller immer noch in Spuren vorhandene Pastoral. Aber ich weiß keinen Ort in Deutschland, wo das Tanzvergnügen, an dem auch Alte, Kinder und Behinderte teilnehmen können, so ungetrübt wäre wie dort. Der große Saal erlaubt rasche, ausgreifende Bewegungen, mit denen man bis zu einem glühenden Kern von Lebensfreude vordringt, wie er in den dionysischen Umzügen gefeiert wurde.

Eine Zeitlang verschwor ich mich Lorenz' Plan, eine große Tanzstätte einzurichten, ähnlich der in Hellerau, in der Wolfram Dohrn wirkte. Eine Gruppe von Liebhabern hatte sich schon zusammengefunden, als Ort war Bad Bodendorf ins Auge gefaßt worden, ein noch nicht »entwickelter«, noch nicht »ausgebauter« Ort, in dem die Kureinrichtungen sich noch im selben Zustand befinden wie zur Zeit der Begründung des Bads, in einem höchst einfachen also. Die Erzeugnisse ökologischen Landbaus waren erreichbar, Ärzte praktizierten naturnahe Heilweisen, eine Quelle spendete gesundes Wasser, der Ortskern war intakt, die Landschaft bescheiden, aber unverdorben, noch standen die Autobahn und die geplanten Erholungseinrichtungen auf dem Papier. Hier hätte man ein Modell für eine ökologische Dorfgemeinschaft gestalten können — mit dem Tanzhaus als geselligem Zentrum für Einwohner und Gäste. Bis zu Johannes Rau drang ich vor mit dem Projekt — es verlief sich im Sand.

Tanzen und singen — noch die Alte, die ich jetzt bin, entzückt sich daran, gelegentlich. Tanzen durfte ich nie so viel, wie ich wollte. Die alberne mitteleuropäische Sitte des Paartanzens verhinderte das. Wie es auch sein kann, erfuhr ich in Ungarn, wo, abends in einer Bar, irgendein Lajos mich von meinem Platz holte und sich mit mir in den Kreis der Czardas-Tänzer einreihte. Für ihn war es selbstverständlich, daß alle tanzten, auch die »Mutter aus Deutschland«.

Beim Tanzen gedarbt — aber Lieder gab es im Überfluß: Wanderlieder, Abendlieder, Mailieder, fromme Lieder, Liebeslieder, zweistimmig mit Christiane, lange Jahre, bis sie das Haus verließ. Und dann, als die Stimme schon brüchig wurde, der Freundeskreis, der sich traf, um Madrigale zu singen: der Kantor, der Hochschullehrer, der Psychiater, der Fabrikant und ihre Frauen, vielbeschäftigte Leute in schwierigen Berufen, aber dann doch für Stunden entrückt zu den starken Empfindungen der alten Zeiten, die in den Liedern aufgehoben sind.

Über die Lieder geht mir nichts: keine andere Musik, kein Bild, kein Bauwerk, keine Dichtung. Sie erscheinen mir als unbegreiflich vollkommene Gebilde, kostbarer als alles, was sich käuflich erwerben ließe. Jedenfalls gilt dies von den früheren Liedern. Die heutigen kann ich nicht mitsingen. Das scheidet mich auf scharfe und schmerzliche Weise von den jungen Leuten, mehr als ihr zotteliges Aussehen, mehr als ihre verächtliche und brutale Redeweise, ihr aggressives Betragen. Immer wieder suche ich die Plätze auf, wo sie singen oder dem Singen zuhören, in der Hoffnung, ich könnte einstimmen, mich singend mit ihnen verbinden. Aber es gelingt selten, nur hier und da auf den großen Kirchenveranstaltungen. Da bin ich, beim Vaterunser, beim Schalom, bei »Kumbyah my Lord«, bei »We shall overcome«, meine Hände um ihre Schultern gelegt, noch einmal Gras unter Gräsern, Tropfen im Wasser, Sandkorn im Sand, alte Frau, jung mit den Jungen — und glücklich.

Meine Schätze: das waren mein Kind, meine Enkel, das waren die Menschen, die mir begegneten; die über mir, von deren Überfluß ich nehmen durfte, die neben mir, die meine Freunde sind; die Schwächeren, denen ich Schutz und Hilfe geben konnte. Sie leben verstreut zwischen Glasgow, Budapest und Lissabon, die meisten leben in Köln.

In der Stadt Köln bin ich nicht heimisch geworden während all der langen Jahre, die ich hier wohne. Heimisch bin ich nur in meinem Viertel zwischen Reichenspergerplatz und Agneskirche, wo Bäume stehen und Häuser aus der Gründerzeit, mit denen ich mich im Lauf des letzten Jahrzehnts herzlich befreundete. Nachbarlich vertraut wurde ich auch mit der schönen Bäckerin von gegenüber und den Leuten vom Grünkramladen, mit Blumenmädchen und Buchhändlerin, mit dem Jugoslawen von der Gastwirtschaft an der Ecke und den beiden Herren von der chemischen Reinigung, dem Dicken und dem Dünnen aus dem Flamenland.

Das übrige Köln, zerstört im Krieg, zerrissen durch eine unmenschliche Verkehrsplanung, bestückt mit Rasterbauten, vollgestopft mit Trödel und Kram, liegt mir fern — wenn ich absehe von Besuchen in der Musikhochschule, in der Bücherei, im Theater, im Konzert, in den Museen.

Aber: Köln ist der Raum, in dem die Freunde wohnen, deshalb mein Zuhause, und ich will hier nicht fort.

Ich will hier auch zukünftig im Netz der Freundschaften hin und her eilen, von Deutz nach Rodenkirchen, von Nippes nach Zollstock, von Müngersdorf nach Mülheim, von St. Severin und St. Ursula nach Lindenthal und Leverkusen und in die Innenstadt, zum Abendessen, zu einem Glas Wein, zu Klugs und Kriegers und Krieles, zu Höflichs und Bölls, zu Tümmers' und

Zilkens, zu Jutta, Carola, Barbara und Antoinette, zur einen und zur anderen Inge, zu Brigitte und Tasso, zu Hans und Grete, zu Gerhard, zu Elmar und den Kusinen Schmitz; zum Zauberer Adrion. Ich freue mich daran, alle diese so sehr verschiedenen Personen unter dem einen Hut der großen Stadt zu wissen. Ich ziehe Lebenskräfte aus dem Netz, es nährt mich, sonst würde ich hungern, es wärmt mich, sonst würde ich frieren, es hält mich, sonst würde ich stürzen.

Die Verschiedenartigkeit der Personen erzeugt Spannungen, die manchmal schwer auszuhalten, aber im ganzen doch wohltätig sind. Es lag mir seit je daran, mich den Widersprüchen aus allen vier Winden auszusetzen, mein Urteil daran zu schärfen, Toleranz zu lernen und Respekt vor der anderen Art; bei den Rechten die Linke, bei den Revolutionären die Konservative zu sein.

In den letzten Jahren erlebte ich immer häufiger, daß die ehelichen Verbindungen, auch langjährige, zerbrachen und die Getrennten versuchten, sich ein Leben für sich allein einzurichten. Im Alleinsein schon so lange geübt, begriff ich zunächst nicht, warum ihnen das so schwer fiel; warum sie zwar die Befreiung von der Last eines unerträglich gewordenen Zusammenseins dankbar begrüßten, andererseits aber auch den »Selbstand« noch schlecht ertrugen.

»Wenn ich nur einmal einen die Treppe heruntergehen hörte!«, sagte die eine. »Wenn nebenan nur jemand atmen würde!«, die andere. Die Großmütter hatten da nicht weniger Schwierigkeiten als die jüngeren Frauen.

Aus nächster Nähe nahm ich an Jutta Oehrings Trennungsschmerzen teil. Neben der freundschaftlichen war zu ihr eine verwandtschaftliche Beziehung entstanden; Christiane hatte ihren ältesten Sohn geheiratet. Sie ist die andere Großmutter der Enkel — was uns allerdings merkwürdigerweise zunächst beträchtlich auseinanderrückte. Erst im Raum der engeren Bindung wurde deutlich, wie andersartig wir waren von Herkunft, Glauben, Denk- und Lebensweise. Was die vertraulichsten Gespräche nie geoffenbart hatten, das kam im gemeinsamen Umgang mit den Enkeln, im Zusammenwirken in Küche und Keller als krasse Verschiedenheit zum Vorschein. Aber wir bewältigten das in geduldiger Arbeit, durchschritten den dunklen Tunnel von Irritationen, Antigefühlen, Mißempfindungen und sahen uns schließlich im Freien wieder, konnten uns anschauen und die alte Freude wieder fühlen am Austausch der Gedanken — wobei Juttas Gegenstand eher die Seelenverhältnisse, der meinige eher die Weltläufe sind. Wir hatten uns behutsam gesagt, was uns aneinander mißfiel, die Andersartigkeit ertragen gelernt, hatten ungefähr das geleistet, was ungleichartige Eheleute an Anpassung zu leisten haben.

Grüne sind nicht unter meinen Freunden, was ich tief beklage. Keiner trägt ein Anti-Atomkraft-Abzeichen. Weit mehr als der Gegensatz zwischen Haben und Sein, zwischen Verschwenden und Sparen, beschäftigt sie der Gegensatz zwischen Rechts und Links, Ost und West, Nord und Süd.

Sie schlugen sich noch herum mit den Unterschieden der politischen Systeme, als schon längst sichtbar geworden war, daß die politischen Unterschiede nicht allzu hoch zu veranschlagen sind bei der unterschiedslosen Anbetung des Wachstums auf beiden Seiten. Mein Lamentieren über den Zustand unserer Städte, über den Straßenbau, den Lärm, den Abfall, das Gift in Wasser und Luft und Lebensmitteln muß ihnen jahrelang als absonderliche Spintisiererei gegolten haben — erst in jüngster Zeit beginnen sie einzusehen, daß die Gefahren aus der zerstörten Umwelt die aus veränderten Produktions- und Eigentumsverhältnissen um ein Vielfaches übertreffen.

Die Neigung, sich mit Freunden zu einer Gruppe zusammenzuschließen, flackert immer wieder einmal auf. Wir versuchten das Mitte der fünfziger Jahre, es war schon davon die Rede, ebenso von der »Kommune Abraham«, von der wir im »Politischen Nachtgebet« träumten. Eine ordensähnliche Gründung auf dem Boden von Freundschaft, wie sie Werner von Trott zu Solz vorgeschwebt hatte — davon spreche ich gelegentlich mit Heinrich Böll, mit Hartmut von Hentig. Aber wahrscheinlich sind wir alle jetzt schon zu alt für solche neuen und abseitigen Lebensbahnen, es fehlt an Kraft, sich aus dem Gewohnten fortzubewegen — auch wenn man noch so deutlich sieht, daß dies Gewohnte kaum eine Zukunft haben wird.

Um die Ecke der Kummer

Ich war unterwegs. Aber immer, wenn ich zurückkam, erwartete mich um die Ecke der Kummer. Um die Ecke — da wohnten die Eltern in ihrem engen Parterre, zur Straße sie, zum Garten er, sie im hellen Rüsterholz, er im Großvaternußbaum, aber sie mochte seine alten Sachen nicht. Sie mochte auch den Bewohner nicht, mit dem sie inzwischen goldene Hochzeit gefeiert hatte. Ihre Abneigung war angeschwollen mit den Jahren, zwar meist noch wohlerzogen zugedeckt, aber doch immer öfter zutage tretend, im Tonfall, in Andeutungen und Nebensätzen. Gewiß, er war ein schwieriger Alter. Der Kalk tat in ihm sein verheerendes Werk, ruinierte sein Gedächtnis, machte ihn schwerhörig, fast taub zuletzt, störte seinen Schlaf, bereitete ihm Schwindel, belastete seine Stimmung und produzierte einen Wechsel von Wortkargheit und Gesprächslust, der in der Tat schwer erträglich war. Es war meiner Mutter nicht verständlich zu machen, daß Sklerose eine schwere Krankheit ist. Vielmehr warf sie ihm seinen Zustand vor wie eine schuldhafte, ihr absichtlich zugefügte Bosheit. Immer seltener wurden die Stunden eines zärtlichen, eines liebevollen Einvernehmens. Zwar nannte sie ihn immer noch »Schatz«, aber es klang, als wenn sie »Scheusal« sagte.

Eine Qual war ihr das Frühstück mit ihm, zu dem er im schlotternden Schlafanzug erschien, noch benommen von einigen Stunden künstlichen Schlafes, sich den grauen Kopf haltend und stöhnend über die Unbilden der Nacht: der Nachttopf umgefallen, das Unterzeug oder das Bettzeug durchnäßt, und er hängte dann alles über Stühle und Heizofen. Hin und wieder stürzte er auch beim Aufstehen im Dunkeln, einmal mit dem Kopf in die Glastür, mitten in der Nacht wurde ich gerufen, die Mutter war hilflos beim Anblick des Blutes, das ihm aus der Kopfwunde rann. Dieses Frühstück hielt sie kaum aus, so daß ich mir in den letzten Jahren angewöhnte, um diese Zeit bei ihnen zu sein, das feindselige Miteinander zu sänftigen.

Daß sie für ihn kochen, seine Wäsche waschen und bügeln mußte, war ihr ein Ekel; sein Zimmer machte er selbst, lüftete und deckte das Bett, wischte Staub, bürstete seinen einzigen Anzug, putzte seine Schuhe, räumte und räumte und räumte den Inhalt der Schubladen, Briefe, Fotos, Zeitungsausschnitte. Er las gern, war auch anspruchsvoller Lektüre durchaus geneigt. Am liebsten hörte er Musik, sein kleines Radio lief ständig, viel zu laut natürlich wegen der Schwerhörigkeit, das trieb die Mutter zu sinnlosen Einkaufsgängen im Viertel — nur weg, nur weg. Er selbst verließ das Haus morgens und nachmittags zu einem Spaziergang, sie begleitete ihn nie, sondern genoß aufatmend die Zeit seiner Abwesenheit. Ich konnte ihr keine größere Freude machen, als wenn ich ihn zu einem Autoausflug mitnahm, ins Bergische, in die Eifel. Jedesmal seine rührende Verwunderung, warum sie denn nicht mitkäme. Jedesmal seine übermäßige Dankbarkeit; auch mehrmals besuchte Orte erschienen ihm immer wieder neu, unbekannt und herrlich.

Der letzte Fronleichnamstag, den sie beide noch erlebten, enthielt wie in der Nußschale das ganze frostige Gespinst von Hildes Widerwillen gegen den Alten. Sie wollte die Mülheimer Schiffsprozession ansehen, hatte sich lange darauf gefreut, Straßenschauspiele genoß sie. Sie wollte es sofort nicht mehr, als er bat, sie möge ihn mitnehmen. Ich ließ wieder einmal meine Arbeit liegen, machte mit ihr die Stelle aus, wo sie sich aufhalten würde, wir also nicht erscheinen durften, und brachte den Alten, der nichts von allem verstand, einige hundert Meter flußaufwärts ans Ufer. Dort standen wir und sahen die geschmückten Boote zum Dom gleiten, und immer wieder fragte Heinrich, wo denn nun Hilde sei und wie schade, daß sie dieses Schauspiel nicht miteinander genössen. Ich stand da in Wut und Mitleid. Wellengeglitzer und Fahnen und weißgekleidete Kinder, Posaunen und die goldene Monstranz am Bug des Schiffes stürzten in den Abgrund des Unglücks, der sich zwischen Heinrich und Hilde aufgetan hatte.

In dem Bestreben, sie von seiner Gegenwart zu befreien, machte ich einen hochgegriffenen Versuch. Ich gewann die Mönche von Maria Laach dafür, Heinrich für acht Tage aufzunehmen; er selbst zeigte sich dem Vorhaben nicht abgeneigt. Er packte sein Pappköfferchen, stopfte es voll mit vielen Unterhosen, Hemden, Strümpfen, Taschentüchern, dazu das Maniküre-Etui aus imitiertem Krokodilleder, Brillen, Medikamente und ein Buch von Anton Heinen. Arm in Arm wankten wir zum Auto am Morgen der Abfahrt, mit ungläubigem Staunen sah Hilde uns nach. Doch schon während der Mittagspause trübte sich unsere anfängliche Munterkeit in Anbetracht der Molesten, die zu einer durchnäßten Hose führten. Die Aufnahme im Kloster war frostig und umständlich, man ließ uns lange warten, jeder zuständige Mönch war dringend anderweitig beschäftigt. Schweren Herzens verließ ich ihn am Abend. Am nächsten Mittag ging das Telefon. »Sie müssen Ihren Vater wieder abholen«, sagte der Pater. »Es geht nicht. Er will nicht essen und nicht schlafen, auch nichts lesen. Er sitzt am Tisch und weint.«

Rückfahrt im Sonntags-Ausflugsstau. Düsteres Schweigen abwechselnd mit der grimmigen Frage, immer wieder, wie ich ihm nur so etwas habe antun können? Hilde, die an den guten Ausgang des Vorhabens ohnehin nicht geglaubt hatte, trug die Heimkehr leidlich gefaßt. Aber die Glätte ihres Verhaltens glich einer buckligen Eisfläche, unter der das Geschiebe sich nach oben stemmt.

Da war sie schon krank. Es mußte befürchtet werden, daß die Appetitlosigkeit, ja, die Verweigerung von Nahrung, die starke Abmagerung sowie die Blässe des Gesichts Anzeichen eines tödlichen Leidens waren. Sie saß nicht mehr mit uns am Tisch, sie lag viel, allein in ihrem Zimmer; gemeinsame Gänge in die Stadt, zu denen sie sonst immer bereit gewesen war, fanden nicht mehr statt.

Die Röntgenaufnahme, die endlich hergestellt wurde, zeigte eine Geschwulst im Magen, bösartig mit allerhöchster Wahrscheinlichkeit. Das sollte auch die Kranke wissen, meinte der

Arzt. Aber wir waren der Ansicht, einer so ängstlichen, so empfindlichen Person wie der Mutter müsse man die Wahrheit verheimlichen. Damit begann das schreckliche Verberge- und Versteckspiel, das monatelang währen sollte. Es begannen Lüge und Heuchelei, die eine tiefe Kluft aufrissen zwischen uns und der Kranken, von der man wieder nicht wußte, ob sie vielleicht doch wußte, vielleicht doch ahnte, wie es um sie stand.

Als wir vorsichtig darangingen, sie mit dem Gedanken an eine Operation vertraut zu machen, hatte sie natürlich Einwände; aber die klangen matt. Die Bedrängnisse aus ihren Eingeweiden mußten schon so groß sein, daß Widerstand lahmgelegt war. Wir sprachen noch einen Tag lang über alles Für und Wider, ohne daß das Wort Krebs gefallen wäre. Und dann sagte sie am nächsten Morgen: »Ja, wenn ich denn nun ins Krankenhaus gehe, muß ich zunächst mal einen neuen Morgenrock haben« Wir kauften den Morgenrock und ein wunderschönes weißes Nachthemd aus Battiststoff — aber ich weiß nicht, ob sie wohl noch Freude an diesen Neu-Erwerbungen empfinden konnte.

Und der Vater? Als wir behutsam die Rede darauf brachten, daß möglicherweise nichts anderes übrigbliebe, als ihn in ein Heim zu bringen — wenigstens für die Dauer von Hildes Abwesenheit, da geriet er in Zorn. »Das sage ich euch«, rief er wütend, »ihr könnt nicht das Leben des einen retten auf Kosten des anderen! Ich habe genauso ein Recht darauf zu leben wie die Mutter. Ihr könnt mich nicht in einem Heim umbringen lassen!«

Hatte er nicht recht? Trafen wir nicht alle Anstalten, ihn zu opfern, damit Hilde ein ungestörter Lebensrest beschieden wäre? Andererseits: war es nicht seine — unschuldige — Schuld, daß sie krank geworden war? Wer war hier Opfer, wer Täter? Diese Frage, die Frage, wer wohl wen am meisten gequält hätte in dieser unglücklichen Ehe, krallte sich wieder einmal in mir fest und zerriß mir das Herz.

Einmal würde es sein müssen, das stand fest. Wenn Hilde in

die Wohnung zurückkam, durfte sie ihn nicht mehr vorfinden. Aber wie sollten wir es fertigbringen? Freiwillig würde er nicht gehen. Dann würde es sich also so abspielen, wie es vor Jahren der Hausarzt einmal auf seine teilnahmslose Art erklärt hatte: »Man gibt dem Patienten ein Betäubungsmittel, bringt ihn bewußtlos mit dem Krankenwagen an Ort und Stelle, und wenn er aufwacht, befindet er sich in einem vergitterten Bett. Und dann lebt er noch einige Wochen oder Monate — länger überstehen sie meist die Veränderung nicht.« Es war mir undenkbar vorgekommen, daß ich in dergleichen je hätte einwilligen können.

Trotzdem hatte ich mir das eine oder andere Haus, von dem ich hörte, von dem ich las, angesehen. Schließlich mieteten Günter und ich am Tag vor der Operation vorsorglich ein Einzelzimmer in einem evangelischen Heim in Haan — es war ein besonderer Vorzugs- und Glücksfall, das zu bekommen.

Die Operation fand in Wuppertal statt, wo der Bruder wohnt. Als sie aus der Narkose erwachte, war ich bei ihr, sah: aus jedem Nasenloch ein Schlauch, der in ein Glasgefäß am Boden führte; ein Schlauch am Arm für die Infusion, die Augen geschlossen, der Mund, ohne Zähne, eingefallen. Stöhnen, Übelkeit. Übel . . . übel . . . übel . . . übel . . . Ich saß den ganzen Nachmittag bis in den Abend hinein neben dem Bett und hörte dem Stöhnen zu und diesen vier Lauten: ü und b und e und l. Sie ritzten sich in mein Trommelfell ein wie in eine Schallplatte, jederzeit bin ich noch heute imstande, die Nadel in diese Rillen zu setzen und die Laute zu reproduzieren: der Juni, der Juli, der August, der September, der Oktober liefen in dieser Rille, übelübelubelübelübelübel — aber als ich da saß an diesem ersten Nachmittag, da ahnte ich noch nicht, daß dies die monotone Melodie sein würde, mit der ihr Leben zu Ende ging. In der Nacht, die der Operation folgte, blieb ich in Wuppertal. Die langjährige Helferin hatte es übernommen, beim Vater zu wachen. Schon um sieben am anderen Morgen rief sie an: der Vater sei mehrmals hingefallen, sie habe ihn kaum wieder ins

Bett bringen können, und das ginge nun über ihre Kräfte. Sie glaube auch, daß er sich verletzt habe, er habe gestöhnt, ja, geschrien.

Ich eilte nach Köln, rief das Rote Kreuz an und bestellte das Krankenauto. Mit der Erklärung, daß er unter ärztliche Aufsicht müsse, ließ ich ihn nach Haan bringen. Er wehrte sich matt, ließ es schließlich geschehen. Von diesem Augenblick an war ich in zwei Stücke zerrissen, jedes Stück saß an einem der beiden Betten, und ich wußte nicht, wo der schlimmere Platz war.

Heinrich in Haan — bei gleichbleibender Kulisse ein höchst wechselvolles Szenarium. Die Regie führte in Haan der behandelnde Arzt, der zwar nicht im Haus wohnte, aber fast täglich kam und anscheinend die Wirkung verschiedener Medikamente ausprobierte. Diese manipulierten die Stimmung des Patienten auf überraschende Weise. Wir trafen ihn grollend oder weinerlich, heiter und geschwätzig oder nahezu stumm, zufrieden oder aufbegehrend, je nachdem. Seine Vorstellung von dem Ort, an dem er sich befand, schwankte zwischen Hotel und Krankenhaus hin und her. Wie glücklich war ich, wenn er sagte, daß wir ihm da aber zu einer schönen Sommerfrische verholfen hätten — und wie beklommen, wenn er meinte, dies sei ein miserables Krankenhaus; wie ratlos, wenn er bescheiden anfragte, ob er denn nun wohl bald entlassen werden könne: ihm fehle doch nichts, außer daß er ein bißchen schlecht zu Fuß sei — aber das gäbe sich doch wohl wieder. Daß er so gut wie nicht mehr gehen konnte, wollte er nicht wahrhaben. Es bedurfte langer Anstrengungen, bis er sich endlich zum Rollstuhl bequemte und sich darin durch den Park fahren ließ.

Am schlimmsten wirkte sich die Fehleinschätzung seiner Fähigkeiten nächtlich aus. Gewohnt, aufzustehen und den Topf zu benutzen, versuchte er immer wieder, über das Gitter zu klettern, wollte nicht nach der Nachtwache klingeln mit der Behauptung, die käme doch nicht oder zu spät. Das führte dazu, daß man ihm ein weiteres Gitter quer übers Bett legte; lange

Zeit erfuhren wir davon nichts. Erst nach und nach konnten wir seinen wirren Klagen den Sachverhalt entnehmen. Die Vorstellung entsetzte mich. Ich lief zum Arzt, zum Pfarrer, zum Heimleiter, zum Stationspfleger. Natürlich stieß ich auf abgehärtete Gemüter, auf Gleichmut, auf Argumente aus festeingefahrener Praxis. Ob ich wolle, daß er bei einem nächtlichen Sturz Arm und Bein bräche? Ich wollte das lieber als die Freiheitsberaubung. Das mußte ich zu Papier geben, unterschreiben, daß ich die volle Konsequenz aus der Beseitigung des Gitters zu tragen und keinerlei Ansprüche an das Heim zu stellen hätte. Wie es von da an gehandhabt wurde, habe ich nie ganz deutlich erfahren können. Ich muß auch sagen, daß das, was mir über Heinrichs Tageslauf ohnehin zur Kenntnis gelangte, schwer genug auf die Seele drückte. Allein die Vorstellung, daß der Vater im hohen Sommer ab sieben Uhr abends zu Bett gebracht wurde, da liegen mußte ohne Buch, denn er las nicht mehr, ohne Radio, er konnte es nicht mehr bedienen, und wahrscheinlich war er zwei Stunden später schon naß, lag bis zum Morgen im Nassen — allein diese Vorstellung genügte, mir den Tag zu verdüstern.

Gossen sie ihm den Bohnenkaffee auf, den ich in die Küche gab? Fütterten sie ihn geduldig? Brachte ihn jemand nach draußen, wenn von uns niemand kam? Fuhren sie ihn an, wenn er widerspenstig war, wurden sie dann etwa auch handgreiflich? Die Zeitungen berichteten genug von Übergriffen der Pfleger in solchen Anstalten.

Er selbst konnte es mir nicht sagen, er lebte mehr und mehr in Traumwelten, hielt mich für seine Mutter, seine Schwester, seine Frau. Nur singen konnte er fast bis zur letzten Stunde. Acht Tage vor seinem Tod waren mit mir Günter und Lore und der Enkel Martin an seinem Bett, Martin mit der Geige, wir saßen bei Kerzen und Kuchen und sangen, was er immer am liebsten gesungen hatte, »Tauet Himmel, den Gerechten, Wolken, regnet ihn herab . . .«.

Die Mutter hatte die Mitteilung von Heinrichs Umzug

unbewegt entgegengenommen. Sie könne dazu nichts sagen. Sie könne sowieso nicht mehr lachen und nicht mehr weinen, sie sei nicht gestorben und doch gestorben. Nichts konnte sie erfreuen. Nicht die Blumen, die wir brachten, nicht die Blumen, die geschickt wurden, nicht die zahlreiche Post, die ich von allen erbeten hatte, die sie kannten. Sie ließ sich verwöhnen und konnte es nicht genießen, übelübelübelübelübel, und wenn doch nun nicht immer wieder jemand mit einem Tablett kommen möchte, und wenn man sie doch nur in Ruhe ließe.

Die Fäden wurden gezogen. Sie stand auf und kleidete sich an, aber sie wollte auch jetzt weder Luft noch Sonne noch Wasser, sie stand nach wie vor auf schlechtem Fuß mit den Elementen. Sie mochte nicht lesen und nicht telefonieren, der Vorschlag, durchs Telefon mit ihrem Mann zu sprechen, löste tiefe Mißbilligung aus. Ihr Gesicht bekam einen anderen Ausdruck. Der Mund, der vorher ein feiner, abwärts gerichteter Bogen gewesen war, wurde zu einem O, zwei tiefe Falten kerbten seitlich davon die Wangen — eine tragische Maske, hinter der das vertraute Gesicht verschwunden war.

Wir holten sie nach Hause — in ein Sanatorium wollte sie keinesfalls. Wie die Pflege vor sich gehen sollte, danach fragte sie nicht. Sie nahm es für selbstverständlich, daß ich jegliche freie Zeit, Christiane ihre Ferien daransetzte, daß ein schwieriger, nur unter Opfern aufrechtzuerhaltender »Dienstplan« für ihre Versorgung eingerichtet werden mußte.

Wir waren unwillig und widerspenstig und gereizt, weil sie nicht so war, wie wir uns vorstellten, daß sie sein sollte: froh, die Operation überstanden zu haben, erleichtert über die Abwesenheit des Vaters, dankbar für die unermüdliche Pflege, dafür, daß nahezu ununterbrochen einer von uns zur Stelle war. Aber sie veranschlagte nicht die Stunden der Anwesenheit, sondern die, in denen wir abwesend waren. Niemals sagte sie: geht nur, ich kann gut allein bleiben. Die immer so zärtlich auf unser Wohl bedacht gewesen war, kümmerte es nun nicht, daß wir alle Freuden des Sommers um ihretwillen entbehrten; es schien sie nicht zu berühren. Im Gegenteil, sie fand sich vernachlässigt, weil wir nicht immerfort imstande waren, den abgedunkelten, übelriechenden Raum (die Fenster mußten geschlossen bleiben!) mit ihr zu teilen.

Ach, hätten wir doch das große Rollenspiel nicht angefangen: eine wiedergenesende Patientin nach glücklich überstandener Operation! Hätten vielmehr ihren ohnehin geringen Widerstand gegen Krankheit und Tod herausfordern, anstacheln, aufs äußerste aktivieren sollen, anstatt sie ihrem Elend zu überlassen. Wir nahmen es hin, daß sie keinen Arzt mehr wollte, nahmen es hin, daß sie dicken, stinkenden Urin von sich gab, daß ihre Füße anschwollen, ließen alles laufen, wie es lief, ergaben uns ihrer Apathie, ihrer Abneigung gegen alles Tätigsein. Sie sagte: »Laßt mich hier in meinem Eckchen!«, und wir ließen sie. Wir waren im Grunde unbeteiligt und trachteten, möglichst ungeschoren davonzukommen. Daß wir sie von einem gewissen Augenblick an aufgaben, hat ihren Tod womöglich beschleunigt. Wir sprachen sie nicht aus, aber sie lag in der Luft, die Frage: »Wie lange noch?«, und vielleicht hat sie es gemerkt, daß uns ein Gefühl von vorweggenommener Erleichterung überkam, wenn wir an das Ende dachten.

Vom Vater hörte sie nicht gern. Sie wollte ihn nicht sehen, ihm nicht schreiben, nicht mit ihm telefonieren. Sie war wie hinter Glas, wie unter Wasser. Sie war in einen Zwischenbereich eingetreten, zu dem wir keinen Zugang hatten. Da sie selbst nicht mehr lachen und weinen konnte, erreichte sie auch das Lachen und Weinen der anderen nicht mehr. Sie mochte nicht aufstehen, nicht sitzen, nicht gehen. Sie lag auf der Seite, schlafend oder dahindämmernd — was mochte sie denken? Was mochte sie empfinden?

Vorsichtig versuchten wir hin und wieder, in die Einsamkeit einzudringen, in der sie wie auf dem Monde hauste. Wir teilten ihr von den täglichen Begebenheiten und Erlebnissen mit, wir warfen Angeln aus, um ein Stückchen Anteilnahme aus dem Meer ihrer Gleichgültigkeit zu fischen. Aber wenn sie zuhörte und wenn sie sich äußerte zu dem, was wir erzählten, dann war es auf erschreckende Weise bitter und böse — später erfuhren wir, daß dies eine der typischen Reaktionen von Krebskranken ist: daß sich hinter der nörgelnden, verdrießlichen und mißmutigen Laune, der aggressiven Stimmung, eine verzweifelte Todesfurcht verbarg, die sich nicht ausdrücken konnte.

Zwar sprach sie gelegentlich vom Sterben — aber wir überspielten das, als spräche sie von einer Einbildung. Wir nahmen an ihrer Not nicht teil. Wenn sie äußerte, daß sie vielleicht doch nicht wieder gesund werden würde, dann wiesen wir diese Befürchtung entrüstet zurück: Aber natürlich würde sie gesund werden — und warum denn nicht? Es sei doch alles gut verlaufen, die Wunde geheilt, das Herz in Ordnung — nur der Magen wolle sich eben mit seinen veränderten Verhältnissen noch nicht abfinden. Manchmal sagte sie auch: »Ach, ich hätte ja doch gern noch ein bißchen länger gelebt . . .«

Es hätte uns das Herz umdrehen, wir hätten ihr zu Füßen fallen und ihr sagen müssen, ja, es sei schlimm, daß sie bald von uns gehen müsse, aber wie froh wären wir über jeden Tag, den sie noch bei uns sei! Doch die Fremdheit, die sich zwischen uns eingenistet hatte, ließ kein spontanes Verhalten mehr aufkommen. Vor jedes Wort, das wir sprachen, vor jede Geste, die wir taten, schalteten wir die Überlegung ein, was gesprochen oder getan, ihr schaden, ihren Zustand verschlimmern könne. All die zutrauliche Zärtlichkeit und Wärme, mit der wir früher miteinander umgegangen waren, war festgefroren in Angst und Sorge, und in dem Bestreben, stets heiter und harmlos am Krankenbett zu erscheinen, versäumten wir das Wichtigste — ihr beizustehen in der Frage, um die wahrscheinlich ihr Denken kreiste: wie bald sie sterben müsse und wie schwer es wohl sein möchte, das Sterben zu bestehen.

Sie verlangte nicht nach einem Priester. Aber sie verlangte, wenige Tage vor ihrem Tod, daß ich noch einmal eine verwandelte Hostie in St. Alban holen möchte (ich hatte dies auch vor der Operation getan). Als ich mit der Hostie wiederkam, sagte sie: »Es ist gut. Dann wollen wir das heute abend tun. Aber wir wollen nicht soviel dazu beten. Nur das Vaterunser. Das Vaterunser bekomme ich allein nie mehr so richtig zusammen. Ich bete jeden Abend ›Lieber Gott, mach mich fromm, daß ich in den Himmel komm!‹

Abends setzte ich mich neben sie auf den Bettrand. Bei einer brennenden Kerze beteten wir ein Vaterunser und nahmen die Hostie, jeder die Hälfte. Ich hielt sie umarmt in ihrem verfleckten, übelriechenden kurzen Nachthemd und dem erdbraunen Wämschen, das sie darüber trug. Als wir gegessen hatten, fiel mir etwas ein, was ihr hoffentlich zum Trost gereichte. Ich strich über die nackte, weiße, so überaus zarte Haut ihrer Oberschenkel und sagte dabei, ich glaubte fest, daß alle Verfehlungen, die sie je begangen habe, abgebüßt seien durch diese Zeit der Leiden, durch die sie jetzt gehen müsse. Sie antwortete: »Das glaube ich auch.« Diese beiden Sätze schienen mir die einzige Möglichkeit von Beichte und Absolution, die ihr zuzumuten war.

Am anderen Tag war sie sehr unruhig, wollte nicht einmal einen Schluck Suppe mehr, nahm aber eine größere Menge Opium und ein schmerzstillendes Mittel. Ihr Leib sei wie in Brand gesetzt, stöhnte sie. Als sie mich bat, Sohn und Schwiegertochter zu rufen, hörte ich die Stunde schlagen.

Sie äußerte diesen Wunsch mit ruhiger Bestimmtheit. So wenig Würde ihr Anblick zeigte: das verwirrte Haar, die ungewaschenen Hände, die unsauberen Nägel, die Jacke, die um ihre Kinderschultern schlotterte — die letzten Worte waren die einer Person, die weiß, wohin der Weg führt, auf dem sie sich befindet, und die zu gehen bereit ist. Günter und Lore kamen, Lore blieb bei mir während der Nacht. Mitten in der Nacht wachte die Kranke auf und wollte aufstehen. Sie konnte nicht mehr sagen, wozu und wohin, aber sie wollte fort, dem Lager entfliehen und dem, der schon zu ihren Füßen stand. Nein, nein, nein, nein wiederholte sie in einem fort, dazwischen rief sie »Mama, Mama«, das war ihr immer in Not und Bedrängnis spontan über die Lippen gekommen. Ich zerbröckelte eine schmerzstillende Tablette und flößte sie ihr mit einem Teelöffelchen Wasser ein. Darauf wurde sie ruhig und legte sich wieder auf die Seite. Ich glaube, dieses »Mama!« ist das letzte Wort, das wir von ihr hörten. Aus dem Betäubungsschlaf, in dem die Medikamente und völlige Entkräftung sie festhielten, erwachte sie nicht mehr zu vollem Bewußtsein. Während des folgenden Tages und der Nacht blieb sie der Wand zugekehrt liegen; ab und zu befeuchteten wir ihr die Lippen, wischten ihr die Stirn. Ich war mit der Helferin und der Sterbenden allein. Gegen Mittag fing sie an, sehr laut zu atmen. Es war ein ungeheuer bedrängendes Geräusch, aus der Nähe konnte ich es gar nicht anhören. Ich konnte auch nicht lange zusehen, wie die Brust sich hob und senkte, als sei da ein Schwerarbeiter zugange, übermäßig Schweres zu heben, zu stemmen und niederzulegen. Ich setzte mich in die Küche hin und schrieb:

Stunde um Stunde
brodelt im Topf des Atems
die bittere Sterbesuppe.
Wann wird sie fertig gekocht sein?

Stunde um Stunde
knarrt der holprige Karren
bergab mit den ausgeleierten Rädern.
Wann wird er unten ankommen?

Stunde um Stunde
pocht der Hammer im Bergwerk
und schlägt das zähe Gestein.
Wann wird er die Ader erreichen, das blinkende Erz?

Mühseliges Sterbewerk
Anstrengung aller Anstrengungen!
Sehen, hören, riechen und schmecken
den kommenden Tod!

Mühselig auch für uns
vor dem bebenden Bett auf den Knien!
Strenge Lektion und Übung
das Unlernbare zu lernen.

Ich saß und stand und ging und ging und stand und saß und stand und ging und saß und ging und saß und stand und saß und ging und stand und stand und saß und ging . . .

Die Helferin saß am Bett und betete den Rosenkranz, betete zu zahlreichen Heiligen, deren Namen sie alle nannte, daß es doch bald ein Ende haben möge. Ab und zu kam ein Telefonanruf in unsere gespenstische Abgeschiedenheit aus Röcheln und Rosenkranz. Dann hatte ich ein Ohr an der Hörmuschel, das andere im Nebenzimmer, und mitten durch mich hindurch ging die Angst vor den kommenden Stunden, deren Schrecken mir unausdenkbar erschien.

Aber das tat sie mir nicht an. Sie hörte auf zu röcheln und tat ein paar ruhige Atemzüge. Während ihr Gesicht von einem Augenblick zum andern weiß wurde, kniete ich am Bett nieder, nahm sie in die Arme. In meinen Armen lag sie auf dem Rücken, hauchte zwei- oder dreimal so, wie einer ein Federchen wegbläst oder den Samen einer Pusteblume, und war dann still. Ich hielt ihn in meinen Armen, den Leib, aus dem ich gekommen war, als einen fremden Gegenstand, einen unsäglich fremden . . .

Der Vater starb sieben Wochen später — ohne vom Tod seiner Frau erfahren zu haben. Wir hatten es für besser gehalten, ihn zu schonen. Er hätte es nicht begriffen, nur geweint und sich elend gefühlt.

Ihn hielt ich nicht in meinen Armen. Warum, warum, warum nicht? Warum verließ ich ihn am späten Nachmittag, wo man doch mit Sicherheit voraussah, daß es in der Nacht geschehen würde?

Die Stunden an seinem Bett waren qualvoll gewesen. Er konnte nichts mehr zu sich nehmen, nicht mehr sprechen, bewegte nur die Lippen und schaute um sich, gejagten Blicks. Auch seine Beine bewegte er unablässig, stieß die Decke zurück, wollte hoch. Heute weiß ich aus schlaflosen Nächten, wenn Todesangst in mir umgeht, wie elementar das Bedürfnis ist, aufzustehen, der Waagerechten zu entfliehen, als sei damit schon etwas gewonnen, als könne der Gevatter dem aufgerichteten Leib nicht so rasch etwas anhaben. Was noch in Heinrichs Bewußtsein eindrang, weiß ich nicht. Vielleicht war es noch wach, konnte nur nichts mehr zeigen von sich, sich nicht mehr zu verstehen geben. Wie sehr wünschte ich, es hätten ihm wenigstens die Berührungen meiner Hände noch ein wenig wohlgetan!

Einmal legte ich meinen Kopf an seine Brust und blieb so eine Weile. Ich empfand, daß es keinen Menschen gegeben hatte und auch nie einen geben würde, von dem ich so sehr geliebt worden war. Aber dann ließ ich ihn allein, und als ich ihn am anderen Morgen wiedersah, tot, da war seine Nase krummgebogen, woraus man schließen mußte, daß er sich gebäumt und geworfen hatte auf dem vergitterten Lager, und niemand war bei ihm gewesen, ihm beizustehen. Man konnte uns nur die ungefähre Todeszeit sagen, mehr nicht. Wir sammelten seine Sachen ein — wobei sich herausstellte, daß der Pfleger Heinrichs Krawattennadel an sich genommen hatte, eine Perle, Hildes Verlobungsgeschenk. Wir bekamen sie wieder.

Ich verließ den Ort mit den zwiespältigsten Gefühlen. Sicher hätte er schlechter untergebracht sein können nach allem, was man immer wieder hörte. Aber was alles mochte man ihm angetan haben, wovon ich nichts wußte?

Letztes Kapitel

Um die Ecke der Kummer zu Grabe getragen. Es war keine Befreiung. Der Kummer wurde zum fortdauernden Reueschmerz. Zwar hatte ich einiges getan für die beiden Gebrechlichen — aber das meiste unwillig und mehr noch unterlassen.

Die Unterlassungen fielen über mich her, Wespenschwärme. Ich brauchte nur in die Allee zu kommen, auf der ich den Vater so oft hatte heranschlurfen sehen und hatte kehrtgemacht, um ihn nicht langwierig begrüßen zu müssen — bei dieser Erinnerung war mir schon der Tag verloren. Nun lebe ich zehn Jahre mit den Wespen — sie stechen immer noch. Ich würde den Rest meines Lebens darangeben, wenn ich nur die Alten einen Tag, einen einzigen Tag lang wieder in meinen Armen halten könnte.

Schlimm war, daß es niemanden gab, der so etwas wie eine Totenklage hätte anhören wollen. Ich mußte erfahren, daß ein Toter tot war, mausetot, über ihn gab es nichts mehr zu reden — es sei denn, er hätte ein Werk geschaffen, das seinen Namen groß machte und fortdauert. Wer aber nur einfach da war und jetzt fort ist, der ist eben fort. Wie es vor sich ging und, wenn es ein mühseliges, langsames Sterben war, wie es geleistet und zustande gebracht wurde, dies unerhorteste aller Werke: das will niemand wissen.

Am Abend, als mein Vater begraben worden war, hatte ich einige Freunde vom »Politischen Nachtgebet« bei mir — sie hatten mich nicht allein lassen, sie hatten aber auch wichtige Vorhaben bereden wollen. Über den wichtigen Vorhaben vergassen sie das andere. Erst als sie beim Abschied Heinrichs kleines braunes Baskenmützchen auf dem Tisch liegen sahen (wohin ich es gelegt hatte, um seine Abwesenheit sichtbar zu machen), sagte jemand reuevoll: »Und über den Vater haben wir nun nicht mehr gesprochen!« Sie ließen mich nicht klagen. Wir mußten ja sehen, daß wir weiterkamen in der Veränderung der Welt, wir konnten uns nicht aufhalten bei Klagen über Tote. Wer klagt, funktioniert nicht. Er steht da, über sich selbst gebeugt und seinen Schmerz, und sieht die Welt nicht, die sich drehen will.

Auch für Erinnerungen an die Verstorbenen und Begrabenen war niemand zu haben, nicht einmal der Bruder und die Schwägerin waren zugänglich für das wehmütige »Weißt du noch?«, für das Heraufholen des Gewesenen aus dem Brunnenschacht. Er wurde zugemauert, ich hockte auf dem Rand, tränenlos.

Durfte ich schon nicht klagen, so versuchte ich, Sühne zu leisten, Buße zu tun. Ich trug mich im Pfarrhaus an, Besuche bei Alten und Kranken zu machen, in Notfällen Hilfe zu leisten. Sie gaben mir eine Liste, an die dreißig Namen standen darauf. Es fiel mir schwer. Immer kroch Kälte meinen Rücken hoch, preßte eine Faust mein Herz, legte sich mir ein Stein in den Magen, wenn ich vor einem dieser alten Häuser stand, eine dieser hohen, steilen Treppen hinaufstieg, einen dieser Klingelknöpfe drückte. Und dann schlurfte es heran, zwei Füße, ein Stock, eine Stimme rief: »Bitte, wer ist da?« Es wird geöffnet, und ich trete ein. Da ist das Wohnzimmer, gewaltig, ausgestattet mit Pracht aus der Gründerzeit. Ein Sofa mit geschnitztem Umbau beherrscht die eine Wand, ein Buffet von renaissancehafter Üppigkeit die andere. Aber natürlich wohnt sie darin nicht, sie wohnt in der schmalen Küche, im Sessel am Fenster, im Morgenrock, der vorn mit einer Sicherheitsnadel zugesteckt ist. Die Beine sind offen, ab und zu kommt der Doktor zum Verbinden, aber Hoffnung, daß sie besser werden, macht er ihr nicht. Ich besorge ihr die Einkäufe. Ihr Essen kocht sie sich selbst, sie putzt auch, so gut es geht. »Wenn ich nicht mehr kann«, sagt sie, »dann halt ich mich am Besen fest.« Wenn sie nichts zu tun hat, liest sie in alten Kirchenzeitungen oder guckt auf die Straße. Die Türkinnen, in bunten Kopftüchern, mit riesigen runden Fladenbroten unterm Arm, machen ihr Spaß. »Ach, käm ich doch auch mal runter!« seufzt sie, und das runde, zerflossene Gesicht zieht sich betrübt in die Länge.

Die andere, für die ich einkaufen gehe, an multipler Sklerose erkrankt, lebt auch in der Küche. Nur an den großen Festtagen öffnet sie das Wohnzimmer, dreht die Gasheizung an und setzt sich, bei sich selbst zu Besuch, in einen der ausladenden Polstersessel am runden Tisch mit der Spitzendecke. Die Glastüren des Bücherschranks bleiben immer geschlossen, ungedeckt der Tisch im Speisezimmer nebenan mit den sechs Stühlen, an dem sie die Gäste bewirtete, als ihr Mann noch lebte und sie noch gesund war. Die Küche ist winzig, Tisch und Stuhl und Anrichte, neben dem Ausguß ein Herdchen wie für Puppen; sie braucht es kaum, sie ißt vorwiegend Rohkost als Diät. Mit der Krankheit ist es schlimm, auch wenn sie augenblicklich nicht fortschreitet. Das Sprachzentrum ist schon gelähmt, sie kann sich kaum noch verständlich machen. Zudem ist sie überaus mißtrauisch. So wird sie gemieden: Niemand im Haus, der einmal zu einem Schwatz hereinschaute, in diesen kalten, leeren Flur, dessen Tür sie nur öffnet, um die Zeitung hereinzuholen.

Im Parterre, hinter dem Gemüsegeschäft, zum Hof, den nie ein Sonnenstrahl trifft, wohnt die alte Näherin. Samstags gehe ich zu ihr und putze. Sie hatte einen Unfall, die Beine wurden schwer verletzt, der Kopf in Mitleidenschaft gezogen. Nach zehn Monaten Krankenhaus findet sie sich kaum noch zurecht in der Wohnung. Arbeiten kann sie nicht mehr, mühselig hinkt sie herum zwischen den zugedeckten Nähmaschinen, den großen Kleiderschränken und den gestapelten Stoffen, im Zimmer voll Nippes und in der kalten Küche.

»Ich kann das nicht aushalten«, sagt sie, so oft man auch kommt, »diese Einsamkeit!« Früher rasselten die Maschinen, lachten die Lehrmädchen, klingelten die Kunden. Nun ist alles tot und still. Meistens vergräbt sie sich in ihrem Bett, einem Turmbau aus schweren Kissen und Decken. »Ich wünschte, ich wäre tot!« schluchzt sie. Sie erfüllte sich diesen Wunsch.

Am Neujahrsmorgen steht ein kleiner krummbeiniger Mann am Eingang zur Kirche. Die Frau sei ihm davongelaufen, weil er einiges kaputtgeschlagen habe diese Nacht, und die Nachbarn hätten ihm mit der Polizei gedroht; nun traue er sich nicht nach Hause. Ob der Pfarrer mal mitkommen könnte? An des Pfarrers Stelle gehe ich mit, bänglich; Trinker machen mir Angst.

Die Wohnung sieht fürchterlich aus, demolierte Türen, Heerscharen von Flaschen, Bierlachen voll Zigarettenkippen. Auf der Fensterbank hockt ein winziges Äffchen und beguckt blankäugig die Szene. Von da an gehe ich hier jeden Tag vorbei, habe mir ein großes Sanierungswerk in den Kopf gesetzt: die Frau zurückholen, die Nachbarn besänftigen, Mietschulden und Stromrechnung bezahlen, einen Arbeitsplatz besorgen. Alles gelingt. Beide Pfarrämter helfen, das Sozialamt hilft, Heinrich Böll hilft, die Justiz drückt ein Auge zu betreffs einer ausstehenden Haftstrafe wegen Beamtenbeleidigung, der Mann kann bei Ford anfangen. Aber das paßt ihm nun nicht, er ist ein großsprecherischer Radikaler, hat das Maul voll von antikapitalistischen Redensarten. In kurzem schmiß er alles wieder hin, ich mußte ihn aufgeben.

Am Heiligen Abend gingen wir in den Bahnhof. Während in den christlichen und unchristlichen Wohnzimmern das sentimentale Konsumspektakel noch im vollen Gange war, zogen wir mit Gitarren, Flöten und Schlagzeug über den Eigelstein. Eine milde Nacht, gnädig den Unbehausten und Fremdlingen. Zahlreich waren sie unterwegs, manche schon ein bißchen angetrunken. Sie betrachteten die Reste in den Auslagen, was übrig geblieben war vom großen Ausverkauf, der Millionen von Gratifikationen und dreizehnten Gehältern geschluckt hatte, dem göttlichen Kind zur Feier. Sie standen, Hände in den Hosentaschen, schwatzend an den Ecken, schlenderten kreuz und quer über die Fahrbahn, die von Autos leer war um diese Stunde des Verzehrs von Spekulatius, Zimtsternen und Marzipankartoffeln bei Kerzenschein. Hier war man um etliche Stufen näher an der Originalszene (falls Lukas sie annähernd richtig getroffen haben sollte): schäbige Straßen voll schäbiger

Leute, für die dieser Abend wie jeder andere war, ein Abend in der Fremde, von ihm war auch weiter nichts zu erwarten.

Im Bahnhof stellten wir uns zu dem großen Tannenbaum in der Halle, machten einen Kreis und fingen an zu singen — noch etwas zaghaft, nicht ahnend, wie das wohl ankommen würde, und ob wir am Ende nicht Spott und Hohn davontrugen von diesen Randbewohnern des bürgerlichen Archipels, die mit der »gnadenbringenden Weihnachtszeit« nicht viel am Hut hatten.

Aber es gefiel ihnen offenbar. Einige summten sogar mit, wiegten sich im Rhythmus des »Kumbayah, my Lord!« und schlugen in die Hände bei »He's got the whole world in his hands.«

Ein Alter im Rollstuhl rollte sich heran, beide Beine amputiert. Er trug über einem schmierigen Hemd zwei Pullover und eine zerfranste Jacke, auf dem Kopf eine Schirmmütze, sie beschattete ein bartstoppeliges Gesicht. Gerade neben mich kam er zu stehen, ich roch Schnaps, Schweiß und Urin — so mußte es wohl damals in den Herbergen gerochen haben, jedenfalls eher danach als nach Kerzenwachs und Tannengrün. Ich kam mit dem Alten ins Gespräch. Vor sieben Jahren habe er seine Beine verloren, sagte er, und seitdem kein Heim mehr. Er verbringe Tag und Nacht draußen, der Rollstuhl sei seine Wohnung. Aber im kalten Winter? fragte ich ungläubig. Ja, auch im Winter, deshalb habe er ja all das Zeug an. Er übernachte unterm Hahnentor und morgens brächte ihm die Blumenfrau ein Eimerchen warmes Wasser zum Waschen — oder auch nicht. Und seine Habe? Er wies auf zwei Tragetaschen, hinten am Rollstuhl aufgehängt — mehr besitze er ohnehin nicht. Und warum ging er nicht in ein Heim? »Ins Asyl? Kind, dat is doch der letzte Heuler! Da bringste mich doch nit hin!« Er wollte frei sein, zog den Umgang mit Hippies und »Talonmädchen« der bürgerlichen Langeweile im Heim vor. Trotzdem fand ich ihn wenig später im Landeskrankenhaus in Brauweiler, wo sie ihn aus Barmherzigkeit überwintern ließen, obwohl er da eigentlich nicht hingehörte. Dort besuchte ich ihn sonntags, brachte ihm Bücher, ein Radio, setzte einen Schriftwechsel in Gang wegen einer Rente. Aber es half nichts — mit den ersten wärmeren Tagen war er auf und davon, auch unterm Hahnentor habe ich ihn nicht wiedergefunden.

Gelegentlich wechselte ich für kurze Zeit von den Orten der Trübsal im Agnesviertel in die Theaterwelt, der Christiane nun angehörte. Fast ohne daß ich es bemerkt hatte, war in ihr der Wunsch gewachsen, zur Bühne zu gehen.

Ich hätte es ahnen können zu dem Zeitpunkt, als sich aus unserm Schlafzimmer die schöne Helen aus dem »Schwierigen« mit starker und lieblicher Stimme vernehmen ließ — von dieser Figur war die Verlockung ausgegangen. Ich hätte es ahnen können — aber die Vorstellung, daß meine scheue, jegliches Publikum fliehende, an Literatur völlig uninteressierte, auch ganz und gar unkomödiantische Tochter den Beruf einer Schauspielerin ins Auge fassen würde, lag mir meilenfern.

Sie wagte es aber, zuerst in Berlin, wo man sie nicht nahm, dann in Wien, beim Max-Reinhardt-Seminar, wo der Davy kopfwiegend »Jo — do is wos!« sagte — und dann war sie also da für drei reich angefüllte Jahre und bekam nach der Prüfung ein Engagement am Deutschen Theater in Göttingen.

Ich betrat, wenn ich sie besuchte, eine mir bis dahin fremde Welt. Ich war immer mehr ein Konzert- als ein Theaterbesucher gewesen, die Bühne war ein unbesetzter Bereich in meinem bisherigen Leben. Nun mußte ich Stücke lesen, Aufführungen anschauen, mich über Schauspieler unterrichten, damit ich doch ein bißchen mitreden konnte — wenn wir abends beisammen saßen im »Hawelka« bei den nächtlichen Buchteln, auf der langen Bank beim Heurigen mit Schmalzbrot, im Theatercafé in Göttingen oder in den Tessiner Stuben.

Es gefiel mir unter den jungen Leuten, vor allem zu den Mädchen gab es schnell freundschaftliche Beziehungen, ich teilte ihre Sorgen um vorhandene Kinder und solche, die unerwünscht zu kommen drohten, wußte Bescheid in den verschiedenen Affären und wechselnden Liaisons, liebte von den Lehrern die verehrungswürdigen und haßte die abscheulichen, saß zitternd in der Akademie-Aufführung von »Emilia Galotti« und bebend im Göttinger »Don Carlos« und konnte es nicht fassen, daß diese da oben im königlichen Samt meine schüchterne Kleine war.

Der Bühnenlaufbahn machte die Heirat ein vorläufiges Ende. Caspar und Kilian kamen an. Trotzdem spielt Christiane wieder Theater. Den Konflikten berufstätiger Mütter ist sie in voller Schärfe ausgesetzt.

Von den Bühnen kehrte ich zurück in die Küche des Pfarrhauses, einmal in der Woche aß ich dort zu Mittag, saß mit den Kaplänen um den großen Tisch. Wir fühlten uns voll urchristlicher Heiterkeit und imstande, die Gemeinde zum Sauerteig zu machen, aus dem ein gottwohlgefälliges Brot gebacken würde. Es war eine Zeitspanne, in der die Gestalt Jesu mir nah und vertraut wurde. Lange war Jesus verstellt gewesen von Christus, eingeborenem Sohn, empfangen vom Heiligen Geist, geboren aus der Jungfrau, gestorben, um die Erbschuld zu tilgen, nach seiner Auferstehung zur Rechten Gottes sitzend, richtend die Lebendigen und die Toten, Bräutigam der Kirche, die er sich zu seinem »mystischen Leib« gemacht haben sollte. Jesus war verstellt von Christus mythologischer Figur.

Damals, in der Küche bei den Kaplänen, wurde er für mich der Mann aus Nazareth, Bruder der Menschen, der einzige, den sie je gehabt hatten, mein Bruder. Der die Unwissenden lehrte, die Kranken heilte, der die Scharen befreite zur Freiheit von Gesetz, vom tödlichen Buchstaben. Der mit allen zu Tisch saß, die von den Mächtigen verachtet werden; der sich essen ließ und starb wie ein Lamm, als die Stunde kam.

Ich war überzeugt davon, daß seine Lehre, so wie er sie in der

Bergpredigt verkündete, die Bedingungen für unsere Zukunft enthält, für ein zukünftiges Zusammenleben der Menschen. Wir würden entweder leben müssen, wie er es vorschlug, oder wir würden nicht mehr leben. Wir würden seine Friedensordnung uns zu eigen machen müssen, oder wir würden zugrunde gehen. Daß er uns als Zeichen dieser Friedensordnung hinterließ, gemeinsam das Mahl zu halten, erfüllte mich immer wieder mit Freude. Der sonntägliche Gottesdienst in der Agneskirche war mir der Mittelpunkt der Woche.

Zwei Zentren eines neuen spirituellen Lebens, die ich besuchte, bestärkten den religiösen Aufschwung jener Jahre: Taizé, die ökumenische Klostergemeinschaft in Burgund, und die Integrierte Gemeinde in München.

In Taizé mein Zimmer im Haus El Abiodth. Ich teile den Raum, Fußboden und Decke aus Holz, die Wände grau gekalkt, ohne Bilder, mit einer Grille. Auf der Stuhlkante hockend, sieht sie mir zu, wie ich das Kopfkissen beziehe und die schäbige Matratze des schmalen Eisenbetts. Taizé heißt einfaches Leben — aber die Inder und Brasilianer, die hierherkommen, finden es aufwendig, verglichen mit dem in ihrer Heimat.

Das Schweigen, die Stille. Wenn man will, kann man hier den ganzen Tag schweigen, schweigend auch mit anderen die Mahlzeiten einnehmen. »Respectez le silence!« mahnen die Schilder am Eingang. Die Kirche, in die sie barfuß oder auf Strümpfen eintreten, wo sie sitzen, hocken, knien, liegen, auf dem Rücken, lang ausgestreckt auf dem Bauch, mitten unter ihnen die Brüder der Kommunität, evangelische und katholische, im weißen Leinenhabit, helle Hügel mit dunklen Häuptern. Der Gottesdienst aus Schweigen und Musik, nur wenige gesprochene Worte — das macht mir deutlich, daß in unsern Kirchen viel zuviel geredet wird. Die zwei, drei Sätze, die in die dunkle Stille fallen, über den Teppich rollen, zwischen den nackten, staubigen Fußsohlen hindurch bis vor den Altartisch — das ist mehr als unser wortreicher Kult. Brot und Wein für alle, der Becher mit dem Wein geht ohne alle Umstände von Mund zu Mund.

Der Samstagabend, die Konfession bei Frère Roger Schutz, von ihm bei der Hand genommen und brüderlich umfangen, für einen Augenblick seine Hand auf meinem Kopf, seine Wange an der meinen. Von Kind auf kenne und fürchte ich den dunklen Beichtschrank mit dem holzvergitterten Fenster, dem hinterm Tuch verborgenen Gesicht des Priesters — und jetzt neben mir dieser Mann, der die Menschenfreundlichkeit Gottes mit Gesten von überfließender Zugewandtheit sichtbar machen will.

Taizé, das jährlich an die hunderttausend junge Menschen aus aller Welt anzieht, die Gebet und Armut wollen, ist eine helle und wärmende Flamme. Ich wollte jedes Jahr dorthin, mich erleuchten und wärmen lassen, aber ich war nur einmal da. Der Weg war zu weit.

Die Integrierte Gemeinde in München, so wie ich sie vor fast zehn Jahren kennenlernte, ebenfalls eine ökumensiche Gründung der Nachkriegszeit, hatte einen ganz anderen Charakter. War Taizé von Schweigen, Versenkung, Geheimnis, starken emotionalen Gesten, von Musik und Gebet herkömmlicher Art bestimmt, so zeigte sich die Integrierte Gemeinde als eine gedankenreiche Konstruktion mit einem ausgeprägten Selbstverständnis, starker Bemühung um selbstgeschaffene Formen des Ausdrucks in Musik und Wort und mit einem Entwurf für eine neue Lebensordnung der Mitglieder. Ihr Selbstverständnis, aus andauernder, beharrlicher Selbstbetrachtung entstanden, gipfelt im Erwähltheits-Bewußtsein; die Gemeinde versteht sich als herausgerufen, als »Volk Gottes« im alttestamentlichen Sinn, als eine Gruppe, die »mit Gott eine Geschichte hat«, die sich verpflichtet sieht, die »angebrochene Gottesherrschaft zu proklamieren« und neue Zeichen dafür zu finden. Zeichen dieser Art sind ein Leben in Brüderlichkeit, in dem Fest und Feier starke Akzente setzen. Solche Feste und Feiern sind Gesamtkunstwerke aus Dichtung und Musik, Theater und Tanz und festlichem Mahl, der verwandelte Wein wird dabei aus denselben Gläsern getrunken wie der Tischwein.

Die Gemeindemitglieder, etwa zweihundert waren es, als ich sie in München besuchte, wohnen in kleinen, mittleren und größeren Einfamilienhäusern in verschiedenen Gegenden der Stadt; sie sind mit erlesenem Geschmack eingerichtet. Arme und Reiche, Alte und Junge, Gesunde und Kranke wohnen hier zusammen. Viele der älteren Kinder haben mit ihren Betreuern eigene Wohnungen und treffen mit ihren Eltern nur am Wochenende zusammen. Diese Einrichtung wurde geschaffen, weil die meisten Frauen berufstätig und viele Mütter erfahrungsgemäß nicht die optimalen Erzieherinnen ihrer Kinder sind. In der Gemeinde werden die Kinder von pädagogisch besonders begabten Leuten betreut; sie helfen den Kindern bei der Eingliederung in die Großfamilie.

Auch die wirtschaftliche Struktur ist die einer Großfamilie. Die nach Herkunft, Bildung und Einkommen sehr unterschiedlichen Mitglieder finanzieren ihre Einrichtungen selber, ohne irgendeinen Zuschuß aus kirchlichen Kassen. Alles, was gemeinsam genutzt wird, ist Besitz der Gemeinde. Die Mitglieder leisten je nach ihrem Einkommen einen monatlichen Beitrag und stellen ihre jeweilige Begabung und den größten Teil ihrer freien Zeit der Gemeinde zur Verfügung. Theologen helfen in der Küche und in der Druckerei, und wenn gebaut wird, arbeiten alle, auch die Frauen, als Maurer und Anstreicher mit. Bei allem, was erstellt wird, spielen Qualität und der Sinn für Schönheit eine große Rolle, das wirkt sich aus bis in Kleidung und Schmuck. Die Leitung der Gemeinde liegt in den Händen einer Frau.

Eine Gruppe von Menschen also, die den Unterschied von arm und reich überwunden haben, bei denen Kinder gedeihen, Kranke leben, als seien sie nicht krank, und für die der Tod keinen Schrecken hat; die alles Eigene hergeben, dies aber nicht als Entzug, sondern als Reichtum erleben. Hätte ich nicht meine Koffer packen und dorthin eilen müssen, wo nahezu alles, was mir seit langem als erstrebenswert und gut vorkam, verwirklicht wurde? Ich eilte nicht, ich hatte Schwierigkeiten mit dem Bewußtsein der Auserwählung. Und ich mochte, den Chorälen des Thomaskantors übermäßig zugetan, ihre neuen Lieder nicht mitsingen.

Ich blieb in der Agneskirche zu Hause, fand dort mein Genügen, für eine Weile noch. Dann ging das zu Ende. Dann glitt ich, wie ein Boot gleitet, ohne Segel, ohne Ruderschlag, nur von der Strömung getrieben, fort. Die Strömung, das waren die um mich herum, die mir lieb waren: die Tochter nicht vor dem Altar getraut, die Enkel nicht getauft, sie und ihr Mann und seine Mutter, die zwanzig Jahre vorher zum Katholizismus konvertiert war, traten aus der Kirche aus. Auch viele Freunde hatten einfach keine Lust mehr, auch der Bruder nicht mit seiner Familie. Häufig war es die pure Feindseligkeit, öfter noch Gleichgültigkeit und Überdruß. Mechtild Höflich erstrebte den Austritt aus der Kölner Diözese, statt dessen die Zugehörigkeit zu einem südamerikanischen Bistum — was natürlich nicht zu realisieren war. Alle ihre acht Kinder blieben, eines nach dem andern, dem Gottesdienst fern. Die meisten linken Katholiken in meinem Umkreis waren nun nur noch Linke, keine Katholiken mehr. Gewiß lag das nicht an diesem oder jenem Versagen der Kirche; die war uns ja schon lange, bis auf den Papst Johannes, eher gleichgültig gewesen, eine zum Widerstand herausfordernde Institution. Aber warum wandten wir uns mit der Zeit auch von Gemeinde und Gottesdienst ab, damit auch von Bibel und Gebet, damit schließlich überhaupt von jeglicher ausdrückbaren Frömmigkeit? Ich weiß es nicht. Ich befinde mich mitten im Prozeß einer Ablösung, die an mir geschieht, ohne daß ich es will. Ich gleite und gleite immer weiter fort, irgendwohin ins Leere, wo niemand mehr ist, auch kein Echo, wenn ich versuche, zu rufen. Kaum sind noch die Gestade sichtbar, von denen ich kam; und die Worte, die Namen, die ich einmal hatte, um das Heilige zu benennen, haben sich in Nebel aufgelöst.

Die Worte in der Kirche sind meine Worte nicht mehr, ich weiß überhaupt keine Worte, mit denen ich gemeinsam mit anderen Gottesdienst halten könnte. Der liebe Gerhard draußen in Worringen, ehemals Kaplan in der Küche, hat ganz recht, wenn er sich mehr auf die Zeichen einläßt, aufs Handauflegen und Salben (mit reichlich Öl!), aufs Kreuzschlagen und Kerzenanzünden, auf Weihrauch und Rosenkranzperlen, aufs Lächeln, aufs Berühren und Umfangen am Krankenbett, statt auf pastoralen Zuspruch. Vielleicht wird er es auch noch zu wortlosen Liedern (wenn wir denn schon die Choräle nicht mehr singen wollen) und zu Tänzen bringen — ich kenne meditative Tanzformen, die hundertmal mehr an Anbetung ausdrücken als die so rüstig oder wohlgemut oder schneidig gesprochenen Gebetsschnipsel, die von der großen alten Liturgie noch übriggeblieben sind.

Schon der erste Satz des Vaterunsers, des Credo, lähmt meine Zunge. Ich soll es »Vater« nennen, dies schauerliche Geheimnis hinter dem Lauf der Welt? Nie und nirgendwo auffindbar (weil es doch jenseits von Zeit und Ort ist) und schon gar nicht oben — denn wo ist oben, wo unten, wenn man sich auf einer rotierenden Kugel befindet? Er hat sich jeglichem Begriff, jeglichem Wort, jeglicher Anrede entzogen. Alleräußerstenfalls kann ich sagen: Ich hoffe, daß er ist — nichts weiter.

Ich hoffe, daß er ist, daß er da sein wird in der Stunde meines Todes und mich bei sich sein lassen wird im Nie und Nirgendwo, in dem er wohnt. Gleichzeitig zittere ich davor, daß es anders sein, daß mir nichts bleiben könnte als Sarg und Grab und Verwesung. Aber ich zittere nur im Dunkeln, nachts, wenn ich nicht schlafen kann. Bei Tage bin ich wie alle, die leben, als gäbe es den Tod nicht.